Robert Wearing

Mit sicherer Hand

Möbel bauen mit klassischen Handwerkzeugen

Originally published in the United States of America by The Lost Art Press LLC in 2010

Übersetzung:
Michael Auwers, Dassel

Redaktion: Michael Auwers

Produktion: Print Media Network, Oldenburg
Printed in Europe

1. Auflage

ISBN 978-3-7486-0557-7
Best.-Nr. 21903

HolzWerken
Ein Imprint von Vincentz Network GmbH & Co. KG
Plathnerstr. 4c, 30175 Hannover
www.holzwerken.net

Best.-Nr. 21903
ISBN 978-3-7486-0557-7
9 783748 605577

Robert Wearing

Mit sicherer Hand

Möbel bauen mit klassischen Handwerkzeugen

HolzWerken

Inhalt

Weitere Materialien kostenlos online verfügbar!

http://www.holzwerken.net/bonus

Ihr exklusiver Bonus an Informationen!

Zusätzlich zu diesem Buch bietet Ihnen *HolzWerken* Bonus-Materialien zum Download an. **Scannen Sie den QR-Code oder geben Sie den Buch Code unter www.holzwerken.net/bonus ein und erhalten Sie kostenfreien Zugang zu Ihren persönlichen Bonus-Materialien!**

Buch-Code: TE1150

3 Der Bau eines Korpusmöbels 139

4 Schubladen, Schachteln und Griffe 227

Anhänge

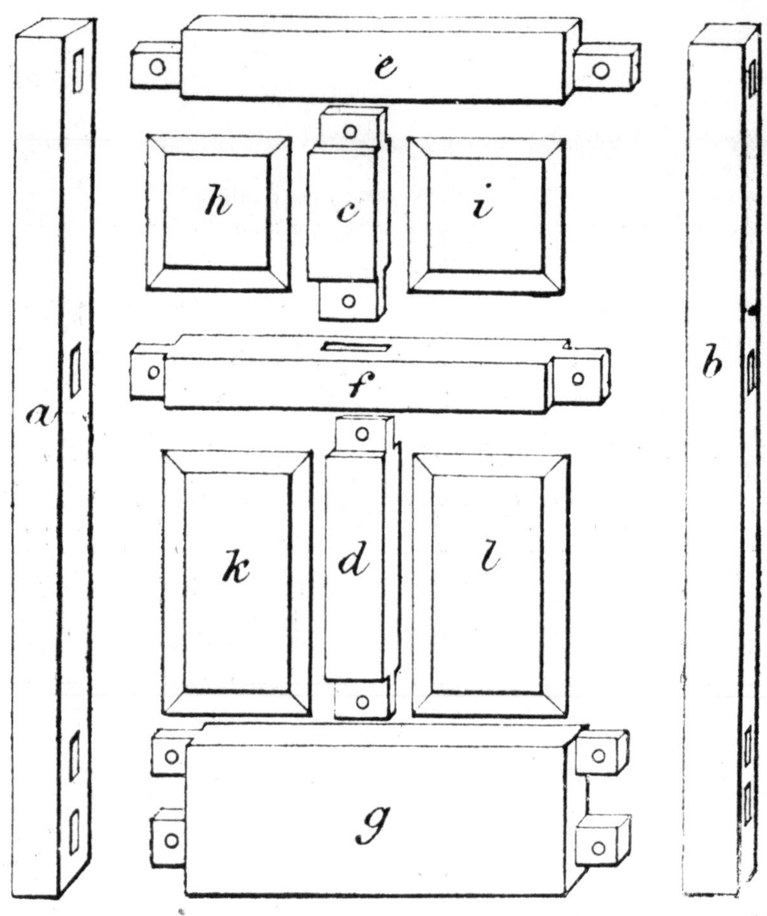

„Jedes Werkzeug des Menschen, jede Vorrichtung,
jedes Instrument, jedes Hilfsmittel,
jeder Gebrauchsgegenstand irgendeiner und jeglicher Art
ist aus sehr einfachen Anfängen entstanden."

Robert Collier (1885-1950), Autor, Verleger

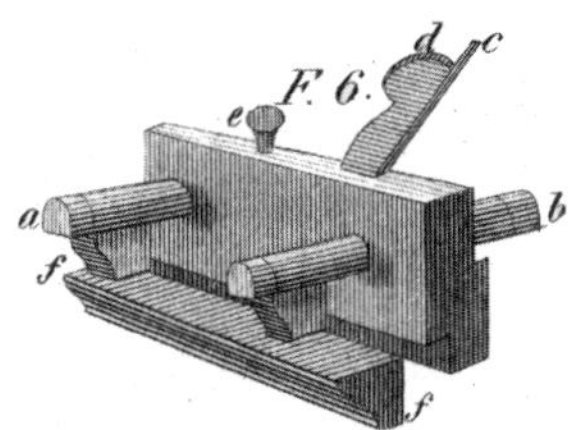

Einleitung

Ich kann mich nicht an Zeiten erinnern, in denen ich nicht wenigstens grundlegende Kenntnisse der Holzbearbeitung besaß. Allerdings gibt es auch viele Frauen und Männer, Jungen und Mädchen aller Altersgruppen, die gerne anfangen würden, sich mit der Tischlerei zu beschäftigen, aber feststellen müssen, dass es eine Vielzahl vorzüglicher Bücher zu dem Thema gibt, die jedoch Grundkenntnisse voraussetzen, die sie selbst nicht besitzen.

Dieses Buch ist eine Vorschule. Es ist vor allem für jene gedacht, die auf sich selbst gestellt arbeiten. Der Lehrling arbeitet unter der Anleitung seines Meisters, der Student hat Tutoren. Begeisterter Amateure arbeiten oft vollkommen alleine und können solche Vorteile nicht nutzen. Dieses Buch soll ihnen eine solide Grundlage geben, sodass sie bald in der Lage sind, gute Bücher zu technischen Themen gewinnbringend zu nutzen. Man kann als Anfänger dann zwar vielleicht noch keine eigenen Entwürfe verwirklichen, aber man kann doch Werkstücke aus Büchern und Zeitschriften und anhand von Zeichnungen fachgerecht umsetzen und nachbauen.

Leider ist es in der Tischlerei so wie bei anderen Gewerken: Die grundlegenden Fertigkeiten sind am schwierigsten zu erwerben. Eine Fläche eben zu hobeln fällt einem Anfänger viel schwerer als das Anschneiden einer verdeckten Schwalbenschwanzzinkung auf Gehrung einem fortgeschrittenen Holzwerker.

Man kann Holzverbindungen nicht präzise anreißen und dann anschneiden, wenn die Bauteile uneben, nicht rechtwinklig und von variierender Stärke sind. Das präzise Hobeln ist die Grundlage jeder erfolgreichen Holzkonstruktion. Es genügt nicht, einem Handwerker beim Hobeln zuzusehen und dann zu versuchen, es ihm nachzutun. Er steht nicht einfach neben einem Hobel und bewegt diesen hin und her. Man muss verstehen, dass er viel mehr als nur das tut. Falls der Handwerker nicht zur Stelle ist, um ihn zu befragen, muss man als Anfänger auf eine Beschreibung zurückgreifen können, aus der hervorgeht, was er tut und wie es sich anfühlt. Im Gegensatz zu Metall ist Holz kein einheitlicher und homogener Werkstoff. Jedes Stück Holz ist einzigartig, und darin liegt ein großer Teil des Reizes und Charmes, den das Arbeiten mit Holz ausstrahlt. Jedes Stück erfordert individuelle Aufmerksamkeit, die den Bearbeitenden mit schier endlosen Variationen in Maserung und Oberflächenbeschaffenheit belohnt.

Im Laufe der Jahre habe ich oft miterlebt, wie Lernende gescheitert sind, und mir ist dabei klar geworden, dass es nur selten an einem Mangel an Geschicklichkeit lag. Bei Ihnen gilt die Maxime „Zeit ist Geld“ nicht. Der Amateur kann so langsam vorgehen und in so kleinen Schritten arbeiten, dass der Erfolg fast garantiert ist. Sie können zum Beispiel das Holz nach jedem Hobelstoß genau ansehen. Dadurch ist es fast unmöglich, zu viel Material abzunehmen. Die Hauptursachen des Scheiterns liegen anscheinend eher im unsorgfältigen oder falschen Anreißen (oft ist es nicht mehr, als das Versäumnis, den Verschnitt zu schraffieren oder auf andere Art zu kennzeichnen) oder in der Verwendung stumpfer Werkzeuge: die extra Umdrehung der Einstellschraube am Hobel, die dazu führt, dass das Hobeleisen Faserausrisse verursacht; die zusätzliche Kraft, mit der ein stumpfer Beitel getrieben wird, die das kontrollierte Abstechen unmöglich macht; oder das langsame Abwandern einer stumpfen Säge. Deshalb müssen die Werkzeuge richtig vorbereitet und geschärft werden, noch bevor man irgendeine Arbeit in Angriff nimmt. Werkstücke, die nicht sicher eingespannt werden, sind eine weitere Ursache des Scheiterns.

Es war eine schwierige Frage, welche Konstruktionen als ‚grundlegend‘ in das Buch aufgenommen werden sollten. Ich habe mich dann schließlich für die traditionellen und bewährten Verbindungen und Konstruktionen entschieden, die bei den vier elementaren Möbelkonstruktionen verwendet werden. Das sind der Hocker oder Tisch, der Kasten oder Korpus, die Tür und die Schublade. Fast alle Möbelstücke bestehen aus unterschiedlichen Kombinationen dieser Elemente.

Es gibt eine Anzahl kleiner Elektrowerkzeuge, mit denen der Amateur arbeiten kann. Mit ihnen kann man verschiedene durchaus annehmbare Alternativen zu traditionellen Verbindungen herstellen, und sie werden deshalb in diesem Buch auch berücksichtigt.

In den letzten Jahren ist in britischen Schulen der traditionelle Unterricht im Fach ‚Werken' zugunsten des ‚progressiven' Fachs „Handwerk, Design und Technologie" aufgegeben worden. In den Jahren nach den Zweiten Weltkrieg wurden an vielen Schulen von gut ausgebildeten und begabten Lehrern hochwertige Möbelstücke hergestellt, vor allem an den Grammar Schools (Gymnasien), an denen die Lehrer der Zukunft ausgebildet wurden. Leider fehlen den Schülern, die heute ihren Abschluss machen und sich für eine weitere Ausbildung in den holzverarbeitenden Gewerken entscheiden, die grundlegenden Fähigkeiten. Dieses Buch wird hoffentlich die bestehenden Bedürfnisse solcher Menschen befriedigen.

Trotz der Tendenz, in den Schulen nicht gender-typisch auszubilden, beenden junge Mädchen immer noch die schulische Ausbildung mit Kenntnissen in der Holzbearbeitung, die sogar noch hinter jenen der Jungen zurückstehen. Es gibt eine Vielzahl von Möbeltischlerinnen, die gezeigt haben, dass sie sich vor dem Vergleich mit ihren männlichen Kollegen keineswegs scheuen müssen.

Ich hoffe, dieses Buch wird den Abstand weiter verringern und zum Selbstvertrauen von Mädchen und Frauen beitragen.

Das Kapitel 4 über den Schubladenbau wurde vor vielen Jahren von meinem ehemaligen Lehrer Cecil Gough geschrieben, der mir großzügig erlaubt hat, es hier zu verwenden. Im Laufe der Jahre habe ich festgestellt, dass es in keiner Hinsicht verbessert werden kann. Manche andere Teile des Buches sind zuvor in verkürzter Form in der Zeitschrift *Woodworker* erschienen. Der ursprüngliche Lektor des Buches hat der Aufnahme freundlicherweise zugestimmt.

Ich stehe tief in der Schuld von Hunderten von Schülern, mit denen ich in vielen Jahren zusammengearbeitet habe und die mir – oft unabsichtlich – die Probleme des Anfängers vor Augen geführt haben. Ich hoffe, dass ich eine guten Teil dieser Probleme gelöst habe. Ich bin mir zwar sicher, dass viele Leser dieses Buch in einem bequemen Sessel am Kamin genießen werden. Sein eigentlicher Platz ist jedoch auf der Hobelbank, aufgestellt wie eine Partitur. Und wenn es dort irgendwann auseinanderfallen sollte, dann hat es seinen Zweck erfüllt.

Robert Wearing

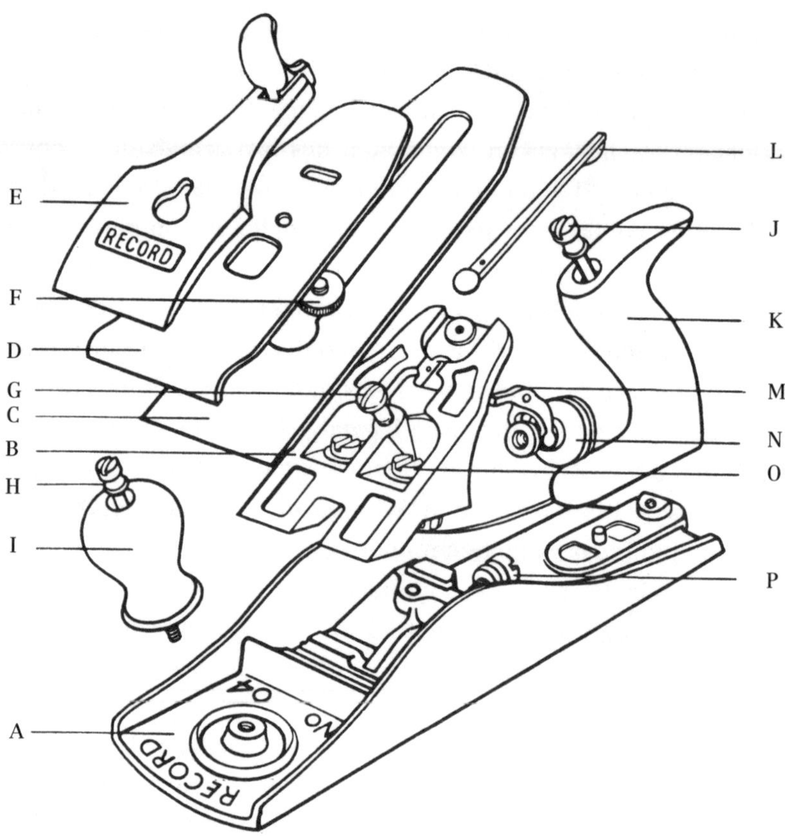

Abb. 1: Der Metallhobel und seine Einstellmechanismen A-Körper, B-Frosch, C-Eisen, D-Spanbrecher, E-Klappe, F-Spanbrecherschraube, G-Klappenschraube, H-Mutter und Schraube des Knopf, I-Knopf, Mutter und Schraube des Griffs, K-Griff, L-seitlicher Verstellhebel, M-Y-Verstellhebel, N-Eiseneinstellrad, O-Froschschrauben, P-Froscheinstellschraube

	Bezugsfläche (Erläuterung s. S. 32)
	Bezugskante (Erläuterung s. S. 32)
	Auslassungszeichen, das Werkstück läuft hier weiter. M. a. W.: keine Schnittkante

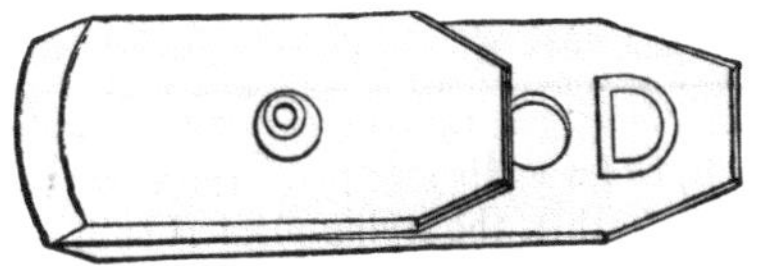

Kapitel Eins

Grundlegende Verfahren der Holzbearbeitung

Das Hobeln

Man kann die Bedeutung der guten Handhabung des Hobels gar nicht genug betonen. Es war der Hobel, der die Entwicklung vom Zimmermann – dessen wichtigste Werkzeuge die Axt, Dechsel und Säge waren – hin zum Tischler, Möbeltischler, Stuhlbauer und Instrumentenbauer möglich machte und zu allen anderen holzverarbeitenden Gewerken, bei denen Bauteile notwendig sind, die maßgenau sind und eine hohe Oberflächengüte aufweisen.

Auch die besten mit einer Hobelmaschine erzielbaren Oberflächen müssen noch mit dem Handhobel nachgearbeitet werden, um die von der Maschine hinterlassenen Hobelschläge zu entfernen. Auch wenn die Hersteller der Maschinen das Gegenteil behaupten, kann man durch Schleifen keine Bauteile erhalten, die genau maßhaltig sind, oder Faserausrisse beseitigen, die durch schlechtes Hobeln verursacht worden sind. Genauso wenig darf man hoffen, dass sich schlechte Hobelergebnisse mit der Ziehklinge beseitigen lassen. Die Ziehklinge erfordert nicht nur bei der Arbeit und beim Schärfen einen hohen Aufwand, man kann auch mit ihr keine wirklich ebenen Flächen erzielen.

Kurz gesagt: Es gibt keinen Ersatz für einen gut geschärften und präzise eingestellten Handhobel.

Das Zerlegen des Hobels

Um die Funktionsweise eines Metallhobels richtig zu verstehen, empfiehlt es sich vor allem für den Anfänger, den Hobel in seine Einzelteile zu zerlegen. Falls Sie einen alten oder gebraucht gekauften Hobel besitzen, ist dies auch eine gute Gelegenheit, ihn instand zu setzen. Auch wenn der Hobel falsch zusammengesetzt oder eingestellt wird, kann man ihn doch dabei nicht beschädigen. Abbildung 1 lässt den Aufbau deutlich erkennen und benennt alle Bauteile mit den Fachbegriffen. Man sieht, dass es drei unterschiedliche Einstellmöglichkeiten gibt.

Die Schnitttiefe, also die Stärke des abgenommenen Spans, wird durch das Rad zum Verstellen des Hobeleisens kontrolliert. Das Rad läuft auf einem Linksgewinde und betätigt den Y-Verstellhebel. Dieser greift wiederum in einen Schlitz im Spanbrecher, um ihn nach oben oder unten zu verschieben. Das Hobeleisen ist am Spanbrecher befestigt und wird von ihm bewegt.

Die zweite Einstellung erfolgt in seitlicher Richtung. Der seitliche Verstellhebel hat am unteren Ende einen runden Reiter. Dieser Reiter muss beim montierten Hobel in den Schlitz im Hobeleisen greifen. Dann lässt sich durch Bewegung des Hebels die Schneide des Hobeleisen seitlich verschieben, um zu verhindern, dass sich eine Ecke der Schneide in das Holz gräbt.

Die dritte Einstellmöglichkeit schließt oder öffnet das Hobelmaul. Dabei wird der gesamte Frosch mit dem Hobeleisen vor oder zurück bewegt, wodurch die Öffnung vor der Schneide verkleinert oder vergrößert wird. Die Klappenschraube sollte so fest angezogen werden, dass es schwierig, aber nicht unmöglich ist, das Hobeleisen mit den Fingern seitlich zu verstellen.

Schärfen

Stechbeitel und Hobeleisen lassen sich in dem Zustand, in dem man sie kauft, nicht sofort verwenden. Sie werden vom Hersteller auf einem groben Schleifstein geschliffen und erfordern eine höhere Schneidengüte, um mit ihnen Holz zu bearbeiten. Diese erreicht man, indem man das Werkzeug auf einem Ölstein (oder heutzutage auch auf einem diamantbesetzten Stein) abzieht, wodurch es eine sehr viel feinere und schär-

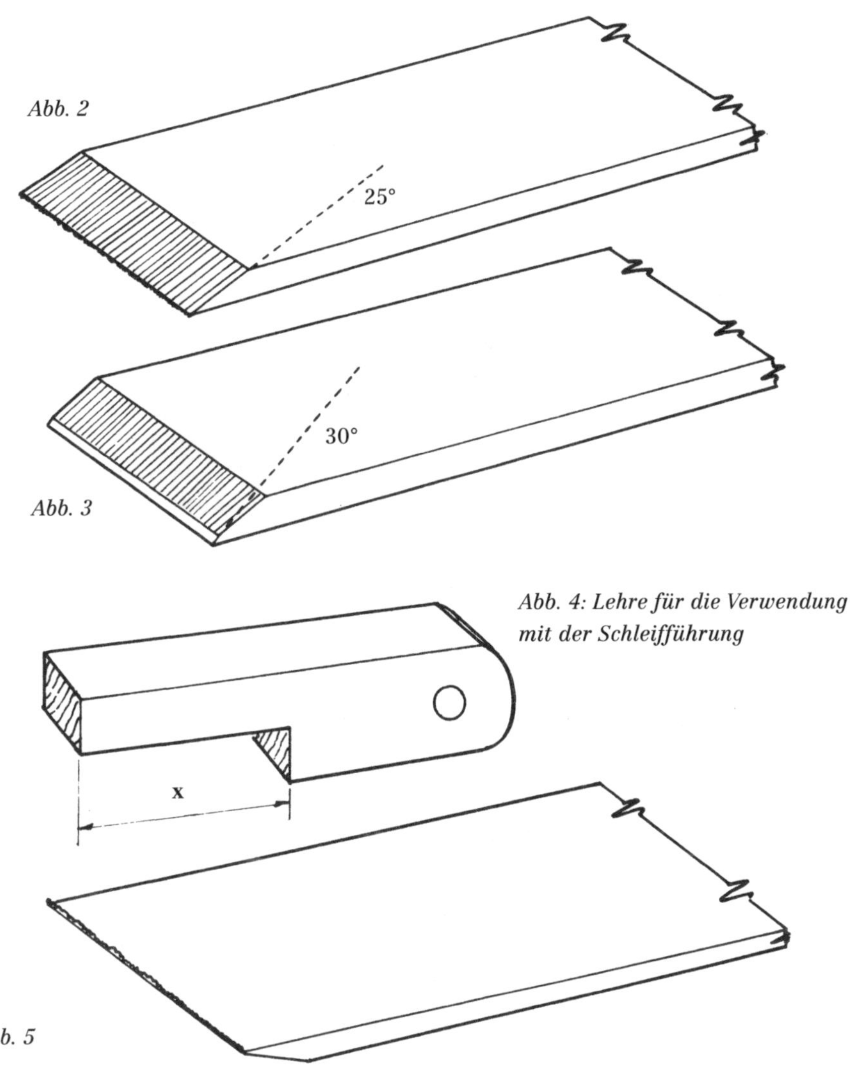

Abb. 2

Abb. 3

Abb. 4: Lehre für die Verwendung mit der Schleifführung

Abb. 5

fere Schneide erhält. Für allgemeine Zwecke eignet sich ein künstlicher Schleifstein mit feiner Körnung.

Wenn man eine sehr scharfe Schneide benötigt, kann man einen sehr viel teureren Naturstein für die Endbehandlung verwenden.

In der Regel wird die Schneide auf einen Winkel von 25° geschliffen (Abb. 2). Meist wird dieser Winkel auf dem Ölstein auf 30° erhöht. In Abbildung 3 wird dies am Beispiel eines breiten Stecheisens gezeigt. Für den Anfänger gibt es keine bessere Methode des Schärfens als die Ver-

Foto 1: Verwendung der Schleifführung

wendung einer Schleifführung, wie sie im Foto 1 gezeigt wird. Wenn man sehr viel Übung im Schärfen gewonnen hat, kann man auf dieses Hilfsmittel eventuell verzichten, aber auch die erfahrensten Holzwerker werden seine Dienste zu schätzen wissen, wenn sie schmale Stechbeitel oder Hobeleisen schleifen und wenn ein Hobeleisen eine präzise gerade und rechtwinklige Schneide erhalten muss.

Spannen Sie die Klinge so ein, dass sie um das vorgeschriebene Maß aus der Führung herausragt. Eine kleine Lehre ist dafür nützlich (Abb. 4). Geben Sie etwas dünnflüssiges Mineralöl auf den Schleifstein. Beginnen Sie zu schärfen, indem Sie die Schneide über die ganze Länge des Schleifsteins führen, bis sich auf ihrer gesamten Breite ein feiner Grat gebildet hat (Abb. 5). Man kann für eine gleichmäßige Abnutzung des Steins sorgen, indem man ihn in einer Halterung fixiert, wie sie in Abbildung 6 dargestellt ist. Nehmen Sie das Werkzeug dann aus der Führung, und legen Sie es in zwei Schritten mit der Spiegelseite vollflächig auf den Schleifstein (Abb. 7). Halten Sie das Werkzeug genau eben, und schleifen Sie den Grat ab. Ein kleiner Rest wird dabei stehen bleiben. Ziehen Sie abwechselnd mit leichten Strichen die Spiegel- und die Fasenseite der Klinge ab, bis der Grat vollkommen entfernt ist. Um eine sehr scharfe Schneide zu

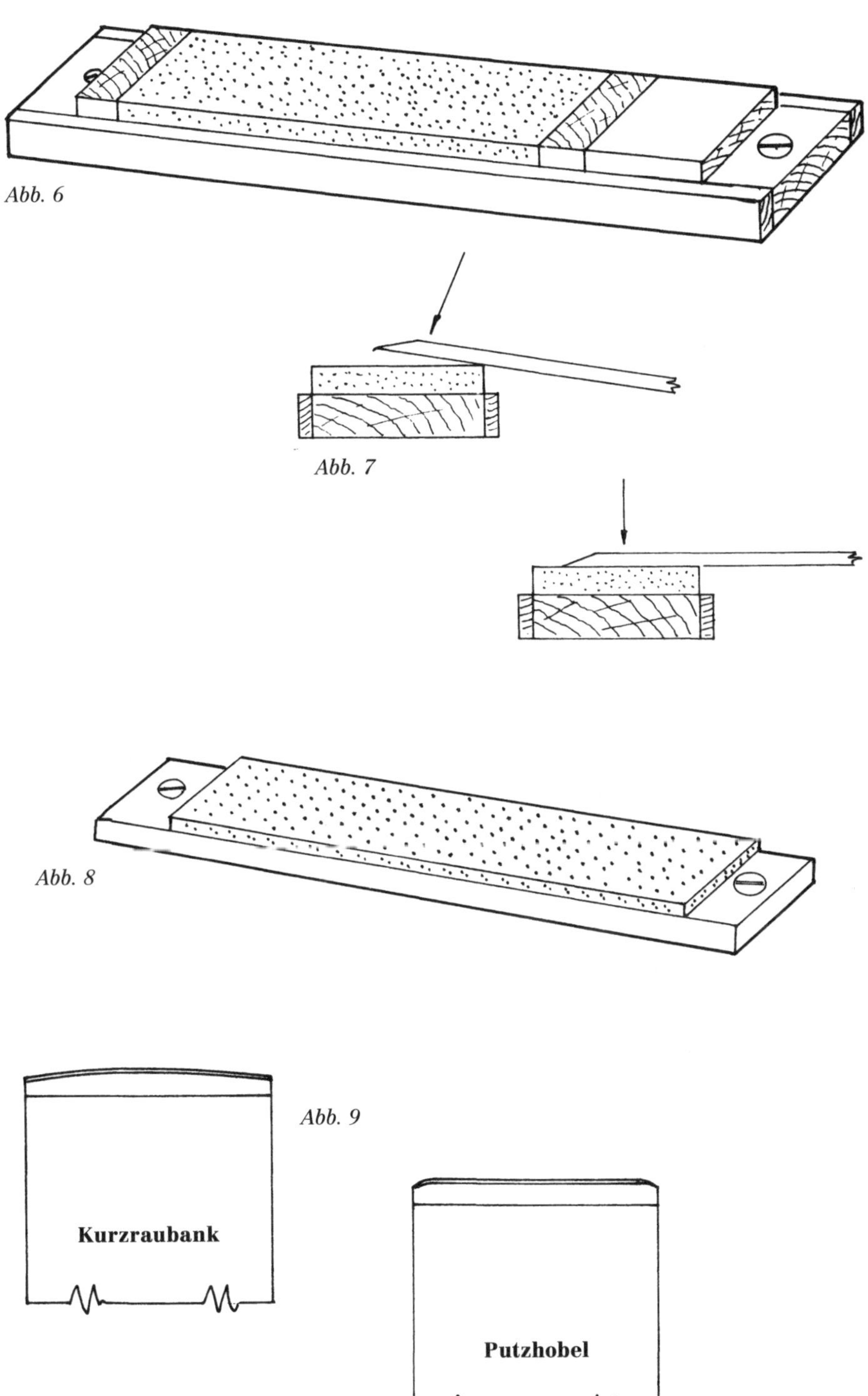

Abb. 6

Abb. 7

Abb. 8

Abb. 9

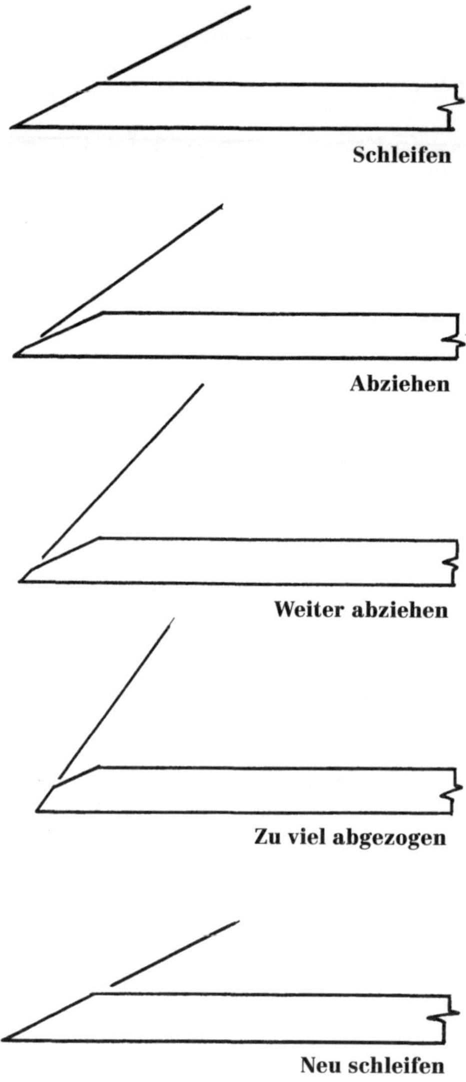

Abb. 10

erhalten, kann man den Vorgang kurz auf einem feinen Naturstein wiederholen. Abschließend wird die Schneide auf einem dicken Stück Leder abgezogen, dass man auf ein Holzbrett geleimt und mit sehr feiner Ventilschleifpaste für Automobilmotoren versehen hat. Es ist überaus wichtig, dass beim Schleifen und Abziehen die Spiegelseite des Eisens absolut eben bleibt und sich auch nicht eine Spur einer Fase an ihr bildet.

Beim Schleifen eines Hobeleisens wird das Verfahren geringfügig abgeändert. Das Eisen eines Schrupphobels wird über die gesamte Breite leicht ballig geschliffen (1–1,5 mm ist ein angemessenes Maß.). Der Putzhobel benötigt kein balliges Eisen, aber die Ecken des Eisens sollten in diesem Fall leicht abgerundet werden (Abb. 9), damit sie sich nicht im Holz verfangen. Man erzielt diese Abrundung durch leicht erhöhten Druck mit den Fingern, wenn man die Ecken schleift.

Die Schneide eines Werkzeugs hat ihren eigenen Lebenszyklus (Abb. 10). Jedes Mal, wenn man sie abzieht, wird die Mikrofase, die der Ölstein anschleift, etwas größer und der Schneidenwinkel stumpfer. Nach einer Weile muss man so viel Metall abnehmen, dass das Schleifen übermäßig viel Zeit in Anspruch nimmt und der Schneidenwinkel deutlich mehr als 30° beträgt. Dann ist es an der Zeit, eine neue Fase anzuschleifen und wieder von vorne zu beginnen. Man kann die neue 25°-Fase auf einem senkrecht stehenden, wassergekühlten Naturstein, einem waagerecht liegenden ölgekühlten Stein oder an einem schnelllaufenden synthetischen Stein anschleifen. Bei der dritten Möglichkeit muss man darauf achten, die Klinge regelmäßig in kaltes Wasser zu tauchen, damit die Schneide nicht überhitzt wird, wodurch sie ihre Schnitthaltigkeit verlieren würde.

Nachdem man die Fase neu angeschliffen hat, muss die Mikrofase vom Ölstein so gering wie möglich gehalten werden, um Material und Zeit beim Abziehen zu sparen.

Das Einstellen des Hobels

Ein Metallhobel muss jedes Mal, wenn man mit der Arbeit beginnt oder wenn man sein Eisen geschliffen hat, erneut sorgfältig eingestellt werden. Bevor man den Hobel selbst einstellt, muss der Spanbrecher eingestellt werden. Darauf gehen wir später noch genauer ein, im Allgemeinen sollte der Spanbrecher aber etwa 1 mm hinter der Schneide des Eisens zurückstehen. Wenn der Spanbrecher dementsprechend eingestellt ist, kann man die anderen Einstellungen vornehmen. Dafür benötigt man ein Stück fehlerfreies, weiches Nadelholz in einer Stärke von etwa 13 mm. Es wird mit der Schmalkante nach oben in der Bankzange eingespannt.

Foto 2: Das Einstellen fällt leichter, wenn man auf ein Blatt weißes Papier hinuntervisiert.

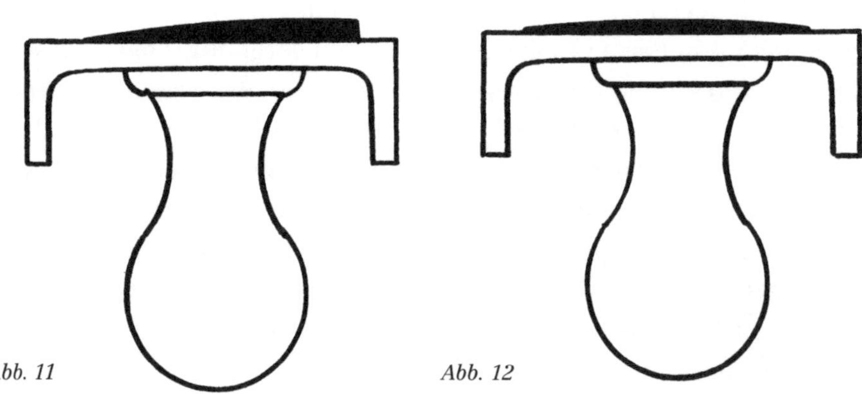

Abb. 11

Abb. 12

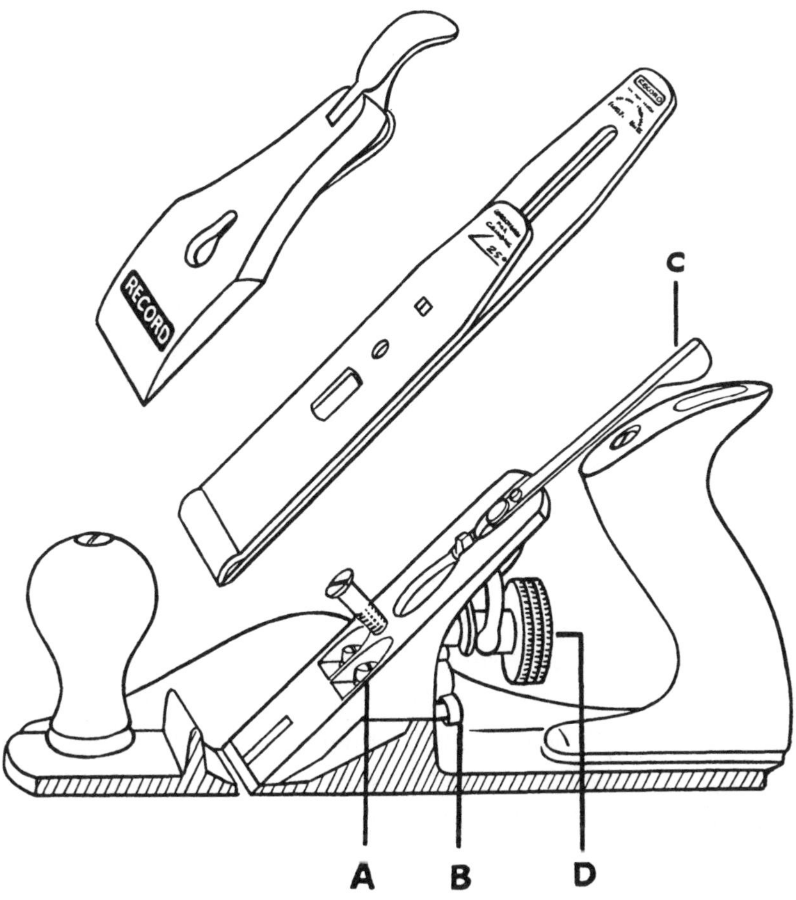

Abb. 13: Die Einstellungen. A-Froschschrauben, B-Froscheinstellschrauben, C-seitlicher Verstellhebel, D-Eiseneinstellrad

Visieren Sie an der Sohle des Hobels entlang (siehe Foto 2). Es ist hilfreich, ein Stück weißes Papier auf die Hobelbank zu legen, das beim Visieren als Hintergrund dient. Sehen Sie sich die Lage der Schneide an (Abb. 11), und verstellen Sie das Hobeleisen mit dem seitlichen Verstellhebel, bis sie symmetrisch zu sein scheint (Abb. 12). Diese Einstellung ist nur provisorisch. Ziehen Sie dann das Eisen mit dem Verstellrad ganz in den Hobelkörper zurück. Führen Sie einen Hobelstoß über die Schmalseite des eingespannten Nadelholzes aus. Es passiert nichts. Drehen Sie das Verstellrad für das Eisen, bis es kein Spiel mehr hat, und dann noch etwas, während Sie weiter hobeln. Wenn der erste sehr feine Hobelspan erscheint, halten Sie an. Sehen Sie sich den Span sehr genau an. Er sollte von der Mitte der Schneide kommen, die beiden Ecken der Schneide sollten nicht ins Holz schneiden. Falls eine der Ecken doch schneidet, verstellen Sie den Hebel zur seitlichen Einstellung zu dieser Ecke hin, nachdem Sie ihn zuvor spielfrei eingestellt haben. Fahren Sie auf diese Weise fort, bis nur die Mitte des Eisens in das Holz schneidet. Diese seitliche Einstellung fällt Anfängern meist am schwersten.

Die Einstellung der Spanstärke ist recht einfach. Um die Spanstärke zu vergrößern, wird das Einstellrad im Uhrzeigersinn gedreht. Um sie zu verringern, dreht man zuerst entgegen dem Uhrzeigersinn, dann mit dem Uhrzeiger, bis das Spiel aus dem Einstellmechanismus genommen ist. Falls man diesen Schritt unterlässt, wird das Spiel dafür sorgen, dass sich das Hobeleisen während des Hobelns langsam nach hinten verschiebt. Stellen Sie die Spanstärke nicht zu groß ein. Es ist immer leichter, zwei dünne Späne abzunehmen als einen starken, und wenn man größere Kraft aufwenden muss, geht das auf Kosten der Genauigkeit.

Als letztes wird die Größe des Hobelmauls eingestellt (Abb. 13). Die beiden Halteschrauben (A) werden gelockert und der Frosch wird mit der Einstellschraube (B) nach vorne oder hinten verschoben. Leider kann das dazu führen, dass die seitliche Einstellung verändert wird, die man dann wiederholen muss. Die Veränderung der Hobelmaulgröße soll Faserausrisse verhindern.

Es gibt fünf Möglichkeiten, Faserausrisse zu vermeiden:

1. Man hobelt in entgegengesetzter Richtung.
2. Die Schneide wird geschärft.
3. Die Spanstärke wird sehr fein eingestellt.
4. Der Spanbrecher wird sehr dicht an die Schneide gebracht.
5. Die Maulöffnung wird verkleinert.

Jede dieser Möglichkeiten oder eine Kombination aus ihnen hilft gegen Faserausrisse. Andererseits führt ein Spanbrecher, der zu dicht an der Schneide steht und eine Maulöffnung, die zu gering ist, zum Verstopfen des Hobels. Es lohnt sich immer, das Hobelmaul zu untersuchen, da es unregelmäßig geformt oder durch einen Lackrest verstopft sein kann. Abhilfe schafft man mit vorsichtigem Feilen.

Wie man hobelt

Das Hobeln ist keine schwierige Arbeitstechnik, und wie beim Schwimmen gilt auch hier: Wenn man es einmal erlernt hat, vergisst man es nie wieder. Allerdings genügt es nicht, einfach jemandem beim Hobeln zuzusehen und dann zu versuchen, das Gesehene nachzumachen. Als Anfänger muss man wissen, was der Hobelende zu erreichen versucht und wie er dieses Ziel erreicht.

Ausgangspunkt ist ein wirklich scharfer Hobel, der auf die soeben beschriebene Weise sorgfältig eingestellt ist. Spannen Sie ein astreines Stück Nadelholz (25 x 300 mm) hochkant in die Bankzange ein.

Nehmen Sie dann die richtige Arbeitshaltung ein (siehe Foto 3). Ihr linker Fuß sollte senkrecht unterhalb des vorderen Werkstückendes stehen. Der Winkel zwischen ihm und der Vorderkante der Hobelbank beträgt etwa 45°. Der rechte Fuß steht in bequemer Entfernung weiter hinten und mehr oder weniger im rechten Winkel zur Hobelbank (Abb. 14).

Legen Sie das Vorderteil der Hobelsohle auf das Werkstück, bevor Sie mit dem Hobeln beginnen. Dies ist sehr wichtig. Die Kurzraubank aus Metall hat vor dem Hobelmaul ein recht langes Sohlenstück. Man muss spüren, dass dieser Teil gut auf dem Werkstück aufliegt. Stellen Sie dann fest, wann die Schneide in das Holz greift, indem Sie den Hobel vorsichtig nach vorne bewegen, bis Sie spüren, dass die Schneide auf das Material stößt.

Schieben Sie den Hobel dann stetig voran. Verändern Sie die Stellung des aufgelegten Vorderteils dabei nicht. Anfänger und Kinder werden es leichter finden, wenn sie den rechten Ellbogen dicht am Körper behalten und den Hobel mit eine Bewegung des Körpers schieben, so als ver-

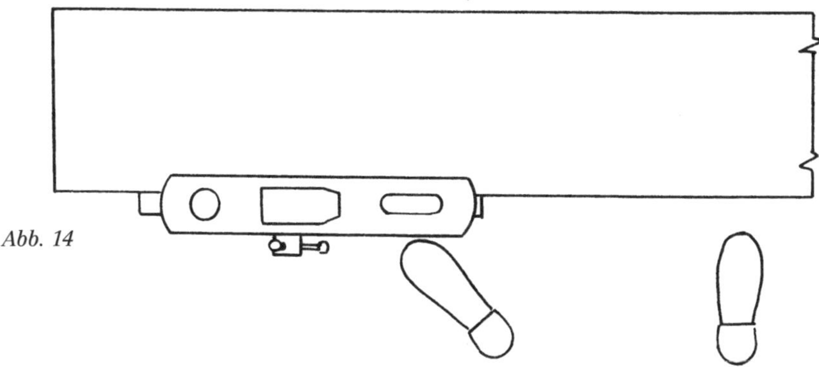

Abb. 14

Foto 3: Die Fußstellung beim Hobeln

suche man, die Hobelbank zu verschieben. Wenn man etwas erfahrener ist, kann die Bewegung eher aus dem Arm heraus kommen. Das Hobeln mit nahe am Körper geführten Ellbogen erweist sich jedoch auch später für präzises Arbeiten und bei sehr harten Hölzern als nützlich. Es ist sehr

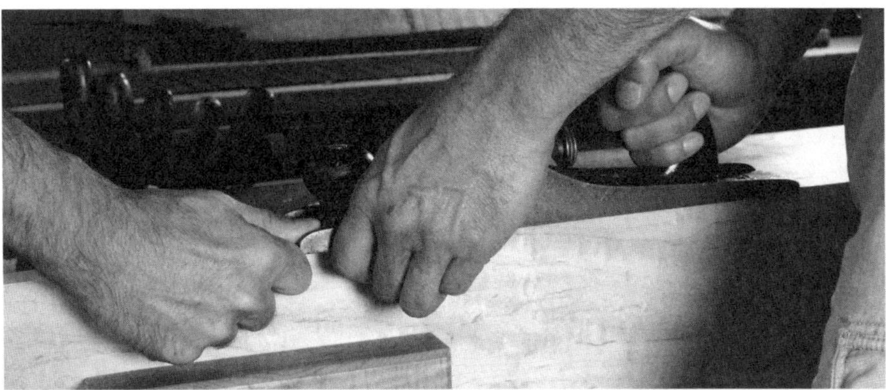

Foto 4: Hobeln – Wie man dem Anfänger Hilfestellung gibt, um den Hobel auf dem Holz zu führen.

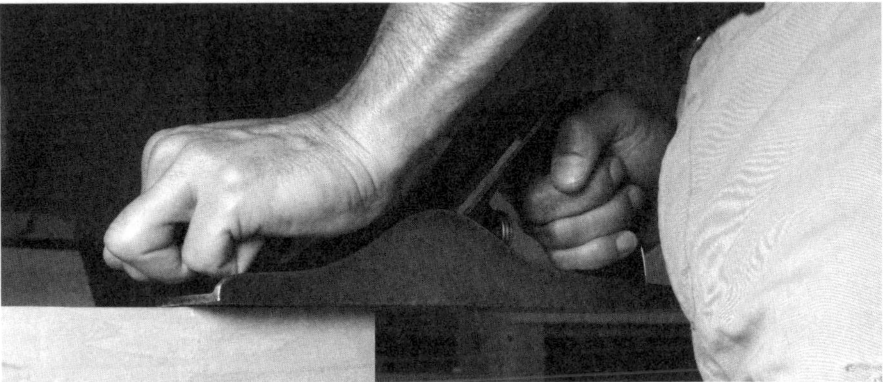

Foto 5: Hobeln – Der Anfang des Hobelstoßes. Man übt vorne auf den Knopf kräftigen Druck nach unten aus.

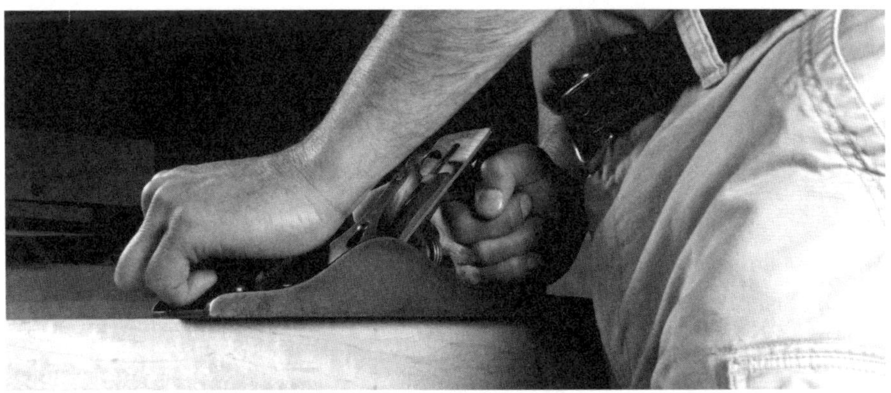

Foto 6: Hobeln – in der Mitte des Stoßes. Man übt gleichmäßigen Druck auf beide Griffe aus.

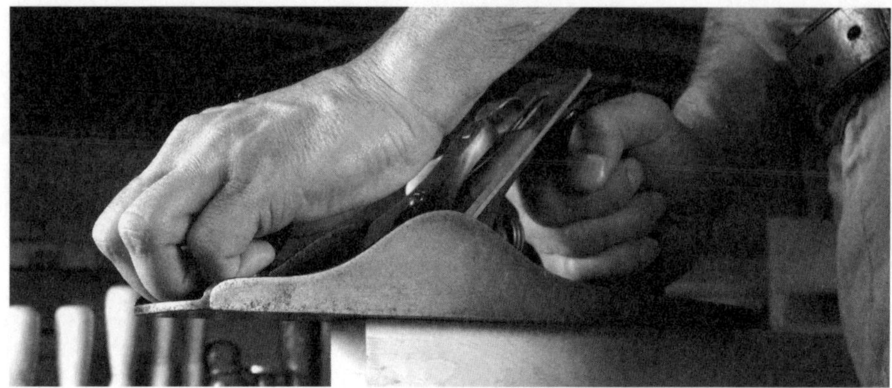

Foto 7: Hobeln – Der Hobelstoß wird mit kräftigem Druck nach unten auf den hinteren Griff beendet.

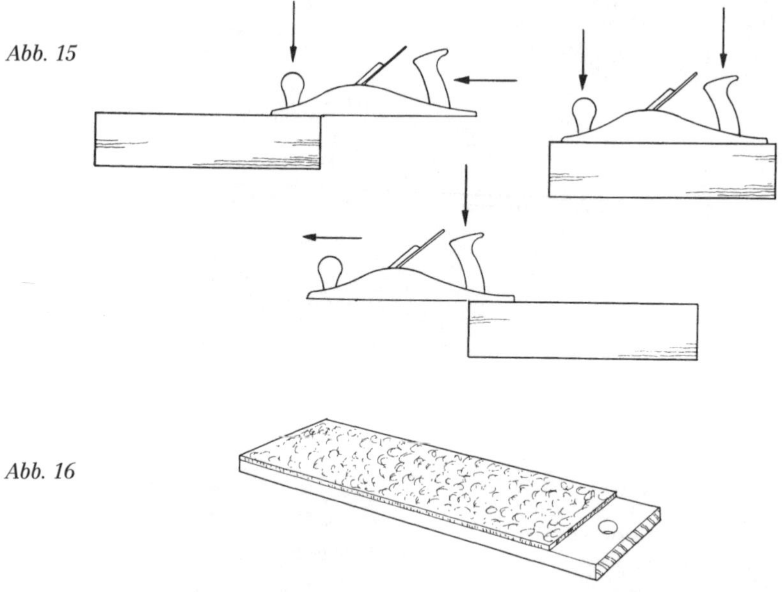

Abb. 15

Abb. 16

schwierig, den notwendigen Druck nach unten auf den Hobel auszuüben, wenn dieser auf Armeslänge geführt wird.

Der richtige abwärts gerichtete Druck ist jedoch überaus wichtig, um gute Ergebnisse beim Hobeln zu erzielen. Am Anfang des Hobelstoßes übt die linke Hand kräftigen Druck auf den vorderen Knopf aus (Abb. 15), während die rechte Hand am Griff gerade nach vorne schiebt. In der Mitte des Stoßes ist der Druck beider Hände nach unten gleich stark. Am

Ende des Hobelstoßes sind die Verhältnisse umgekehrt, damit der Hobel nicht am Werkstückende nach unten abkippt. Jetzt wird der Vorschub über den vorderen Knopf ausgeübt und der Druck nach unten über den hinteren Griff. Üben Sie dieses Verfahren, und versuchen Sie, Späne abzuheben, die so breit und lang sind wie die Werkstückkante. Vergessen Sie nicht, dass zwei dünne Späne leichter abzuheben sind als ein dicker. Bei den ersten Hobelübungen sollte man sich deshalb immer auf eine geringe Spanstärke beschränken.

Für Linkshänder gilt diese Anleitung natürlich mit genau vertauschten Seitenangaben. Auch die Bankzange sollte für Linkshänder am entgegengesetzten Ende der Hobelbank angebracht sein. Falls man mit beiden Händen gleich geschickt ist und sich nicht zwischen links und rechts entscheiden kann, sollte man die rechte Variante wählen, da man später auf Spezialhobel treffen wird, die sich nicht sehr gut mit der Linken als Führungshand bedienen lassen.

Der Reibungswiderstand eines Metallhobels ist beträchtlich höher als der eines Holzhobels. Deshalb ist eine Schmierung notwendig, um die erforderliche Kraftaufwendung zu reduzieren. Meist wird dafür ein Kerzenrest verwendet. Eine bessere Lösung ist jedoch ein Ölkissen (Abb. 16). Es geht nicht so leicht verloren und dient zudem als sicherer Ablageplatz für den Hobel, wenn er nicht verwendet wird, wobei sowohl die Hobelsohle geschmiert als auch die Schneide vor Beschädigungen beschützt wird. Die althergebrachte Gewohnheit, einen Hobel aus der Seite abzulegen, stammt von der Verwendung von Holzhobeln her, bei denen das Eisen mit einem Holzkeil fixiert wird. Wenn man bei einem modernen Metallhobel auf die gleiche Weise vorgeht, besteht die Gefahr, dass die sorgfältig vorgenommene seitliche Einstellung verändert wird.

Das Ölkissen stellt man her, indem man einen Teppichrest auf eine Holzplatte klebt. Der Teppich sollte an der Unterseite keine Gummibeschichtung aufweisen. Geben Sie dünnflüssiges Mineralöl an. Die Ölmenge ist richtig, wenn ein Stück Papier, das über das Ölkissen gezogen wird, nur leichte Ölspuren aufweist. Zu viel Öl hinterlässt Spuren auf dem gehobelten Holz und zieht auch Staub und Schmutz aus der Werkstatt an. Die Grundplatte wird abschließen noch mit einem Loch versehen, um das Ölkissen aufhängen zu können.

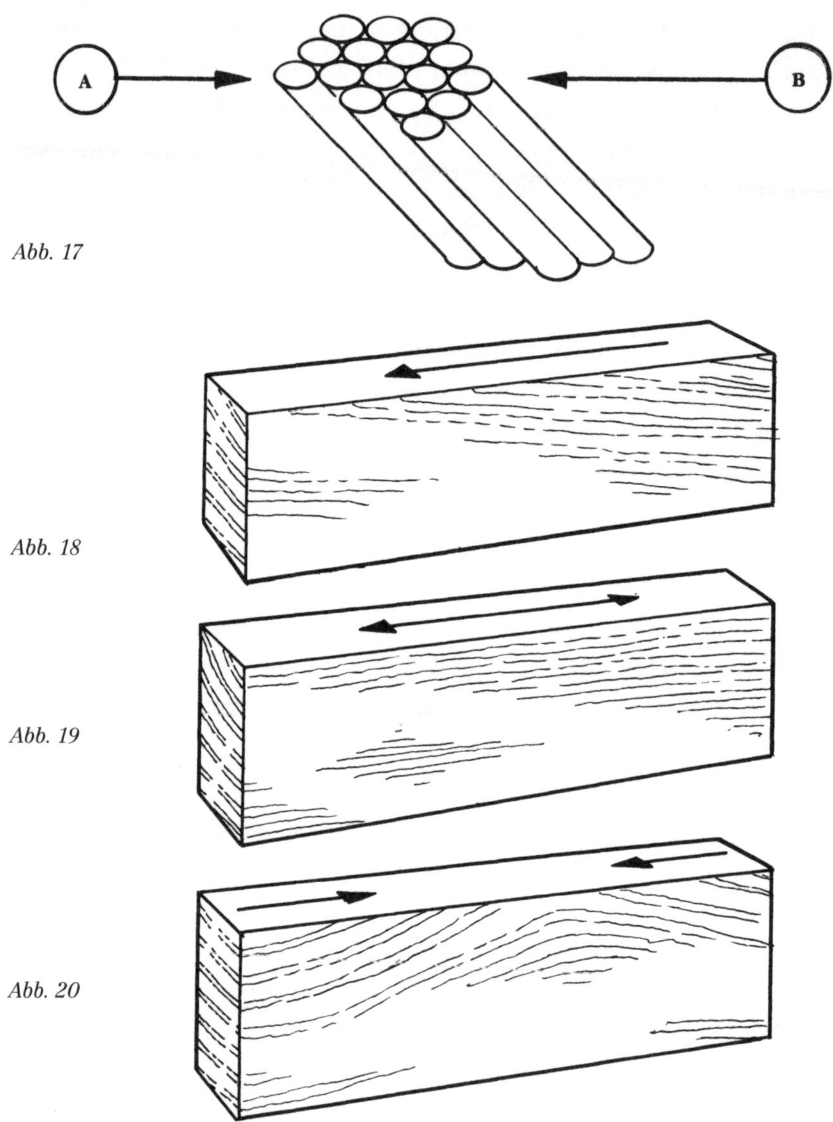

Abb. 17

Abb. 18

Abb. 19

Abb. 20

Schnittrichtung und die Länge des Hobels

„Gegen die Faser" ist ein Ausdruck, der von Holzwerkern verwendet wird, um zu erklären, warum sie beim Hobeln eine durch Faserausrisse beeinträchtigte Oberfläche erhalten. Wenn man sich die Struktur des Holzes wie ein Bündel von Trinkhalmen vorstellt, die in leicht schräger Lage angeordnet sind (Abb. 17), dann wird deutlich, dass ein Hobelstoß, der in Richtung von Pfeil B ausgeführt wird, zu einem sauberen Schnitt wie beim Anspitzen eines Bleistifts führt. Im Gegensatz dazu führt ein Stoß in in Richtung von Pfeil A dazu, dass die Trinkhalme vor dem Schnitt zerfasern und reißen. Spannen Sie einen Bleistift in die Bankzange ein, und sehen Sie sich das Ergebnis an, wenn Sie versuchen, ihn auf diese Weise anzuspitzen.

Die Holzmaserung auf der Seitenfläche eines Holzstücks lässt erkennen, in welche Richtung die Fasern verlaufen (Abb. 18). Beachten Sie den Verlauf, und hobeln Sie ‚bergauf'. Oft verlaufen die Fasern waagerecht (Abb. 19.), in diese Fall kann man in beiden Richtungen hobeln. Je steiler der Winkel ist, in dem die Fasern zur Oberfläche stehen, desto wichtiger ist es, mit der Faser zu hobeln. Manchmal ändert der Faserverlauf seine Richtung (Abb. 20). Man bezeichnet das als ‚widerspänig' und es erfordert besondere Maßnahmen beim Hobeln (siehe die Hinweise zum Vermeiden von Faserausrissen auf Seite 19).

Die Maserung auf Seite des Holzstücks ist zwar keine unfehlbarer Hinweis, aber im Allgemeinen doch korrekt.

Es ist theoretisch unmöglich, mit einem Handhobel eine Oberfläche absolut plan zu hobeln Das wäre nur möglich, wenn der Hobel vor dem Maul eine in der Höhe verstellbare Sohle hätte (Abb. 21), so wie der Abnahmetisch einer Abrichthobelmaschine verstellbar ist. Die Schneide würde mit der hinteren Hauptsohle fluchten. Dann würde die vordere Sohle um die erwünschte Spanstärke angehoben. Die Herstellung eines solchen Hobels wäre enorm teuer. Was wir jedoch haben, ist eine Hobelkonstruktion wie in Abbildung 22. Das vordere Ende, die Schneide und das hintere Ende der Sohle sind als A, B und C gekennzeichnet. Die Geometrie lehrt uns, dass es nur einen Kreis geben kann, der durch die Punkte A, B und C geht. Also ergibt sich wiederum theoretisch, dass ein solcher Hobel einen flachen Kreisbogen schneidet. Daraus folgt, dass dieser Kreisbogen sich desto mehr einer Geraden annähert, je länger der Hobel ist (Abb. 23).

Wenn man Bauteile auf Maß hobelt, verwendet man eine Kurzraubank. Größere Genauigkeit, wie sie etwa bei der Längsverleimung von Bretter zu Platten nötig ist, erreicht man mit der sehr viel längeren Raubank. Wenn man dagegen vor der Oberflächenbehandlung nur letzte Unsauberkeiten beseitigen möchte und es nicht um eine genau plane Fläche geht, greift man zum kürzeren Putzhobel, um nicht eine sehr viel größere Fläche abtragen zu müssen.

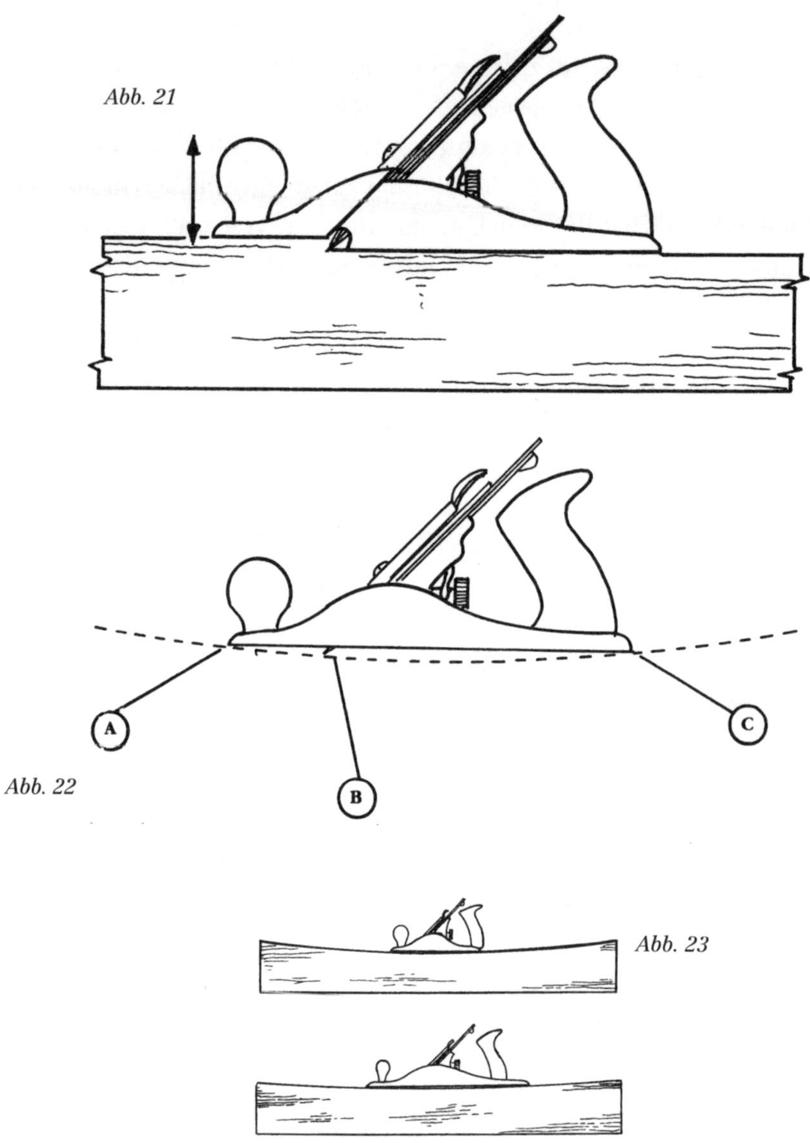

Abb. 21

Abb. 22

Abb. 23

Dieser scheinbare Nachteil wird ausgenützt, wenn es darum geht, eine Bezugsfläche eben zu hobeln. Vor allem wenn ein Anfänger versucht, eine Fläche eben zu hobeln, besteht die Wahrscheinlichkeit, dass er ein Werkstück erhält, das ‚bucklig' ist, also in der Mitte höher als an den Enden. Indem man zuerst absichtlich in der Mitte tiefer hobelt und dann so lange Hobelstöße ausführt, dass man schließlich einen ununterbrochenen langen Span erhält, kann man eine sehr hohe Genauigkeit erzielen.

Hirnholz

Das Hobeln von Hirnholz birgt für den Unvorsichtigen gewisse Risiken. Falls das Ende eines Brettes so lang ist, dass man einen Hobel in ganzer Länge aufsetzen kann, besteht die Versuchung, es mit einem durchgehenden Hobelstoß zu bearbeiten. Dabei reißen die Holzfasern an der hinteren Kante jedoch unweigerlich ab, und mit jedem Stoß werden weitere Fasern abgerissen (Abb. 24). Glücklicherweise gibt es drei mögliche Lösungen für dieses Problem, unter denen man je nach den gegebenen Umständen die passende auswählen kann.

Man kann von beiden Kanten in Richtung Mitte hobeln (Abb. 25). Falls das Hirnholz oberflächenbehandelt werden soll und sichtbar sein wird, kann das Hobeln von beiden Kanten aus jedoch zu zwei unterschiedlichen Texturen mit einer deutlich erkennbaren Grenzlinie zwischen ihnen führen. Das lässt sich vermeiden, indem man an der hinteren Kante eine Fase anschneidet (Abb. 26), sodass man nur ein geringes Übermaß einplanen muss (Abb. 27a oder 27 b). Um den erforderlichen Verschnitt zu erhalten, in dem die Fase angeschnitten wird, kann es angebracht sein, erst die beiden Enden des Werkstücks auf Länge zu hobeln, bevor man es auf Endbreite hobelt.

Falls das nicht möglich ist, kann man sich mit einer Zulage behelfen, die am Ende angeleimt wird (eventuell mit einer Zwischenlage Papier) und an der man die Fase anschneidet (Abb. 28). Man plant die Ar-

Abb. 24

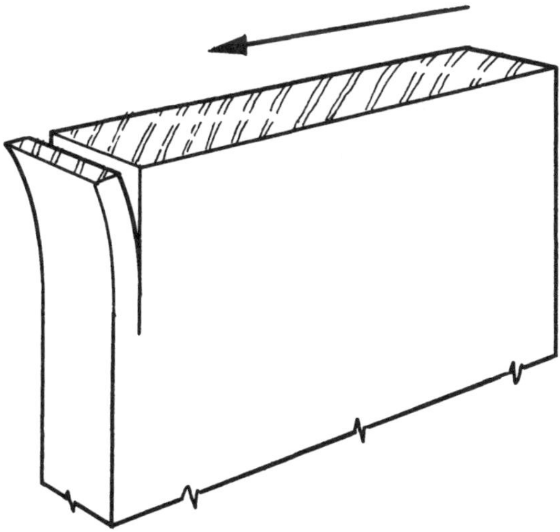

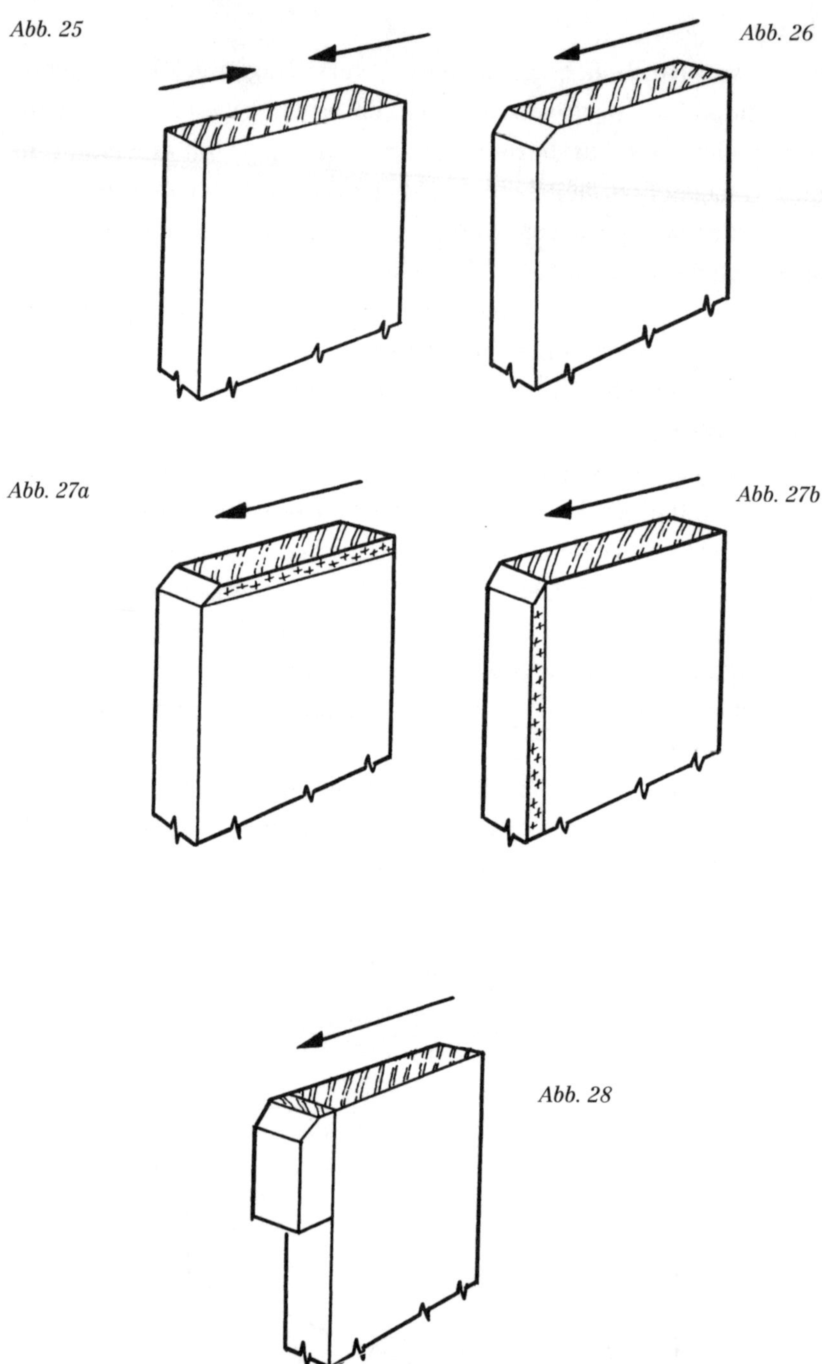

Abb. 25

Abb. 26

Abb. 27a

Abb. 27b

Abb. 28

beit möglichst so, dass diese Verleimung abends als Letztes ausgeführt wird, damit man nicht zwischendurch warten muss, bis der Leim trocken ist. Alternativ kann man die Zulage auch provisorisch mit einem Bandspanner am Werkstück anbringen

Beim Hobeln von Hirnholz muss das Eisen immer sehr scharf sein, die Spanstärke möglichst gering, die Hobelsohle gut geschmiert und der nach unten gerichtete Druck auf den Hobel möglichst stark.

Zwei Hobel-Übungen

Das Ziel der folgenden Übungen ist es, Späne in gesamter Länge und Breite des Werkstücks abzunehmen. Mit der ersten Übung kann der Leser feststellen, ob er dieses Ziel erreicht.

Spannen Sie ein Stück fehlerfreies Nadelholz (300 x 75 x 25) mm mit der Schmalkante nach oben in die Bankzange ein. Zeichnen Sie mit einem weichen Bleistift eine Linie entlang der Mitte (Abb. 29). Schneiden Sie mit einem scharfen, gut eingestellten Hobel einen Span in ganzer Länge und Breite. Die Bleistiftmarkierung sollte vollkommen entfernt werden.

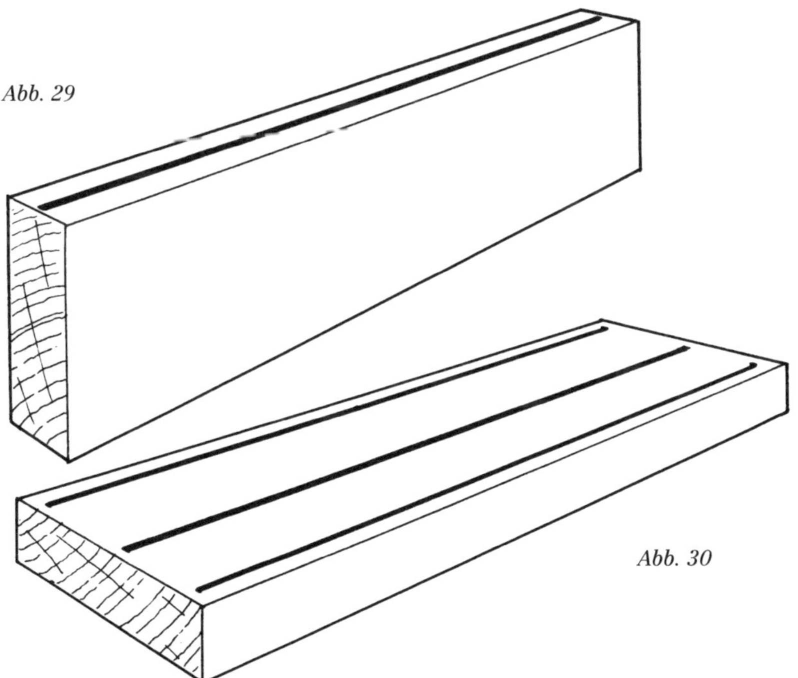

Abb. 29

Abb. 30

Ziehen Sie wieder eine Bleistiftlinie und hobeln Sie wieder. Wiederholen Sie den Vorgang zehn Mal. Falls ein Rest der Bleistiftlinie stehen bleiben sollte, fangen Sie wieder von vorne an zu zählen. Nach zehn erfolgreichen Versuchen können Sie sich eine kurze Pause gönnen. Dann schneiden Sie weitere zehn Späne. Diese Arbeitsweise wendet man an, wenn das Holz schmaler ist als der Hobel.

Bei einem Werkstück, das breiter ist als der Hobel, wird das Verfahren folgenderweise abgeändert. Spannen Sie ein ähnliches Stück Holz mit einer Breite von etwa 75 mm Breite in die Bankzange ein. Säubern und glätten Sie eine der Seitenflächen, und bringen Sie drei Bleistiftlinien auf ihr an (Abb. 30). Hobeln Sie wie zuvor jeweils Späne in Gruppen von drei: jeweils ein Span auf der linken, einer auf der rechten Seite und einer in der Mitte. Oder links, mittig, rechts. Wenn nach drei Schnitten alle Spuren der Bleistiftmarkierungen verschwunden sind, hat der Kandidat einen Punkt erzielt. Hobeln Sie weiter in Sätzen von drei Spänen, bis Ihr Punktestand zehn beträgt. Fangen Sie die Zählung wieder von vorne an, falls eine Bleistiftspur verbleibt. Es muss nicht bei jedem Schnitt eine Linie verschwinden, aber nach drei Schnitten müssen alle Linien beseitigt sein. Wiederholen Sie den Vorgang, bis Sie wieder zehn Punkte erreicht haben.

Bei Werkstücken, die noch breiter sind, muss man mit Gruppen von vier, fünf oder noch mehr Schnitten arbeiten. Wichtig ist dabei, dass das Hobeln stetig und gleichmäßig erfolgt. Wenn man wahllos auf dem Brett hin und her hobelt, erzielt man nie eine ebene Fläche.

Bezugsflächen und Bezugskanten

So wie ein Gebäude eines sorgfältig ausgeführten und maßgenauen Fundaments bedarf, von dem alle späteren Messungen ausgehen, so muss auch jedes Werkstück aus Holz eine Fläche aufweisen, von der man alle späteren Maße und Winkel abnimmt. Diese Fläche bezeichnet man als Bezugsfläche (weil sich alles spätere auf sie bezieht). Es gibt eine einfache Methode, eine Bezugsfläche zu erhalten. Man kann sie an einem Stück Nadelholz mit den Maßen 300 x 75 x 25 mm erproben.

Spannen Sie das Holz in die Bankzange ein, und säubern und glätten Sie eine der Seitenflächen mit dem Hobel (Abb. 31). Widerstehen Sie der Versuchung, alle Seiten zu versäubern – das sieht vielleicht nett aus,

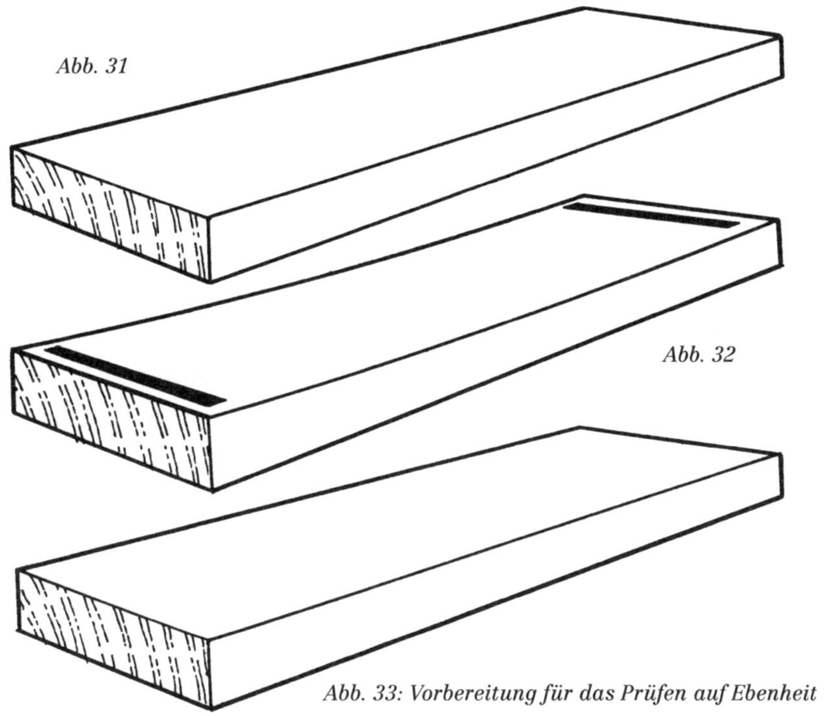

Abb. 33: Vorbereitung für das Prüfen auf Ebenheit

aber die Wahrscheinlichkeit ist groß, dass das Werkstück hinterher Untermaß aufweist. Bringen Sie dann mit einem weichen Bleistift an jedem Ende ein dicke Markierung an (Abb. 32). Versuchen Sie dann mit einem fein eingestellten Hobel, das Werkstück hohl zu hobeln. Setzen Sie also den Schnitt knapp hinter der ersten Markierung an und lassen Sie ihn knapp vor der zweiten enden. Wiederholen Sie den Vorgang mit der feinen Hobeleinstellung, bis die Schneide nicht mehr ins Holz greift. Ein Fehlschlag zeigt sich dadurch, dass eine der Markierungen abgehobelt wird. Erneuern Sie die Markierung in diesem Fall, und fahren Sie fort.

Wenn der Hobel nicht mehr schneidet, hobeln Sie das Werkstück von einem Ende bis zum anderen. Der erste Hobelstoß hebt dann von jedem Ende einen kurzen Span ab, die Späne werden bei jedem weiteren Stoß immer länger. Wenn Sie einen Span in ganzer Länge erhalten, prüfen Sie das Werkstück auf Ebenheit (Abb. 33).. Falls das Werkstück breiter als der Hobel ist, arbeitet man natürlich mit Gruppen von Hobelstößen auf die gleiche Weise.

Prüfung der Bezugsfläche

Die Bezugsfläche muss drei Prüfungen unterzogen werden:

1. Ist das Werkstück in Längsrichtung eben? Die Kontrolle wird mit einem Richtscheit aus Holz oder Stahl vorgenommen, das länger als das Werkstück sein muss (Abb. 34).
2. Ist das Werkstück in der Breite eben? Kontrollieren Sie an verschiedenen Stellen mit einem Lineal (Abb. 35).
3. Ist das Werkstück windschief? Diese Kontrolle wird mit zwei Richtscheiten durchgeführt. Legen Sie auf jedes Ende des Werkstücks ein Richtscheit, treten Sie ein paar Schritte zurück, und visieren Sie über die Oberkanten der Richtscheite. Die Richtscheite verdeutlichen eine eventuelle Windschiefe, und auch schon kleine Abweichungen werden sichtbar (Abb. 36).

Arbeiten Sie das Werkstück nötigenfalls nach, und prüfen Sie es dann erneut. Achten Sie darauf, dass Sie bei der Korrektur eines der drei Ergebnisse nicht eines der anderen beiden wieder zunichte machen. Wenn alle drei Prüfungen erfolgreich bestanden sind, wird die Bezugsfläche gekennzeichnet (Abb. 37 zeigt das übliche Zeichen).

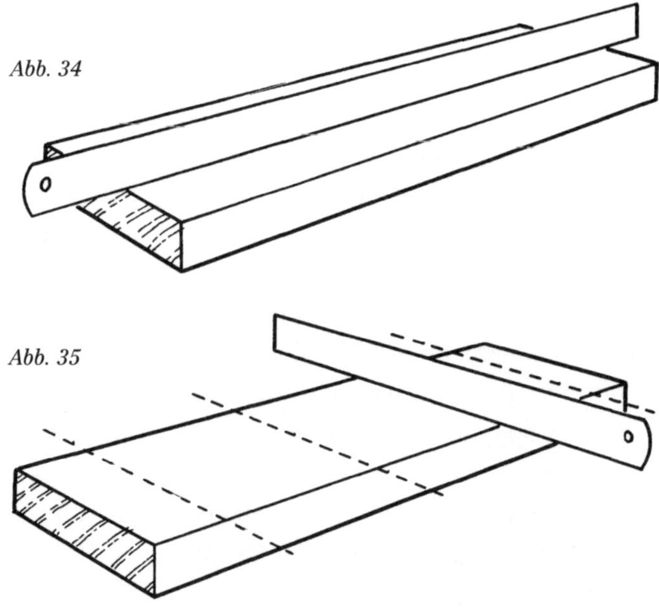
Abb. 34

Abb. 35

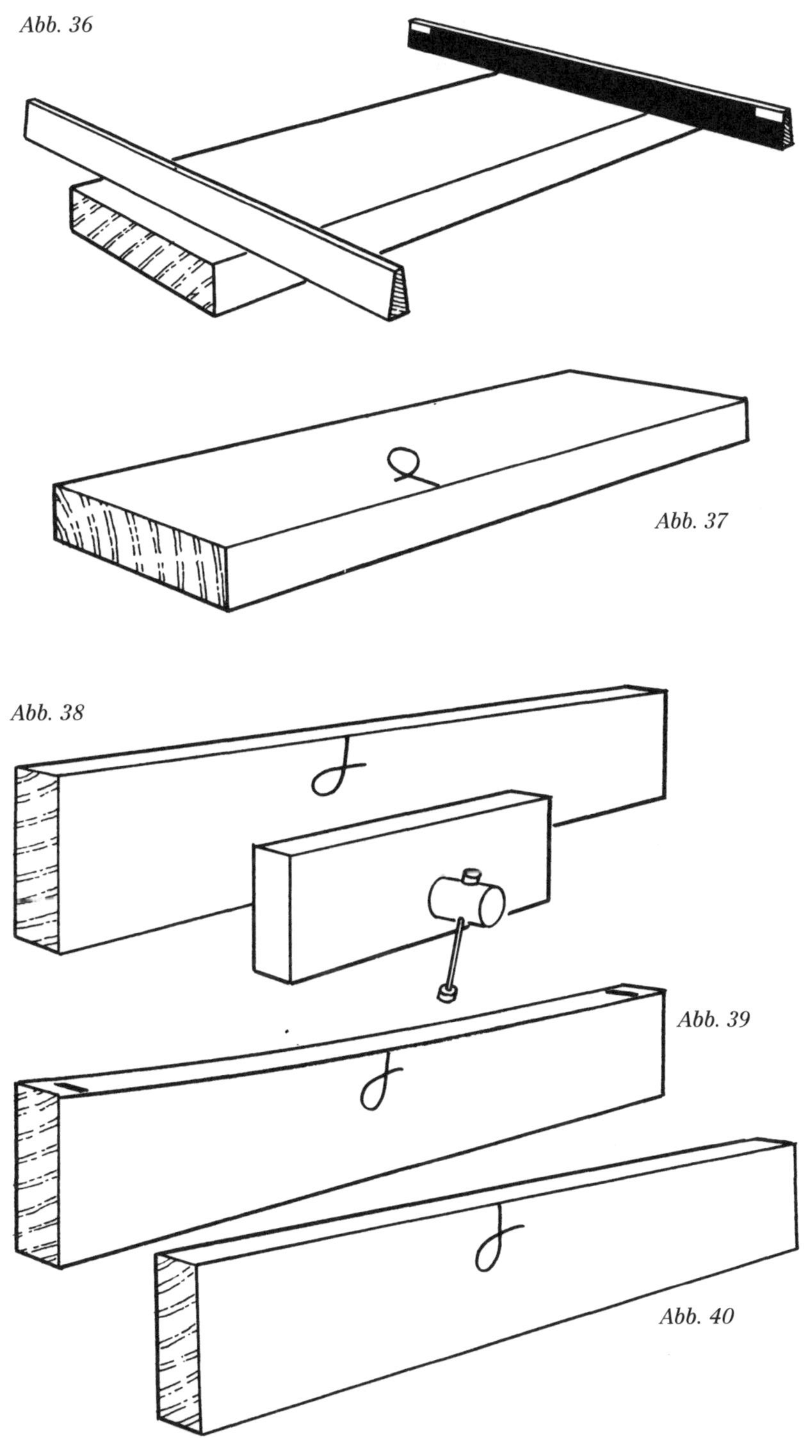

Abb. 36

Abb. 37

Abb. 38

Abb. 39

Abb. 40

Bei manchen Konstruktionen liegt die Bezugsfläche auf der Innenseite, bei anderen sollte sie nach außen weisen. Das muss man berücksichtigen, wenn man das Rohholz prüft, bevor man die Bezugsfläche anarbeitet. Mit anderen Worten: Muss die Sichtseite (also diejenige, die am ansprechendsten aussieht) auch die Bezugsfläche sein?

Die Bezugskante

Der nächste wichtige Schritt beim Zurichten des Materials auf Maß ist das Anlegen der Bezugskante. Das Werkstück hat bereits eine Bezugsfläche erhalten und wird mit der Kante nach oben in der Bankzange eingespannt. Die Bezugsfläche sollte möglichst nach vorne weisen (Abb. 38). Das hängt natürlich vom Faserverlauf ab. Das Vorgehen ähnelt dem Anlegen einer Bezugsfläche. Die Kante, zu der die Markierung auf der Bezugsfläche weist, wird gesäubert und geglättet. Bringen Sie dann mit einem weichen Bleistift an jedem Ende ein dicke Markierung an (Abb. 39). Hobeln Sie wie zuvor eine Vertiefung zwischen den Markierungen, bis der Hobel nicht mehr ins Holz greift. Hobeln Sie dann von einem Ende bis zum anderen, bis sich der erste Span in voller Länge und voller Breite zeigt (Abb. 40).

Prüfung der Bezugskante

1. Ist das Werkstück in Längsrichtung eben? Die Kontrolle wird mit einem Richtscheit vorgenommen, das länger als das Werkstück sein muss (Abb. 41).
2. Ist das Werkstück in der Breite eben? Kontrollieren Sie mit einem Lineal. Falls der letzte Span so breit war wie das Werkstück, ist dieses automatisch in der Breite eben (Abb. 42).
3. Steht die Kante rechtwinklig (d. h. im Winkel von 90°) auf der Bezugsfläche? Kontrollieren Sie an mehreren Stellen mit einem Tischlerwinkel (Abb. 43).

Arbeiten Sie nötigenfalls nach, und markieren Sie die Bezugskante mit einem „V“, das zur Bezugsfläche weist (Abb. 44). Manchmal wird dazu auch ein Kreuz verwendet, was aber weniger nützlich ist. Falls die Markierung

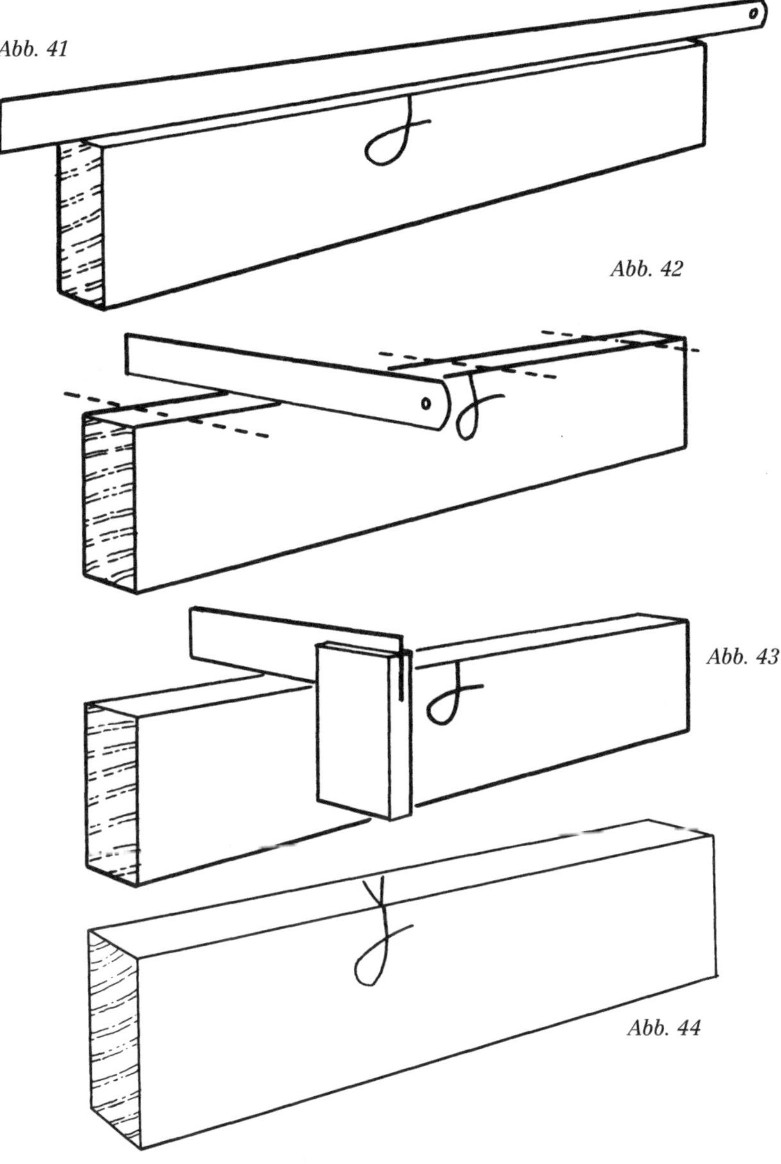

Abb. 41

Abb. 42

Abb. 43

Abb. 44

der Bezugsfläche abhanden kommen sollte, zeigt das „V“ an, welches die Bezugsfläche war. Falls die Markierung der Bezugskante verschwinden sollte, dient das Bezugsflächenzeichen dem selben Zweck.

Abrichten einer Kante

Wenn das Werkstück auf Rechtwinkligkeit geprüft wird (Abb. 45), stellt sich häufig heraus, dass eine Seite höher ist als die andere. Die naheliegende Lösung scheint darin zu bestehen, dass man den Hobel neigt. Allerdings erhält man so nur eine zweite Ebene (Abb. 46), wodurch es noch schwieriger wird, den Hobel vollflächig aufzulegen. Wie zuvor gesagt, wird das Eisen des Schrupphobels ballig geschliffen. Jetzt kann man dies vorteilhaft nutzen. Bei einem richtig eingestellten Hobel (Abb. 47) ist ein Span, der mit der Mitte des Eisens geschnitten wird, auf seiner ganzen Breite gleich dick. Ein Span, der mit der Seite des Eisens geschnitten wird, hat eine dicke und eine dünne Seite. Die dünne verjüngt sich, bis sie fast im Nichts verschwindet. Legen Sie den Hobel auf das Werkstück auf (Abb. 48). Nehmen Sie auf diese Weise mehrere Späne ab, um die höhere Seite der Kante allmählich abzutragen. Der letzte Span sollte nahe der Mitte des Eisens geschnitten werden.

Damit der Hobel während des Schnitts nicht seitwärts abwandert, ergreift man ihn nicht wie sonst mit den Händen, sondern verwendet den Kantengriff. Die linke Hand hält dabei nicht den vorderen Knopf des Hobels, sondern greift stattdessen etwas hinter dem Knopf mit Daumen und

Abb. 45

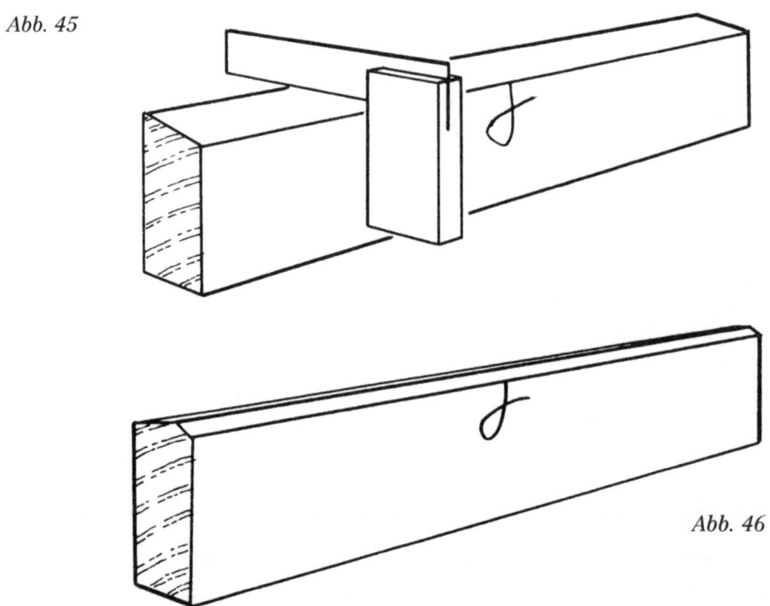

Abb. 46

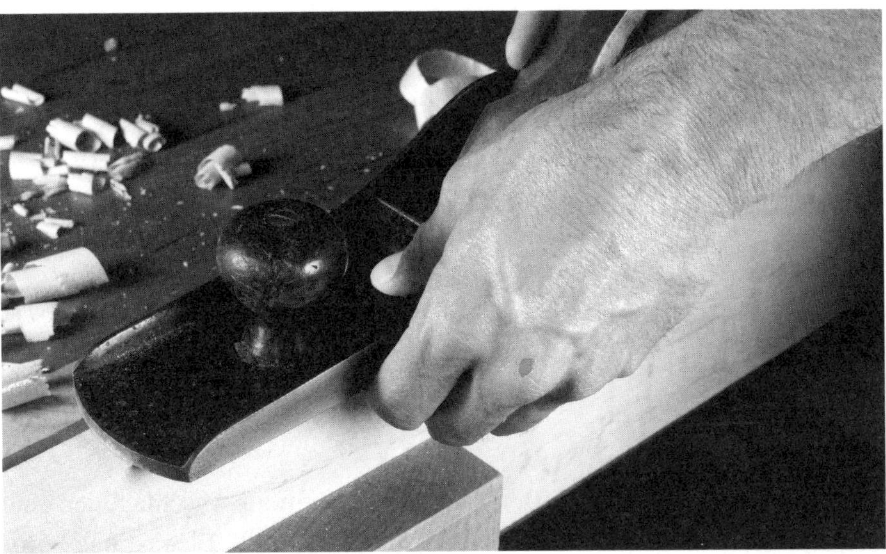

Foto 8: Hobeln – der Kantengriff Auf diese Weise kann man vermeiden, dass sich der Hobel seitwärts bewegt.

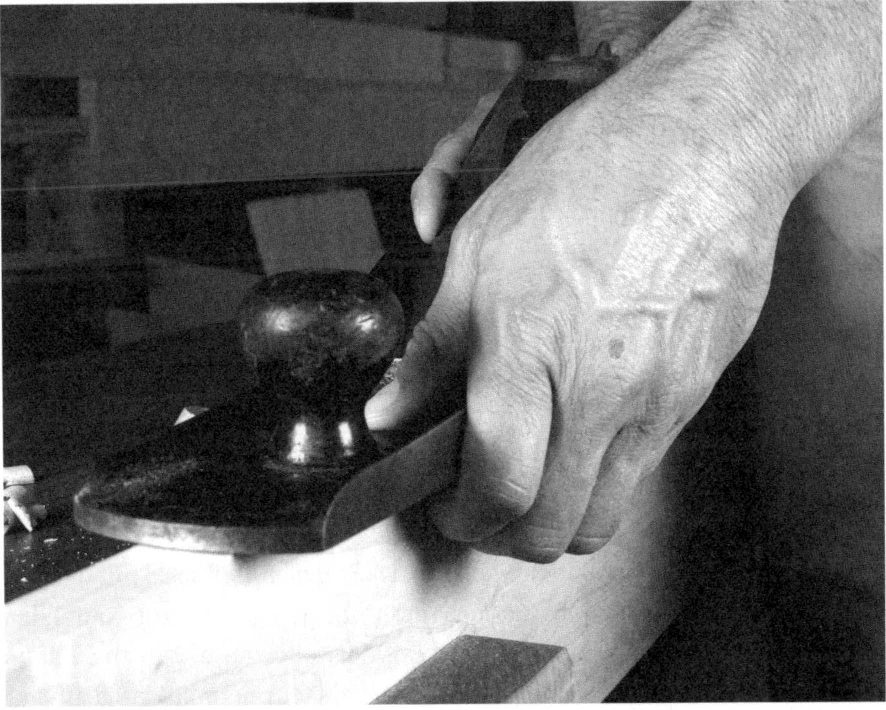

Foto 9: Hobeln – der Kantengriff Hier dienen die Finger als Anschlag.

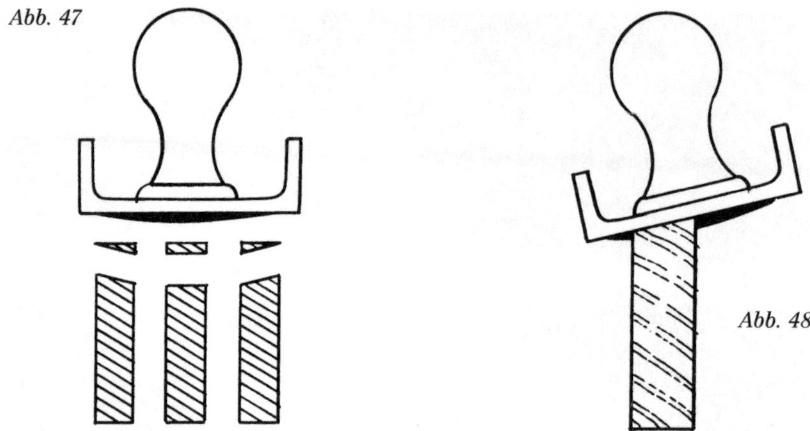

Abb. 47

Abb. 48

Zeigefinger die Hobelsohle. Der Zeigefinger dient als Anschlag, der eine Bewegung zur Seite verhindert (siehe Fotos 8 und 9). Dies ist das Standardverfahren, um alle Kanten präzise zu hobeln.

Mit dem Streichmaß anreißen

Mit dem Streichmaß reißt man Parallelen an, bis zu denen später gesägt oder gehobelt wird. Es gibt keine Alterative zum Streichmaß, wenn man Bauteile genau auf Maß herstellen muss. Beim Anreißen mit dem Streichmaß gibt es zwei Grundprinzipien. Zum einen muss die Spitze der Anreißnadel ziehend schneiden. Zum anderen muss der Druck fast vollkommen vom Anschlag des Streichmaßes auf das Werkstück wirken.

Um das Anreißen zu erlernen, spannt man ein Stück Holz so in die Bankzange ein, dass es etwa 50 mm herausragt. Stellen Sie das Streichmaß ungefähr auf das gewünschte Maß ein, und ziehen Sie die Feststellschraube mäßig fest an. Klopfen Sie das eine oder andere Ende des Schiebers auf die Hobelbank, um das richtige Maß einzustellen, und ziehen Sie dann die Schraube vollständig an. Der Anschlag des Streichmaßes wird mit dem Daumen geschoben und dabei mit dem Zeigefinger geführt. Die anderen Finger liegen um den Schieber. Das Streichmaß wird mit der flachen Seite des Schiebers so auf das Werkstück gelegt, dass die Nadel das Material nicht berührt und der Anschlag entweder an der Bezugsfläche oder an der Bezugskante anliegt. Dann wird das Streichmaß langsam gedreht (Abb. 49), bis die Spitze der Nadel gerade das Holz berührt und der

Abb. 49

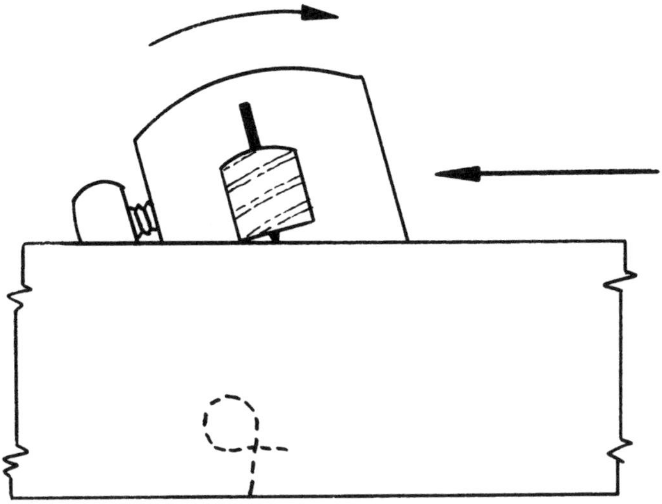

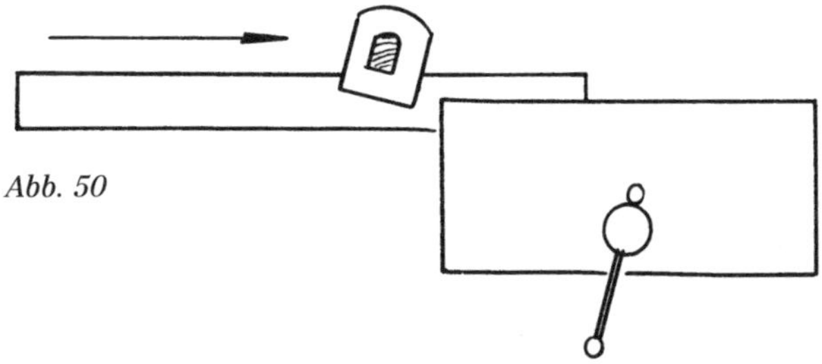

Abb. 50

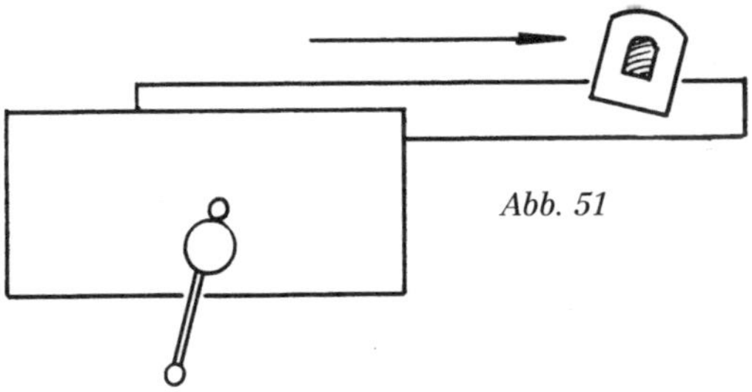

Abb. 51

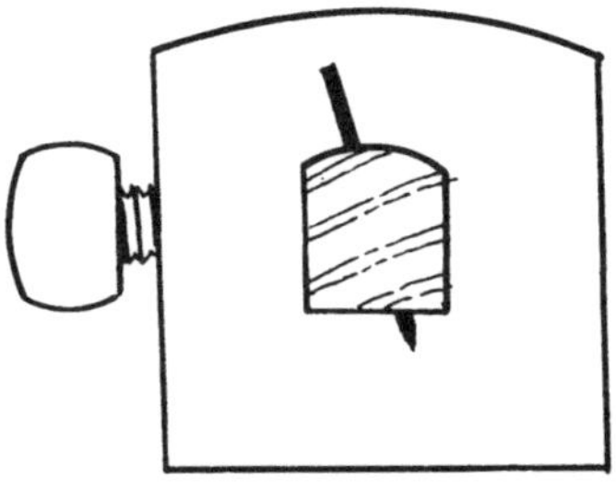

Abb. 52

Druck auf die Eckkante des Schiebers wirkt. Behalten Sie diesen Winkel bei, und führen Sie das Streichmaß am Werkstück entlang. Die Nadel wird gezogen und der Anschlag fest gegen das Werkstück gedrückt. Wiederholen Sie das Anreißen am Hirnholz, der anderen Längsseite und dem anderen Ende. Legen Sie den Anschlag immer an der Bezugsfläche oder der Bezugskante an. Falls Zweifel aufkommen könnten, sollten Sie den Verschnitt mit einem weichen Bleistift diagonal schraffieren.

Erfahrene Holzwerker halten das Werkstück beim Anreißen auf unterschiedliche – manchmal etwas merkwürdige – Weise mit der Hand. Anfänger sollten möglichst immer die Bankzange verwenden, um zuerst vor allem das Anreißen zu üben. Sobald sie das erlernt haben, können sie verschieden Methoden ausprobieren, um das Werkstück zu halten.

Schmale und dünne Werkstücke lassen sich in der Bankzange am besten auf folgende Weise anreißen: Spannen Sie das Holz an einem Ende ein (die Bezugsfläche oder -kante weist nach außen), und reißen Sie an, bis das Streichmaß auf die Bankzange trifft (Abb. 50). Schieben Sie das Werkstück durch die Bankzange wie in Abb. 51 gezeigt, und reißen sie zu Ende an. Linkshänder können sich die Arbeit erleichtern, indem sie das Material umdrehen und so nicht mit dem Daumen gegen die Feststellschraube des Streichmaßes drücken müssen.

Wenn man Kinder unterrichtet, hat es sich bewährt, dass man als Lehrer eine Linie anreißt und das Kind dann bittet, weitere zehn anzureißen. Die Übung ist erfolgreich abgeschlossen, wenn die ursprüngliche Linie des Lehrers nicht von den anderen zu unterscheiden ist. Vielen Holz-

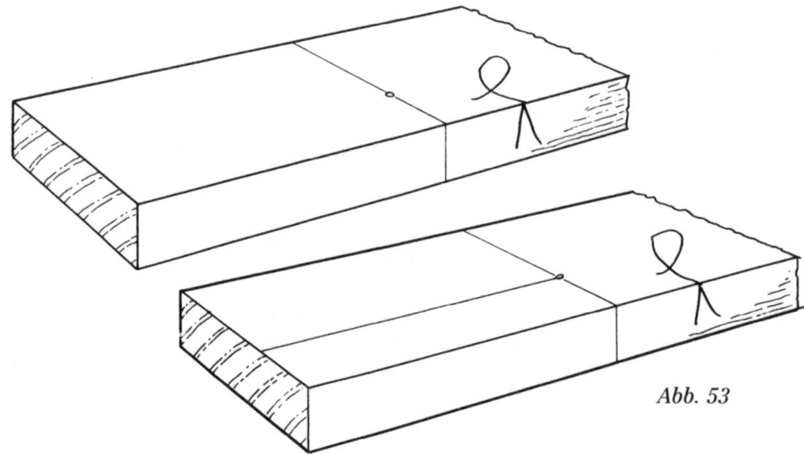

Abb. 53

werkern, vor allem Anfängern, fällt das Anreißen leichter, wenn das Loch für die Reißnadel in einem leichten Winkel durch den Schieber führt, um den ziehenden Schnitt zu betonen (Abb. 52).

Damit die angerissene Linie genau an einer bestimmten Stelle endet und so nicht am fertigen Werkstück zu erkennen ist, wird die Nadel fest an dem Endpunkt eingestochen (Abb. 53). Dieses kleine Loch macht das Ende des Anrisses deutlich erkennbar. Die gleiche Methode wird beim Anreißen mit dem Zapfenstreichmaß mit zwei Nadeln verwendet, das später behandelt wird.

Auf Maß zuschneiden

Bevor man Verbindungen anreißen kann, müssen die Bauteile genau auf Maß gebracht werden, gegebenenfalls bei gleichen Bauteilen auch auf identische Maße.

Zuerst bekommt jedes Bauteil eine Bezugsfläche und -kante. Die anderen beiden Seiten bleiben unberührt (Abb. 54).

Stellen Sie das Streichmaß auf die gewünschte Breite ein, und reißen Sie von der Bezugskante aus alle vier Seiten des Werkstücks an (Abb. 55). Wenn man einen weichen Zimmermannsbleistift im Riss entlang führt, hinterlässt er zwei Bleistiftmarkierungen (Abb. 56). Hobeln Sie bis zur Mitte der V-förmigen Vertiefung, die das Streichmaß hinterlassen hat, sodass eine der beiden Bleistiftmarkierungen entfernt wird. Nach etwas Übung kann man auf die Markierung mit dem Bleistift verzichten. Es kann passieren, dass man auf allen Seiten bis zum Riss hobelt, das Werkstück in der Mitte aber dennoch zu hoch ist. Kontrollieren Sie mit einem Lineal oder Richtscheit, ob dies so ist (Abb. 57). In diesem Schritt haben Sie drei bearbeitete Flächen hergestellt. Wiederholen Sie den Vorgang, nachdem Sie die Materialstärke mit dem Streichmaß angerissen haben. Es spielt keine Rolle, ob man zuerst auf Breite oder auf Stärke arbeitet. Oft erhält man bei einer eher schmalen Kante eine deutlich breitere Auflagefläche, um auf Stärke zu hobeln, wenn man zuerst auf Breite arbeitet. Wenn größere Mengen Verschnitt abgenommen werden müssen, sollte man zuerst so viel wie möglich davon mit der Säge entfernen. Lassen Sie sich nicht durch das etwas unsaubere Aussehen beunruhigen, das drei der Eckkanten bieten mögen (Abb. 58).

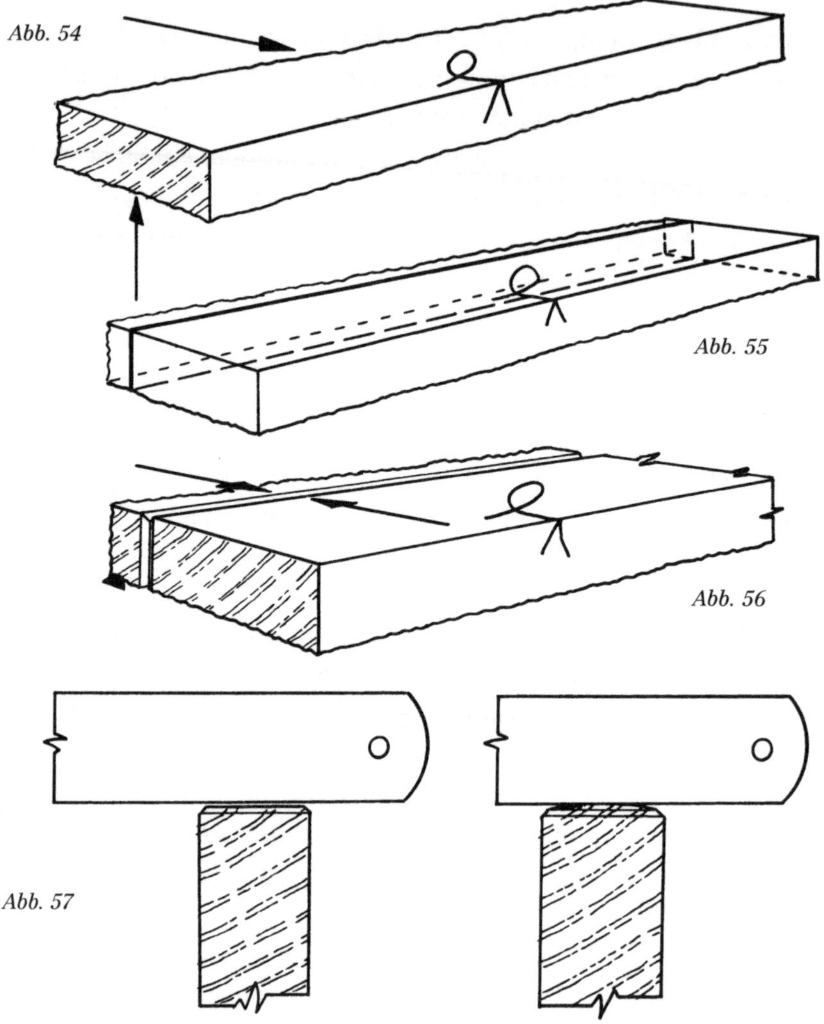

Solange man noch Spuren des Streichmaßrisses erkennt, kann das Bauteil auf keinen Falls Untermaß aufweisen. Bei einem richtigen Werkstück verschwinden diese Spuren beim Verputzen vor der Oberflächenbehandlung.

Anfänger denken manchmal, sie könnten Zeit sparen, indem sie zuerst alle Anreißarbeiten in einem Zug durchführen und dann alle Hobelarbeiten ebenfalls in einem Durchgang, vor allem wenn Breite und Stärke das gleiche Maß aufweisen. Wenn man die Angelegenheit durchdenkt, wird deutlich, dass man beim Hobeln bis zur Markierung A (Abb. 59) auch den Riss B abnimmt. Dieser muss dann wiederholt werden, wodurch man mehr Zeit verschwendet, als man sich zu ersparen hoffte.

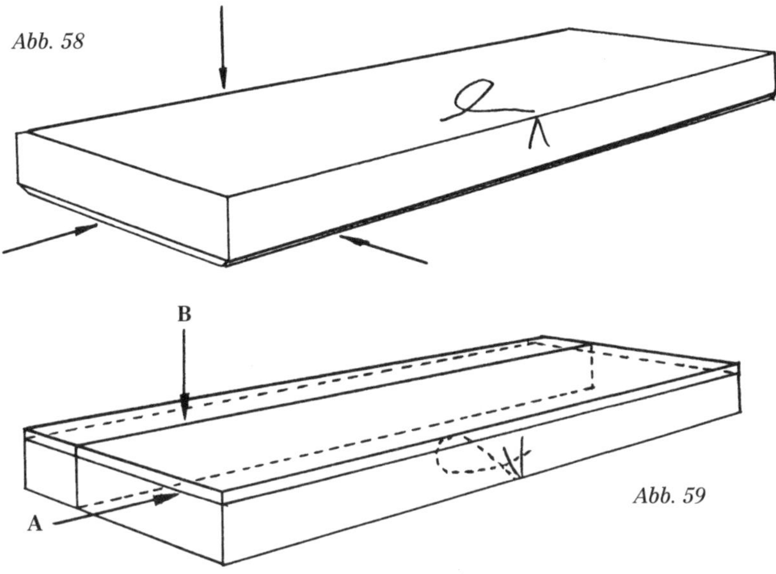

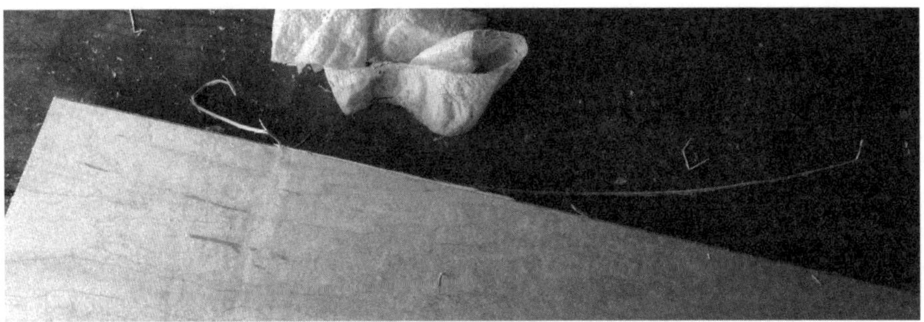

Foto 10: Auf Stärke aushobeln. Bei den letzten feinen Hobelstößen fällt der Riss des Streichmaßes vom Werkstück ab. Wenn man jetzt weiterhobelt, wird das Werkstück zu dünn.

Zusammenfassung

1. Eine Bezugsfläche herstellen.
2. Eine Bezugskante herstellen.
3. Breitenmaß anreißen.
4. Auf Breite hobeln.
5. Stärkenmaß anreißen.
6. Auf Stärke hobeln.

Man kann ebenso gut zuerst 5 und 6 und danach 3 und 4 ausführen.

Rechtwinklig anreißen

Rechtwinklige Linien (senkrecht zum Faserverlauf) werden mit einem Tischlerwinkel und einem Stift oder Anreißmesser angerissen. Man kann nicht präzise anreißen, ohne zuvor eine Bezugsfläche und eine Bezugskante hergestellt und als solche gekennzeichnet zu haben.

Die wichtigste Regel ist, dass der Anschlag des Tischlerwinkels entweder an der Bezugsfläche oder der Bezugskante angelegt wird (Abb. 60). Dadurch ergeben sich acht mögliche Positionen. Ob die Zunge des Winkels auf einer Bezugsfläche oder -kante liegt, spielt keine Rolle. Man sollte die ganze Länge des Anschlags am Winkel nutzen (Abb. 60) und nicht nur einen Teil (Abb. 61), um Ungenauigkeiten zu vermeiden. Wenn man sich an diese Regel hält, treffen die um das Werkstück herumgewinkelten Linien am Schluss wieder aufeinander (Abb. 62 A). Falls nicht, ‚schrauben' sich die Linien um das Werkstück (Abb. 62 B) und treffen nur dann wieder aufeinander, falls die gegenüberliegenden Seiten des Werkstücks absolut parallel zueinander verlaufen (wovon man bei Handarbeit nicht ausgehen kann). Wenn man sich an die Regel hält, treffen die Linien immer aufeinander, auch wenn die Seiten nicht parallel sind und sogar falls der Tischlerwinkel nicht genau rechtwinklig ist.

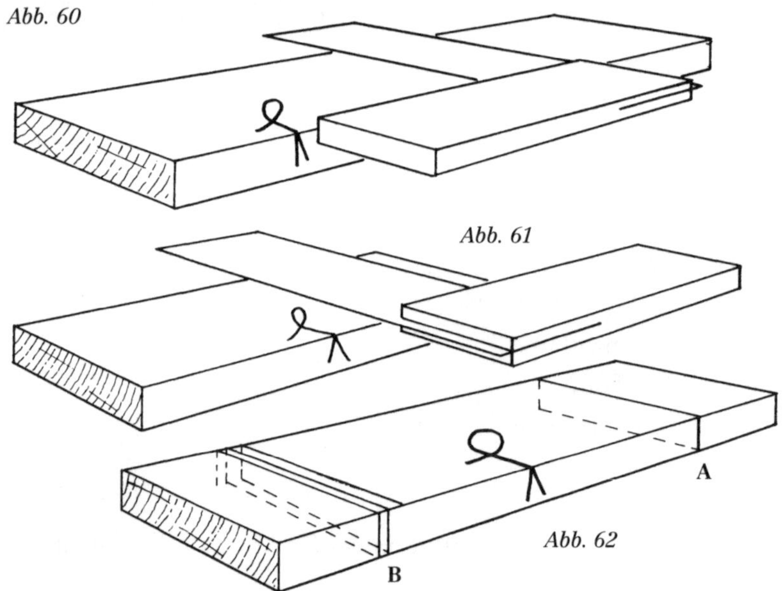

Abb. 60

Abb. 61

Abb. 62

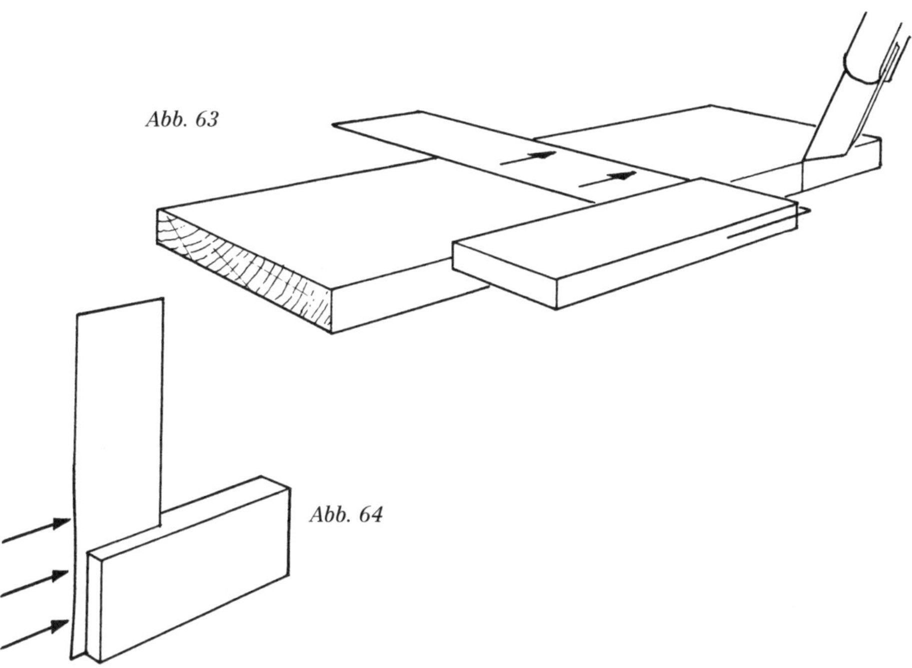

Abb. 63

Abb. 64

Wenn man ein Anreißmesser verwendet, kann man Zeit sparen und die Genauigkeit erhöhen, indem man das folgende einfache Verfahren anwendet. Reißen Sie die erste Linie an, drehen Sie das Holz, legen Sie die Schneide des Messers in den ersten Riss (Abb. 63), und schieben Sie den Tischlerwinkel gegen die Schneide. Die Zunge des Tischlerwinkels kann durch das Anreißmesser abgenutzt werden (Abb. 64), man sollte den Winkel regelmäßig daraufhin überprüfen. Auch die Genauigkeit des Tischlerwinkels sollte gelegentlich überprüft werden. Hobeln Sie dazu eine Bezugskante an ein breites Brett (am besten in Maschinenarbeit), reißen Sie eine Linie mit dem Tischlerwinkel und Anreißmesser an, drehen Sie den Tischlerwinkel um, und wiederholen Sie das Anreißen (Abb. 65). Abweichungen vom 90°-Winkel sind sofort zu erkennen.

Winkel, die von 90° abweichen, lassen sich leicht anreißen und so oft wie nötig wiederholen, indem man eine in entsprechendem Winkel zugeschnittene Zulage zwischen das Werkstück und den Tischlerwinkel legt (Abb. 66). Dieses Verfahren ist sehr viel zuverlässiger als wie üblich eine Schmiege zu verwenden, deren Einstellung man leicht versehentlich verstellen kann. Schraffieren Sie den Verschnitt nach dem Anreißen.

Es lohnt sich, das Anreißmesser etwas genauer zu betrachten. Fabrikneue Messer haben oft beidseitig ballig angeschliffene Fasen an der

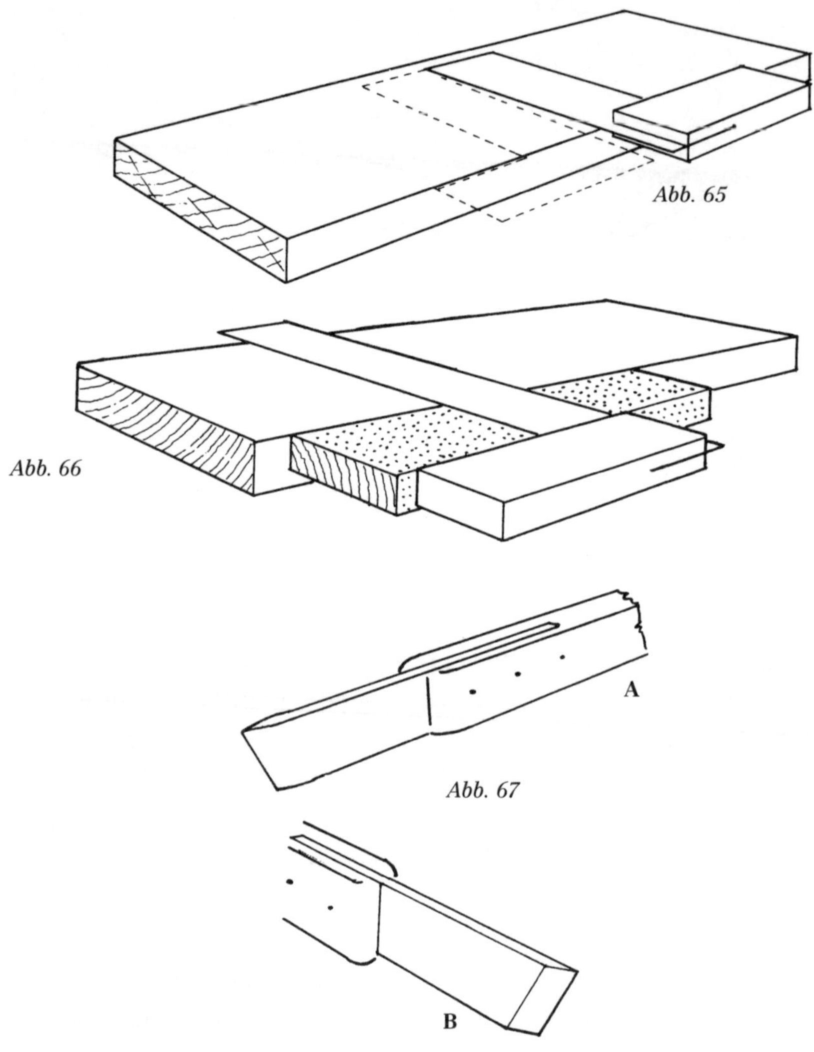

Abb. 65

Abb. 66

Abb. 67

Schneide (Abb. 67 A). Man sollte sie nachschleifen, sodass man nur an einer Seite eine Fase erhält (Abb. 67 B). (Linkshänder schleifen die Fase natürlich an der anderen Seite an.) Das Messer wird wie ein Schreibstift gehalten, nicht wie ein Dolch, und nur die Spitze schneidet. Versuchen Sie nicht, die gesamte Schneide zu verwenden. Die Fase weist vom Tischlerwinkel fort, sodass man auf der Werkstückseite eine senkrechte Schnittfläche und an der Verschnittseite eine Schräge erhält. Von allen Werkzeugen mit Schneide wird das Anreißmesser beim Schärfen am häufigsten vernachlässigt. Es ist überaus wichtig, es stets scharf zu halten.

Eine Anreißmesser mit Holzgriff ist vorzuziehen, vor allem für Kinder. Es gibt kombinierte Werkzeuge aus Anreißmesser und Ahle an entgegengesetzten Enden, die jedoch zu Verletzungen im Gesicht durch die lange, spitze Ahle führen können, wenn sich der Anwender auf den Schnitt mit dem Messer konzentriert.

Sägen

Das Sägen ist die letzte Fähigkeit, die man als Anfänger erwerben muss, um Bauteile auf das gewünschte Endmaß zu bringen. Außerdem muss man zur Säge greifen, wenn es bei den ersten Bearbeitungsschritten darum geht, das Bauteil auf die ungefähre Größe zu bringen.

Eine Zapfensäge mit 250-mm-Blatt ist eine praktische Größe. Das Werkstück wird in einer Sägelade gehalten (siehe Anhang A). Es gibt drei Methoden, auf Länge (quer zur Faser) zu schneiden, die man der Einfachheit halber als drittklassiges, zweitklassiges und erstklassiges Sägen bezeichnen kann, je nach der Wichtigkeit des Schnitts.

Das drittklassige Sägen ist für die ersten Bearbeitungsschritte und für verhältnismäßig unwichtige Arbeiten. Reißen Sie die Schnittlinie mit einem Bleistift an, und schraffieren Sie den Verschnitt. Setzen Sie die Säge auf der entfernten Ecke so am Riss an, dass sie im Verschnitt sägt. Legen Sie den linken Daumen gegen das Sägeblatt, und ziehen Sie die Säge vorsichtig ein halbes Dutzend Mal nach hinten (Abb. 68). Nehmen Sie den Daumen weg, treten Sie vom Werkstück zurück, und halten Sie das Holz fest, indem Sie sich mit der Handfläche darauf stützen. Dadurch hält man es sehr viel sicherer als bei einem Griff zwischen Daumen und Fingern. Beginnen Sie dann zu sägen, indem Sie den Griff der Säge allmählich absenken, sodass sich der Sägeschnitt nach und nach über die gesamte Seite des Holzstücks ausdehnt (Abb. 69), bis Sie eine Sägefuge auf der gesamten Breite des Werkstücks erhalten. Sägen Sie dann senkrecht nach unten bis in die Sägelade (die als Verschleißmaterial fungiert).

Das zweitklassige Sägen ist genauer. In diesem Fall wird die Schnittlinie mit dem Anreißmesser und Tischlerwinkel angerissen (Abb. 70). Dann wird der Verschnitt schraffiert. Das Anreißmesser durchtrennt die Holzfasern und ergibt eine glattere Kante an der Oberseite der Sägefuge. Spannen Sie das Werkstück in der Bankzange ein, und stechen Sie eine kleine

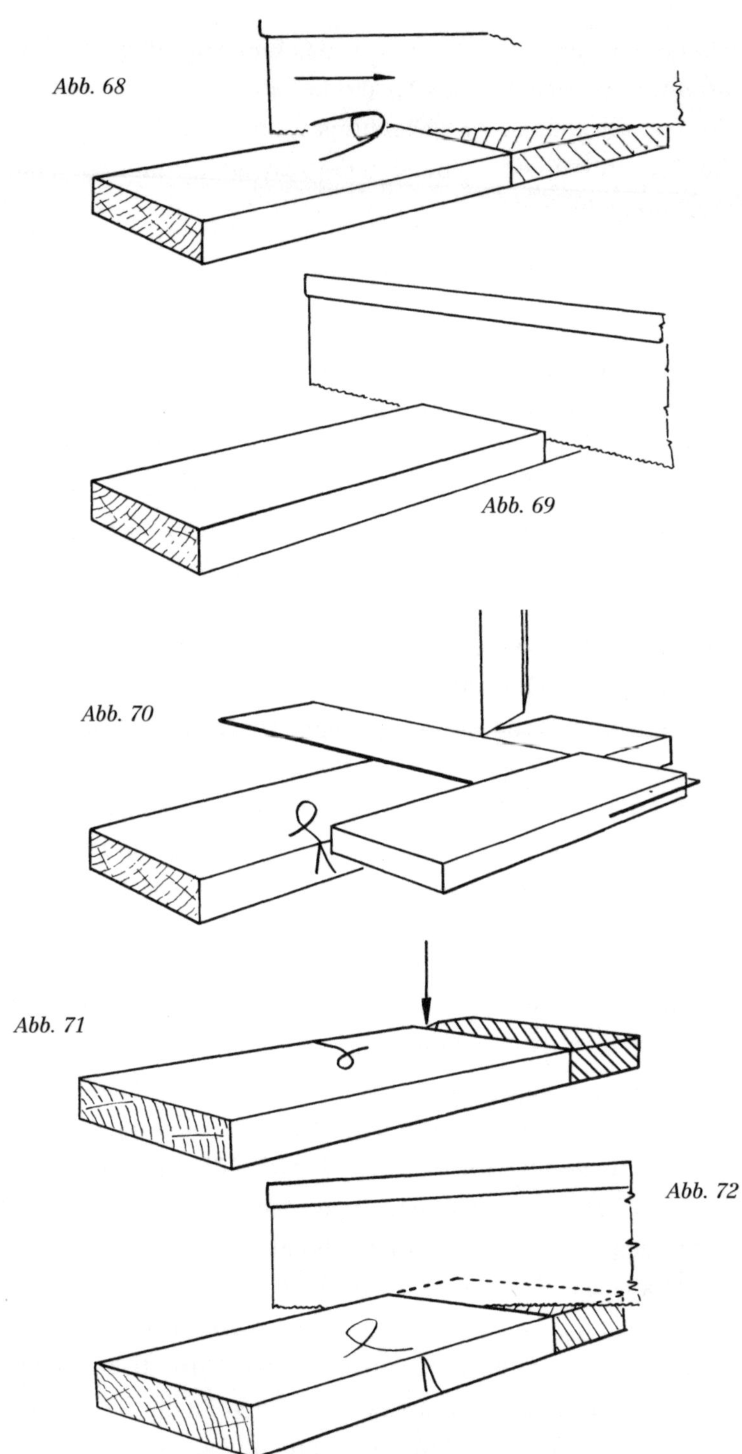
Abb. 68
Abb. 69
Abb. 70
Abb. 71
Abb. 72

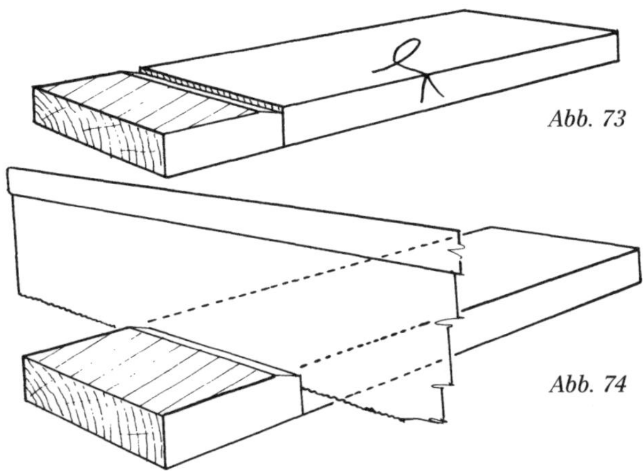

Abb. 73

Abb. 74

V-förmige Kerbe in das entfernte Ende des Risses (Abb. 71). Dieser Einstich ist auf der Werkstückseite senkrecht und auf der Verschnittseite schräg.

Halten Sie das Werkstück sicher, oder spannen Sie es noch besser an einer Sägelade fest. Legen Sie die Säge in die Kerbe und ziehen Sie sie einige Male zurück. Sägen Sie dann wie zuvor, indem Sie den Griff der Säge allmählich absenken (Abb. 72), bis die Säge auf der gesamten Werkstückfläche ins Holz greift. Sägen Sie bis in die Sägelade hinein.

Erstklassiges Sägen kommt bei allen wirklich wichtigen Arbeiten zum Einsatz, vor allem bei den Brüstungen der Schlitz-und-Zapfen-Verbindung. Präzise Arbeiten sind schon zuvor mit dem Anreißmesser angerissen worden. Vertiefen Sie den Messerriss auf der gesamten Breite des Werkstücks. Spannen Sie es in der Bankzange ein, und stechen Sie eine flache Kerbe ein (Abb. 73). Das sollte mit einem breiten Stechbeitel und winzigen Schnitten geschehen, für die man kaum spürbare Kraft aufwenden muss.

Spannen Sie das Werkstück beim Sägen sicher fest, um Bewegungen zu verhindern, am besten auf einem Reststück Holz oder Hartfaserplatte. Legen Sie die Säge in die Fuge, ziehen Sie sie einige Male zurück, und sägen Sie dann durch das Werkstück.

Die Säge und das Sägen

Es muss nicht betont werden, dass die Säge scharf und gerade sein muss. Eine Säge mit gebogenem Blatt schneidet nie eine gerade Linie, sie wird immer versuchen, ihrer eigenen Krümmung entsprechend zu schneiden. Auch die Körperhaltung beim Sägen ist wichtig. Sich über die Arbeit zu beugen, führt nicht zu guten Ergebnissen. Stellen Sie sich in deutlicher Entfernung vom Werkstück auf, und halten Sie es mit gerade ausgestrecktem linken Arm, indem Sie mit der Handfläche darauf drücken, anstatt es zwischen Daumen und Fingern zu ergreifen.

Die Griffe mancher Sägen sind nicht für Kinder gedacht, auch wenn sie so aussehen mögen. Die Öffnung im Griff bietet nur Raum für drei Finger. Der vierte sollte nach vorne am Blatt anliegen, was hilft, die Säge in der korrekten Richtung zu führen. Das Handgelenk sollte steif bleiben, um seitliche Bewegungen der Säge zu verhindern. Dies ist besonders bei großen Sägen mit breitem Blatt wichtig. Bei steif gehaltenem Handgelenk sollten die Drehpunkte der Bewegung der Ellbogen und die Schulter sein. Eine scharfe Säge bedarf über ihr eigenes Gewicht hinaus kaum Druck nach unten. Bei entsprechend geringem Druck wird sie mit gleichmäßigen, rhythmischen Bewegungen unter Ausnutzung der gesamten Sägeblattlänge durch den Schnitt geführt.

Zwei Punkte sind beim Sägen wichtig. Man sollte Schnitte quer zur Faser mit dem Messer anreißen. Im Gegensatz zur Bleistiftmarkierung hat der Bleistiftriss keine Breite. Man kann nötigenfalls einen Stechbeitel in den geschnittenen Riss setzen, ohne dass es Spielraum für Fehler gibt. Außerdem werden die Holzfasern von dem Anreißmesser sauber durchtrennt, was zum präzisen Aussehen der fertigen Verbindung beiträgt. Der Verschnitt wird schraffiert. Nicht um zu verhindern, dass versehentlich das Werkstück entsorgt und der Verschnitt aufbewahrt wird, sondern damit das Werkstück nicht auf Untermaß geschnitten wird. Im Gegensatz zum Messer, das schneidet, ohne Verschnitt zu verursachen, entfernt die Säge Material (in der Form von Sägespänen). Dieser Staub muss vom Verschnitt stammen, nicht vom Werkstück. Deshalb lautet der Merksatz beim Sägen: „Bis zum Riss, aber im Verschnitt."

Schrauben

Das Schrauben ist eine der häufigsten Methoden, Bauteile miteinander zu verbinden. Der landläufige Begriff für das dabei verwendete Werkzeug lauten „Schraubenzieher“. Sachlich richtig ist jedoch „Schraubendreher“, da mit ihm ja eine drehende Bewegung ausgeführt wird. Aber man spricht ja auch trotz der Einteilung in Zentimeter auch heute noch vom Zollstock…

Eine Schraube besteht aus den folgenden Teilen (Abb. 75): Kopf, Schaft, Kern und Gewinde. Beim Bohren des Schraubenlochs muss für jedes dieser Teile Raum geschaffen werden, da die Schraube im Gegensatz zum Bohrer kein Holz abtragen kann. Eine einfache Verschraubung (Abb. 76) besteht aus einem Bauteil, das direkt auf ein anderes geschraubt wird. In Abbildung 77 sieht man die Verbindung im Querschnitt. Im oberen Bauteil muss ein Durchgangsloch vorhanden sein, das mit einem Holzbohrer gebohrt wird. In ihm kann sich der Schaft der Schraube frei drehen. Falls das Durchgangsloch zu klein ist, erfordert das Eindrehen der Schraube viel mehr Kraftaufwand und der Schlitz kann beschädigt werden. Bei einer Verschraubung nahe der Werkstückkante kann das Holz sogar reißen. In das obere Bauteil muss eventuell auch eine Versenkung

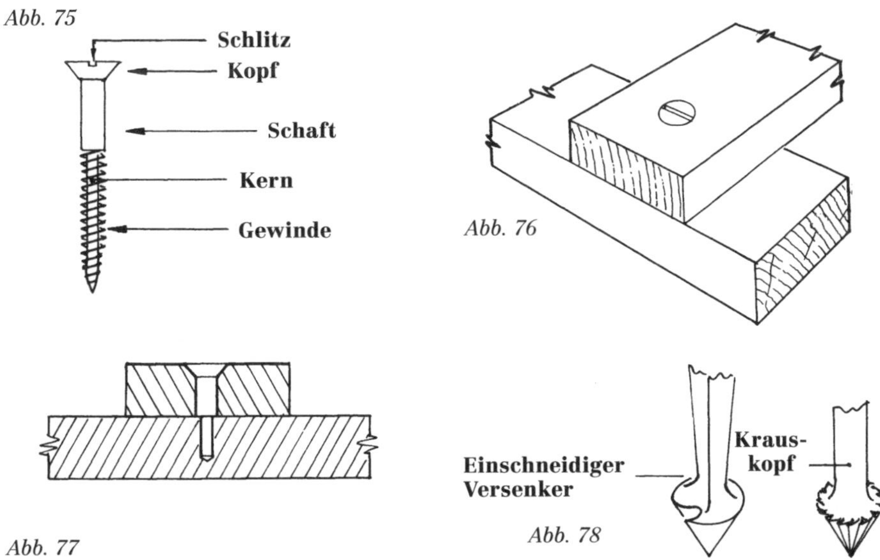

Abb. 75

Abb. 76

Abb. 77

Abb. 78

Schraubendurchmesser	3 mm	4 mm	5 mm	6 mm	7 mm
Durchgangsbohrung	3 mm	4 mm	5 mm	6 mm	7 mm
Führungsloch	2 mm	3 mm	4 mm	5 mm	6 mm

Abb. 79

geschnitten werden. Das richtige Werkzeug dafür ist der Kegelsenker. Alternativ kann man auch zum Krauskopf-Versenker (Abb. 78) oder zu einem Bohrer greifen. Allerdings liefert der Krauskopf nur eine geringere Güte, da er vor allem für Metallarbeiten gestaltet ist. Man kann auch einen Holzspiralbohrer größeren Durchmessers verwenden. Die besten Ergebnisse erzielt man in diesem Fall in einer Ständerbohrmaschine mit Tiefenanschlag.

Jetzt kann man die Bauteile in der richtigen Position aufeinander legen und die Schraube in das Durchgangsloch stecken. Mit einem leichten Schlag auf die Schraube bringt man auf dem unteren Bauteil eine kleine Markierung an, um die Lage des zweiten Bohrlochs zu kennzeichnen. Dieses ist das Führungsloch, dessen Durchmesser dem des Gewindekerns entspricht. Das Prinzip beruht darauf, dass der Bohrer Raum für den Kern schafft und das Gewinde in die Seiten des Bohrlochs schneidet, sodass man mit geringstem Aufwand die größte Belastbarkeit der Verbindung erzielt.

Die Spitze des Schraubendrehers sollte gut instand gehalten werden, und die Größe der Klinge sollte der verwendeten Schraubengröße entsprechen. Falls die Spitze durch Abnutzung abgerundet ist, kann sie aus dem Schlitz im Schraubenkopf rutschen. Eine zu große Schraubenzieherklinge beschädigt das umliegende Holz, und eine zu kleine wird häufig aus dem Schlitz gleiten. Der Griff eines Schraubendrehers entspricht der Größe der Klinge, um die richtige Kraftübertragung zu gewährleisten. Lange, dünne Elektroschraubendreher sollte mit besonderer Sorgfalt verwendet werden, damit das Gewinde nicht im Holz abgedreht wird.

In Abbildung 80 sind unterschiedlich ausgeformte Schraubenköpfe dargestellt. Die Rundkopfschraube wird meist verwendet, um Beschläge anzubringen. Falls die Beschlage sehr dünn sind, wird man ein flaches Durchgangsloch für den Schaft bohren müssen, bevor man das Führungsloch bohrt. Die Linsenkopfschraube wird manchmal für Metallbeschläge

Abb. 80

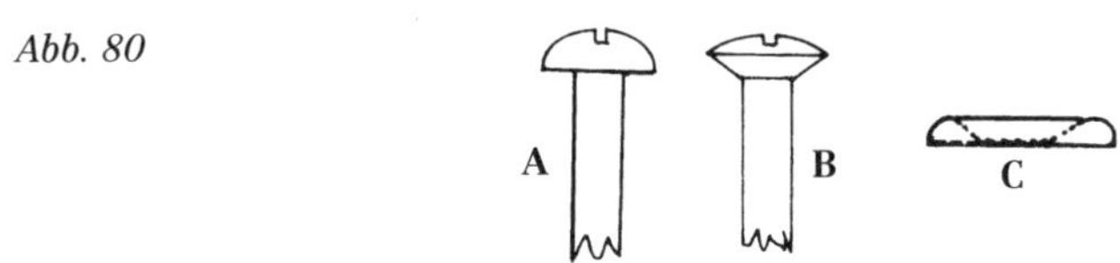

verwendet und findet sich häufig an industriell hergestellten Möbelstücken. Sie eignet sich in Verbindung mit einer Unterlegscheibe, wenn man in Handarbeit Sperrholz verschrauben möchte. Der Aufbau des Sperrholzes und manchmal auch seine geringe Stärke machen es schwierig, saubere Versenkungen für Schraubenköpfe zu schneiden.

Eine Vierkantahle ist das beste Werkzeug, um die Führungslöcher für sehr kleine Schrauben zu bohren. Wenn man etwas Fett an eine Schraube gibt, lässt sie sich leichter eindrehen, und da es auch Rostbildung verhindert, fällt später das Herausdrehen auch leichter. Eichenholz wirkt langfristig korrodierend auf Eisenschrauben. Bei hochwertigen Arbeiten sollte man deshalb immer Messingschrauben verwenden.

Bohren

Trotz der Vielzahl von elektrischen Bohrmaschinen werden Löcher immer noch häufig mit der Bohrwinde und Flachbohrern gebohrt. Der Spiralbohrer ist eigentlich ein Werkzeug für die Metallbearbeitung, und seine Schneidwirkung entspricht diesem Verwendungszweck. Der Schaft des Bohrers ist rund und wird in das Dreibackenfutter einer Handbohrmaschine oder einer elektrischen Bohrmaschine eingespannt (Abb. 81). Bei der Holzbearbeitung wird er vor allem für das Bohren von Schraubenlöchern verwendet und hat die verschiedenen Ahlen und Handbohrer abgelöst, mit denen diese Arbeit früher ausgeführt wurde.

Abb. 81

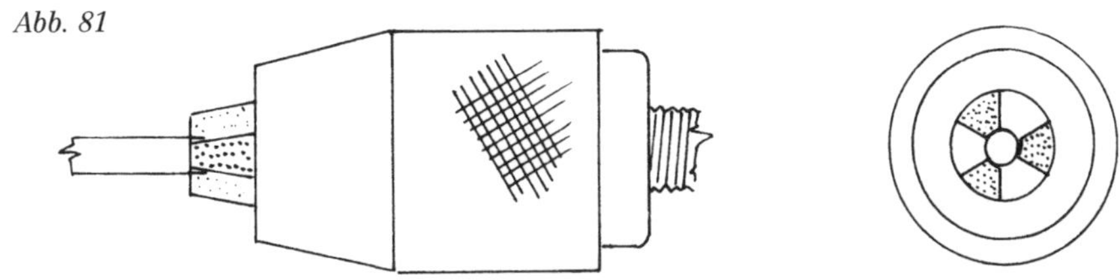

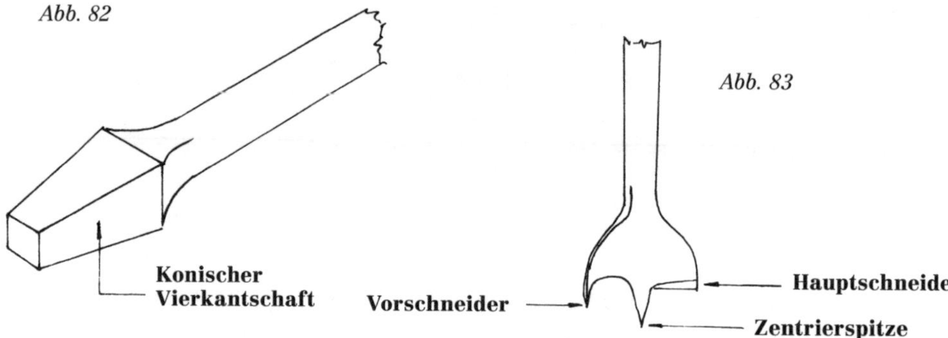

Die Bohrwinde des Holzwerkers hat in der Regel nur zwei Backen im Futter, und der Bohrer hat einen viereckigen Schaft (Abb. 82), der in eine quadratische Aussparung am Grund des Futters passt.

Obwohl es eine große Auswahl an Bohrern für die Bohrwinde gibt, entsprechen die meisten jedoch einer Gestaltung, von der die mit Zentrierspitze (Abb. 83) die einfachste Form darstellt. Sie weisen alle einen rechteckigen Schaft auf, der in die Bohrwinde passt, eine scharfe Spitze, um die Bohrung genau ansetzen zu können, einen Vorschneider, um die Holzfasern zu durchtrennen, und eine Grundschneide, um den Verschnitt auszuräumen.

Das beste Werkzeug, um flache Löcher zu bohren, ist der einfache Zentrumsbohrer (siehe Foto 11). Das Werkstück wird senkrecht in die

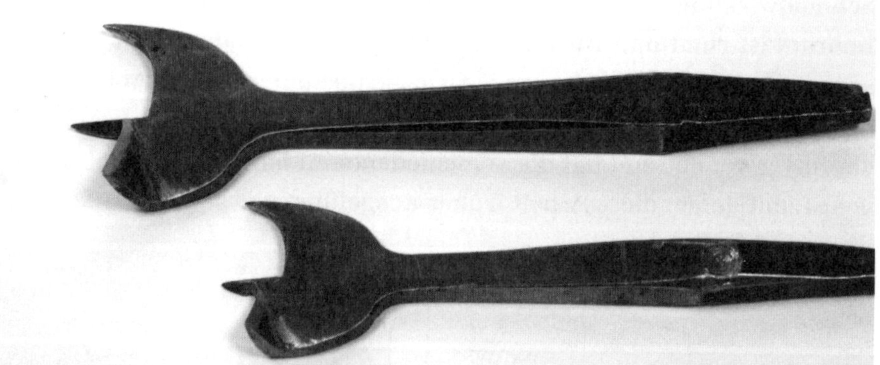

Foto 11: Traditioneller Zentrumsbohrer (Holzbohrer mit Zentrierspitze). Moderne, schnellschneidende Bohrer haben eine Zentrierschraube statt der -spitze. Und ihre Hauptschneide ist eher wie bei einem Schlangenbohrer geformt.

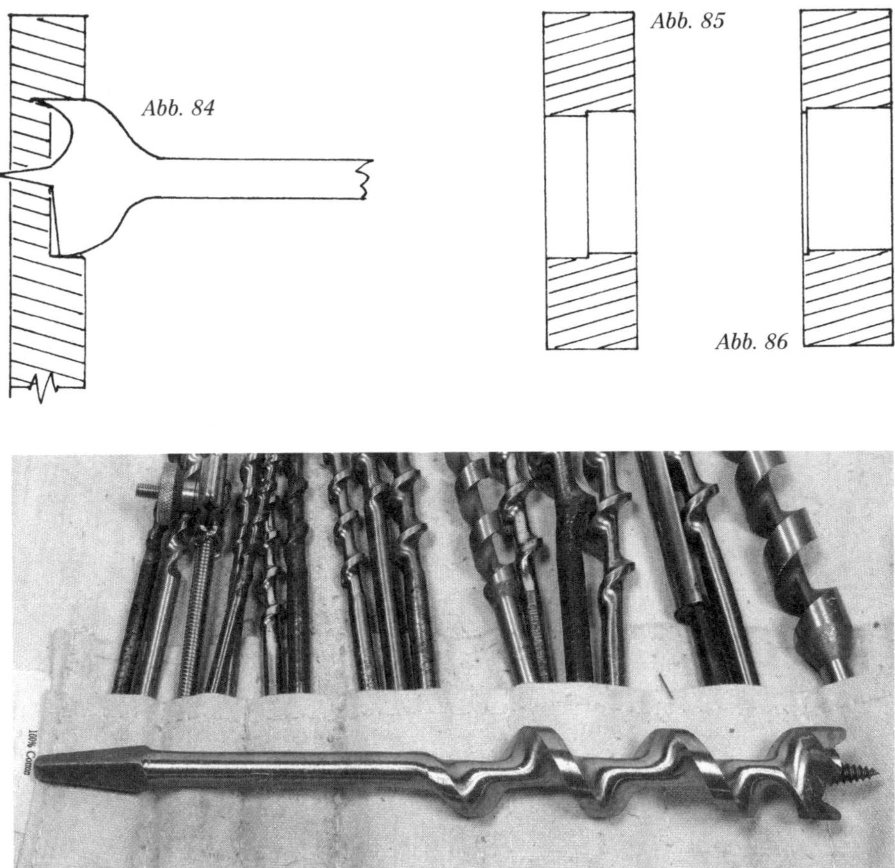

Foto 12: Der Schlangenbohrer wird für präzise, tiefe Bohrungen verwendet.

Bankzange eingespannt, und man bohrt mit mäßigem Druck, bis die Spitze durch das Holz stößt. Dann dreht man das Werkstück entweder um und bohrt von der anderen Seite, sodass die beiden Bohrungen irgendwo in der Mitte aufeinander treffen (Abb. 85) (die Stelle des Zusammentreffens wird immer etwas sichtbar sein), oder man dreht das Holz um, reißt einen Kreis mit dem Vorschneider des Bohrer an, und bohrt von der ursprünglichen Seite aus weiter. In diesem Fall ist das Zusammentreffen, da es näher an der Oberfläche liegt, nicht so deutlich zu erkennen. Die einfachste und schnellste Methode ist vermutlich, ein Stück Restholz unter das Werkstück zu legen und bis in dieses hineinzubohren.

Tiefere Löcher werden mit Schlangenbohrern (siehe Foto 12) gebohrt, die es in unterschiedlichen Längen gibt. Schlangenbohrer sind mit einer

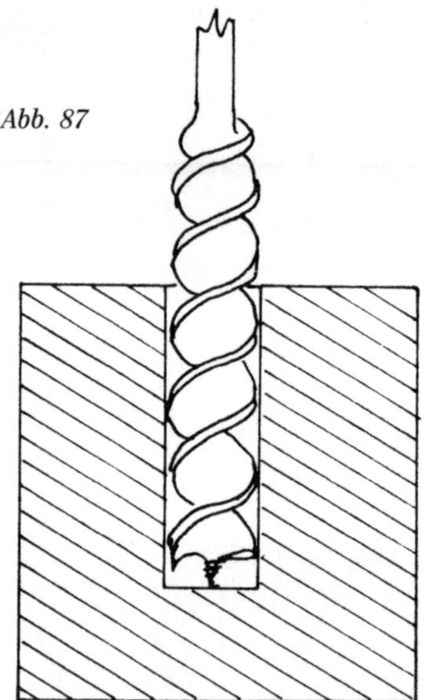
Abb. 87

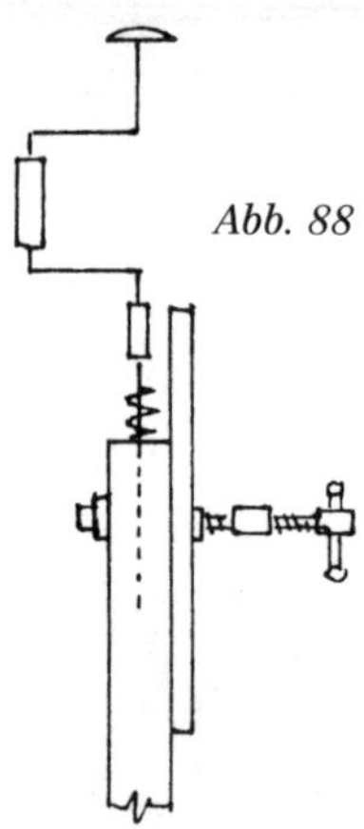
Abb. 88

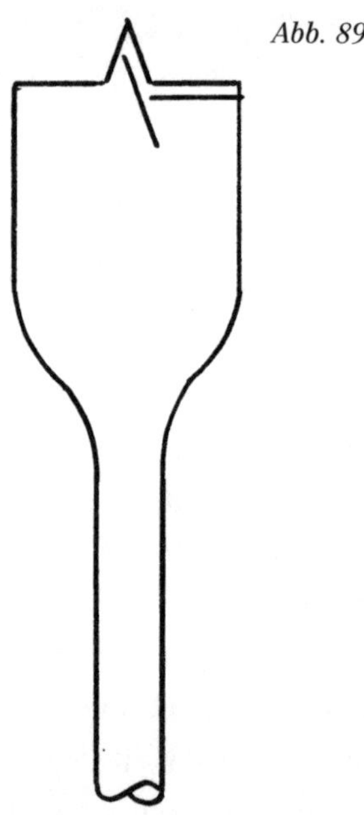
Abb. 89

Zentrierspitze mit Gewinde, zwei Vorschneidern und zwei Hauptschneiden ausgestattet. In einem tiefen Bohrloch (Abb. 87) würde der Flachbohrer immer zum seitlichen Abwandern neigen. Die Spirale des Schlangenbohrers verhindert nicht nur dieses Abwandern, sie dient auch dazu, die Bohrspäne nach oben abzutransportieren. Eine Drehung im Urzeigersinn fördert die Späne nach oben, eine Drehung entgegen dem Uhrzeigersinn schiebt sie etwas nach unten. Wenn die gewünschte Bohrtiefe erreicht ist (die man mit einem Stück Klebeband am Bohrer kennzeichnen kann), dreht man die Bohrwinde vor und zurück, um das Gewinde im Holz freizuschneiden. Dann dreht man im Uhrzeigersinn, während man den Bohrer aus dem Loch zieht. Dabei werden die Späne herausgehoben und man erhält ein sauberes Bohrloch. Um beim Bohren tiefer Löcher in der Senkrechten zu bleiben, kann es empfehlenswert sein, eine Leiste am Werkstück festzuspannen (Abb. 88) und an ihr entlang zu visieren.

Die zunehmende Beliebtheit kleiner elektrische Bohrmaschinen hat in der Folge zur Entwicklung eines besonderen Bohrers geführt, der auf die Verwendung mit diesen Maschinen ausgerichtet ist (Abb. 89). Dieser sogenannte Spatenbohrer wird mit hohen Geschwindigkeiten verwendet und wirkt eher schabend als schneidend (deshalb wird er im Deutschen auch als Flachfräsbohrer bezeichnet). Bohrer mit Gewindezentrierspitze können in elektrischen Bohrmaschinen wegen der hohen Umdrehungsgeschwindigkeiten nicht verwendet werden.

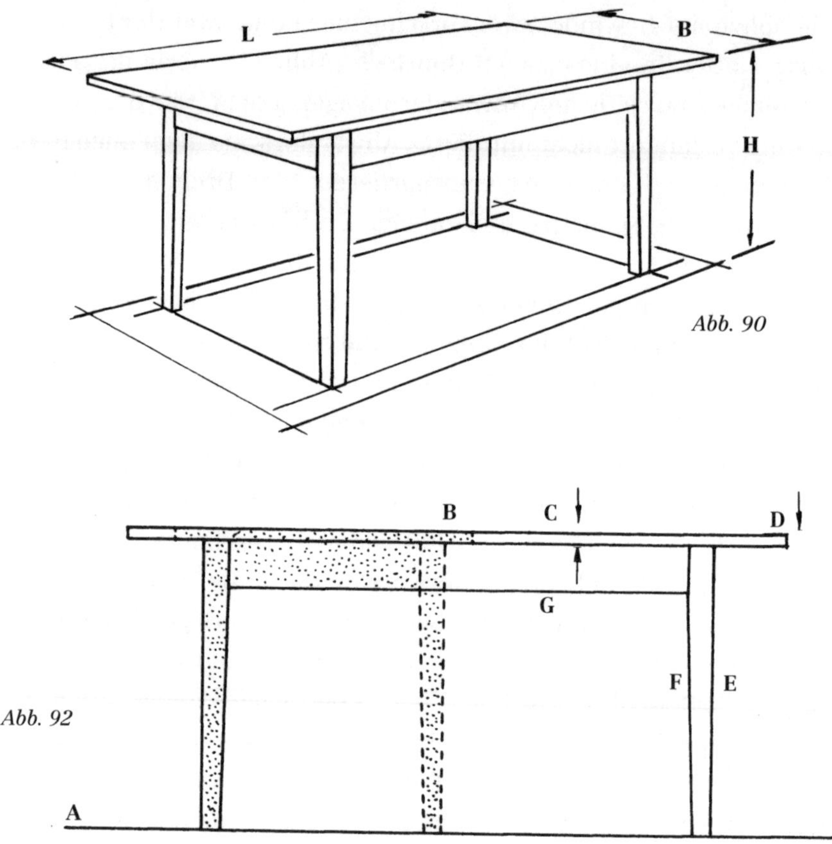

Abb. 90

Abb. 92

„Menschen bewundern den Mann,
der ihre Wünsche und Gedanken in Stein und Holz und Stahl
und Messing organisieren kann."

Ralph Waldo Emerson (1803 – 1882),
amerikanischer Essaysist, Philosoph und Dichter

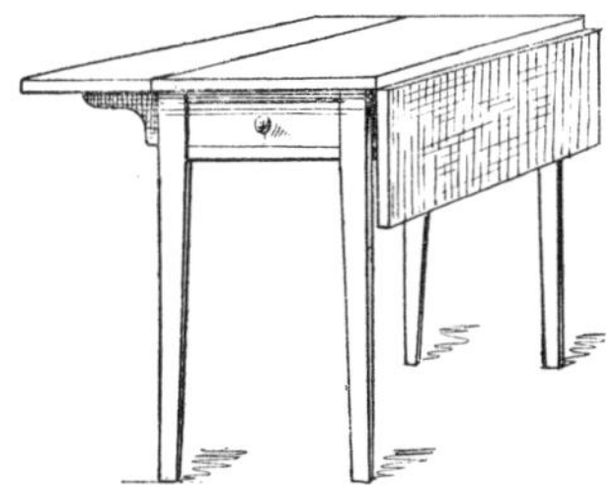

Kapitel Zwei

Der Bau eines Tischs oder Hockers

Konstruktion und Gestaltung

Anforderungskatalog: Bevor man beginnt, ein Möbelstück zu entwerfen, muss man – falls es sich nicht um eine einfache Kopie eines vorhandenen Stücks handelt – einen Anforderungskatalog aufstellen. Man bezeichnet dies auch als Lastenheft. Es sollte alle Daten enthalten, die für den Bau und die Verwendung des Gegenstands wichtig sind. Der Entwurf basiert dann auf dieser Information. Das Lastenheft lässt sich am besten erstellen, indem man so viele Fragen wie möglich über das Stück erstellt und dann durch Experimentieren, Recherche, Messungen oder aufgrund eigener Erfahrung versucht, die Antworten auf diese Fragen zu finden. So könnten sich unter anderem folgenden Fragen zu einem Couchtisch stellen:

Wo wird er eingesetzt werden?
Wer wird ihn nutzen?
Wie viele Personen werden ihn benutzen?
Was wird er tragen?
Wie werden Menschen an ihm sitzen?
Welche Form wird die Tischplatte haben?
Wie hoch wird er sein?

Welche Grundkonstruktion wird er haben?
Wie wird die Oberfläche behandelt?
Welche Holzarten sind verfügbar?
Aus welcher Holzart sollte er vorzugsweise gebaut werden?
Soll die Tischplatte eine besondere Oberfläche erhalten?
Soll er eine Ablagefläche unter der Tischplatte erhalten?

Entwurfszeichnung

Die Antworten auf diese praktischen Fragen geben die erforderliche Länge, Breite und Höhe vor. Anhand dieser drei Maßangaben lassen sich verschiedene Entwürfe erstellen, von denen man den besten auswählt (Abb. 90 als ein Beispiel).

Arbeitszeichnung

Aus der Entwurfsskizze lässt sich dann eine Arbeitszeichnung ableiten. Bei Werkstücken bis zur Größe etwa eines Couchtischs ist eine Arbeitszeichnung im Maßstab 1:1 sehr hilfreich. Größere Werkstücke erfordern natürlich einen verkleinerte Arbeitszeichnung. Zeichnungen in Originalgröße kann man auf Makulaturtapete (Rollenware) oder Makulaturpapier für die Plakatwerbung (Bogenware) anfertigen. Bevor man beginnt, sollte man die folgende Tabelle mit Endmaßen zu Rate ziehen (Abb. 91).

Rohmaß (gesägt)	Endmaß (gehobelt)
100	96
75	71
63	59
50	46
38	34
32	28
25	21
19	15
15	11
12	8

Abb. 91

Die Rohmaße sind die Größen, die beim Verkauf von sägerauem Holz im Holzhandel angegeben werden. Die Endmaße sind die Größen, die man erhält, wenn Bretter der Rohmaße maschinell oder in Handarbeit ausgehobelt hat. Diese Maße sind das Maximum, dass man durch Hobeln von Rohholz erhalten kann. Sie werden auch bei Hobelware im Holzhandel angewendet. Wenn man die Größe von Bauteilen

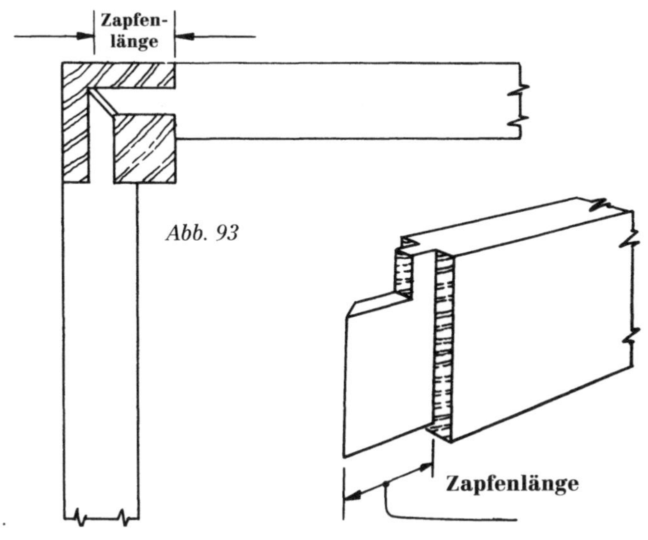

Abb. 93

Schnittliste Alle Endmaße in mm								
Name Leser			Werkstück Couchtisch					
	Bezeichnung	Anzahl	L	B	H		Anmerkungen
A	Tischplatte	1	900	450	15	✓	Eichenbretter, verleimt
B	Beine	4	450	35	35	✓	Eiche
C	Längszargen	2	700	60	22	✓	Eiche
D	Querzargen	2	350	60	22	✓	Eiche
E	Nutklötze	16	Nach Wahl	22	15		Eiche

Abb. 94

festlegt, sollte man diese Maße berücksichtigen, um das Holz möglichst ökonomisch einzusetzen. Eine Verminderung der Holzstärke um 1 mm kann zu erheblichen Kostenersparnissen führen.

Die Arbeitszeichnung der Seitenansicht (Abb. 92) wird auf folgende Weise angefertigt: Zeichnen Sie zuerst die Bodenlinie (A), dann die Oberkante der Tischplatte (B). Ziehen Sie die Tabelle mit den Endmaßen zu Rate, und tragen Sie die Stärke der Tischplatte ein (C). Tragen Sie die Länge der Tischplatte ein (D). Legen Sie den Überstand der Tischplatte fest, und tragen Sie die Außenkante der Tischbeine ein (E). Ziehen Sie nochmal die Tabelle mit den Endmaßen zu Rate, und tragen Sie die Stärke des Tischbeins ein (F). Dann wird die Zarge (G) eingezeichnet – breit ge-

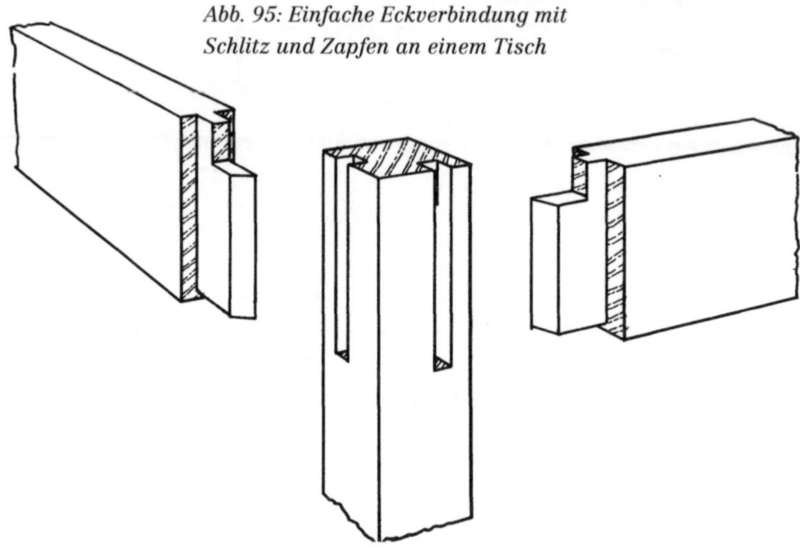

Abb. 95: Einfache Eckverbindung mit Schlitz und Zapfen an einem Tisch

nug, um stabile Verbindungen anschneiden zu können, aber nicht so breit, dass man unnütz Material verbraucht. Die Zarge kann schmaler ausfallen, falls weiter unten Traversen zwischen den Beinen angebracht werden. Die Endansicht (des Tischs in der Breite) wird auf ähnliche Weise gezeichnet. Um Platz zu sparen, kann sie auf die Vorderansicht gelegt werden (punktierte Fläche).

Wenn eine fachgerechte Schlitz-und-Zapfen-Verbindung verwendet werden soll (wie in diesem Beispiel), muss jetzt die Länge des Zapfens festgelegt werden. Sie lässt sich leicht ermitteln, indem man eine Detailzeichnung in Originalgröße (Abb. 93) auf Millimeterpapier anfertigt. Schließlich können die Tischbeine unterhalb der Verbindung noch verjüngt werden. Dieser Entwurf hat noch die schlichte Klarheit einer rein rechtwinkligen Konstruktion.

Um am Anfang der Arbeit nicht immer wieder die Arbeitszeichnung konsultieren zu müssen, empfiehlt es sich, eine Schnittliste (Abb. 94) zu erstelletn und anfänglich nur diese zu Rate zu ziehen.

In der Liste werden die Endmaße aufgeführt, wodurch man sich das Hinzurechnen von Zugaben in verschiedenen späteren Arbeitsschritten erspart. Die drei relevanten Maßangaben sind die Länge, Breite und Stärke des Bauteils. Die Länge wird in Richtung der Holzfaser gemessen.

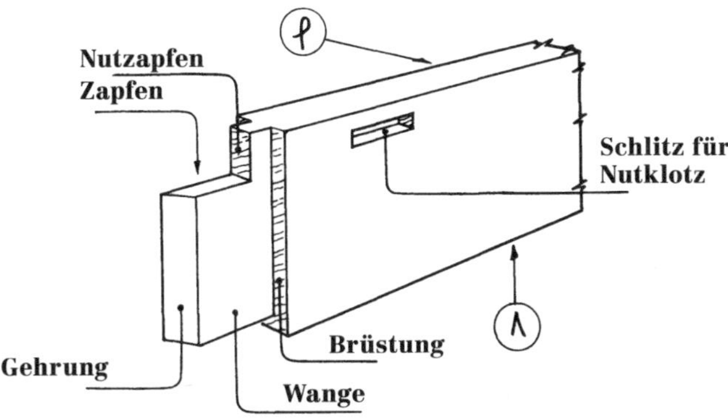

Abb. 95a und 95b: Schlitz-und-Zapfen-Verbindung Bei einem einfachen Hocker oder Tisch werden oben an jedem Bein zwei Zargen mit einer Verbindung aus Schlitz und Zapfen angebracht. Man kann zuerst an den Zargen oder zuerst an den Beinen anreißen. In dieser Darstellung sind die Zargen angerissen.

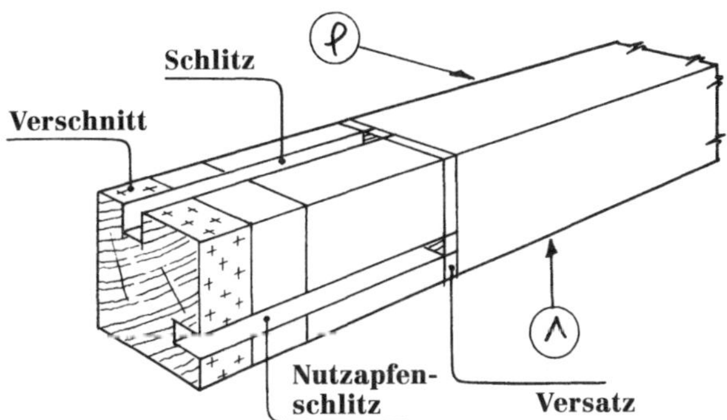

Die Stärke (oder Dicke) des Bauteils ist das kleinste Maß. Die Breite ist das mittlere. Stärke und Breite sind oft gleich.

Um Verwechselungen vorzubeugen, werden die Bauteile oft mit Buchstaben gekennzeichnet (hier in der ersten Tabellenspalte). Die anderen Spalten sind bis auf die leere selbsterklärend. In dieser zeigt ein Haken an, dass das Bauteil zugesägt worden ist. Ein Kreuz zeigt, dass es auf Maß geschnitten ist und die Verbindungen an ihm angerissen werden können.

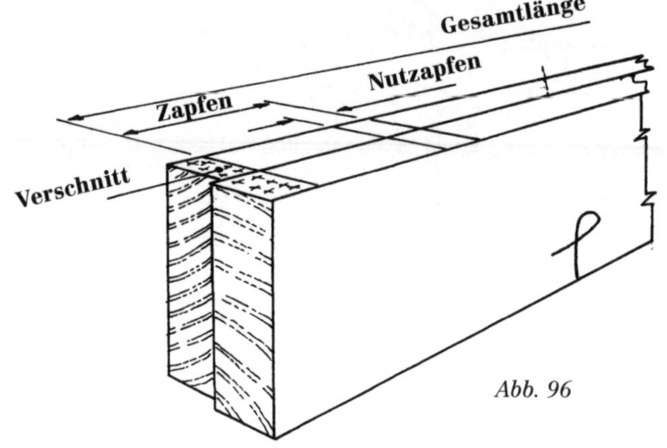

Abb. 96

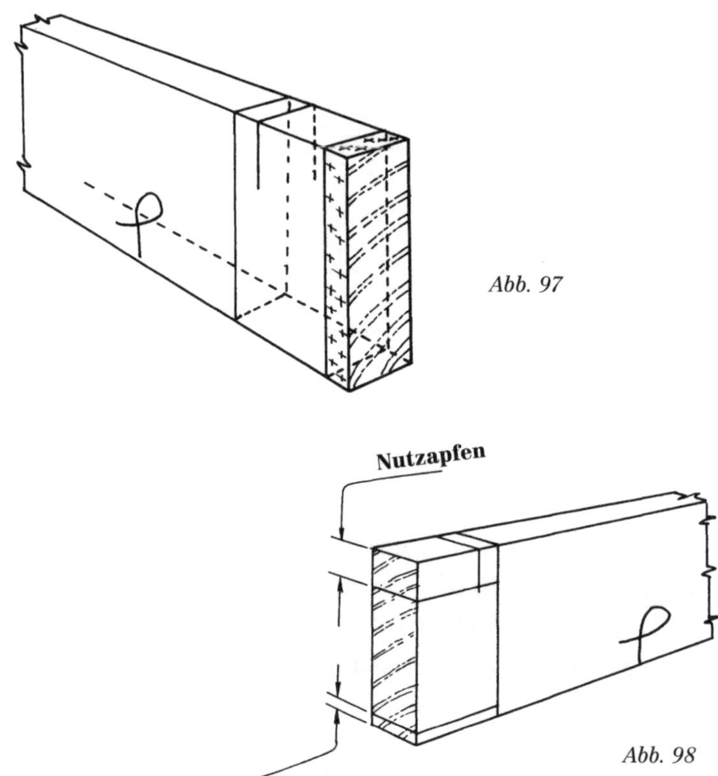

Abb. 97

Abb. 98

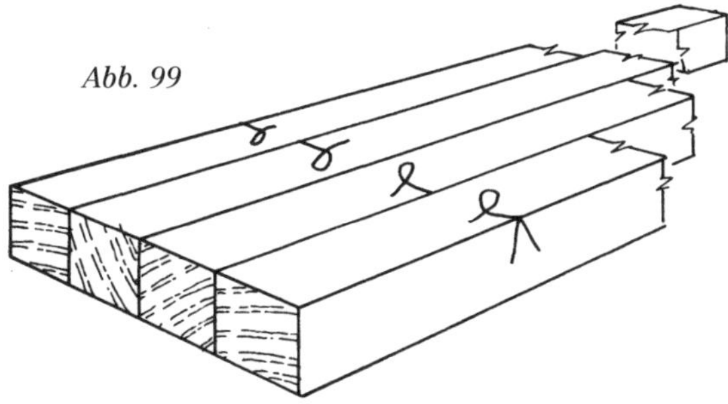
Abb. 99

Das Anreißen der Verbindungen

Beim Bau eines Tischs oder Hockers können die Verbindungen entweder zuerst an den Beinen oder an den Zargen angerissen werden. Bei diesem Beispiel sind es zuerst die Zargen. Spannen Sie die langen und die kurzen Zargen jeweils paarweise zusammen. Die Bezugsflächen weisen nach außen, die Bezugskanten nach unten. Reißen Sie die Enden jeweils mit dem Messer und Tischlerwinkel an (Abb. 96). Lösen Sie die Zwingen, winkeln Sie die Risse um alle vier Seiten (Abb. 97), und sägen Sie den Verschnitt sorgfältig ab. Ein sauberer Sägeschnitt an dieser Stelle ist wichtig, damit man später gut mit dem Streichmaß anreißen kann. Reißen Sie zuerst mit dem Streichmaß den unteren Versatz am Zapfen an (etwa 3 mm von der Bezugskante) und dann den Nutzapfen (Abb. 98). Der Versatz ist rein kosmetisch, er versteckt alle eventuellen Unsauberkeiten der Verbindung. Der Nutzapfen bildet am oberen Ende des Tischbeins eine Brücke, die verhindert, dass der Schlitz ausreißt und zugleich durch die Verbreiterung des Zapfen die Wahrscheinlichkeit verringert, dass sich die Zarge im Bein verzieht. Der Nutzapfen sollte etwa ein Viertel der Zapfenbreite betragen. Manchmal wird ein Drittel empfohlen, aber das scheint den Zapfen zu sehr zu schwächen.

Um die Verbindungen an den Beinen anzureißen werden sie mit den Bezugskanten und -flächen so zusammen gelegt, wie in Abbildung 99 zu sehen. Dann dreht man sie um und reißt auf einer nicht gekennzeichneten Fläche an. Reißen Sie die Endlänge an, indem Sie an beiden Enden etwas Verschnitt anreißen und schraffieren. Der Verschnitt sollte am oberen Ende (an dem die Verbindung angeschnitten wird) etwa 20 mm betragen. Halten Sie die Zarge an ein Bein, übertragen Sie den Riss für

Abb. 100

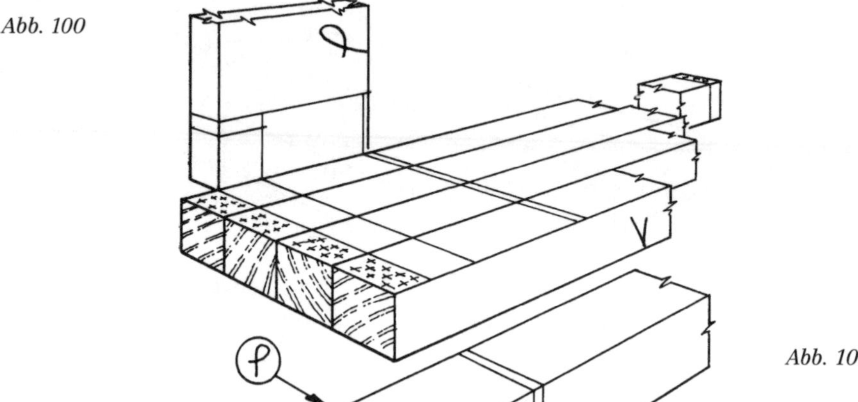

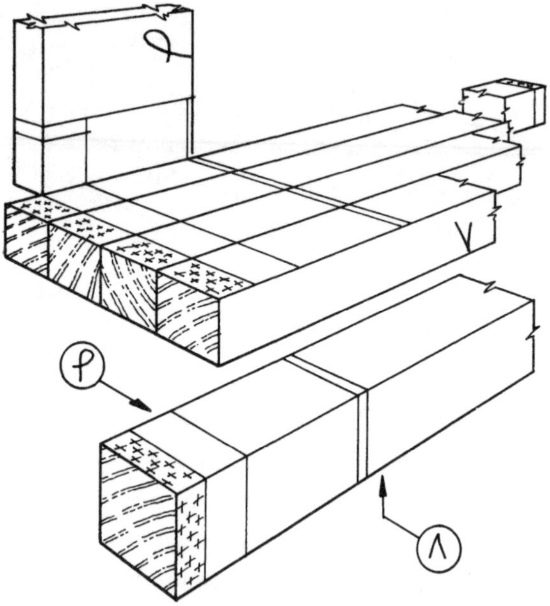

Abb. 101

den Nutzapfen, den Versatz und die Zargenbreite (Abb. 100), und übertragen Sie diese Risse auf alle Beine, bevor Sie die Zwingen lösen. Diese Risse werden dann auf die andere unmarkierte Fläche umgewinkelt. Die Risse für die Endlänge der Beine werden auf alle vier Flächen umgewinkelt (Abb. 101).

Die Stärke eines Zapfens beträgt normalerweise etwa ein Drittel der Zargenstärke. Man berechnet diese Stärke allerdings nicht, sondern verwendet die Breite des Beitels, der diesem Maß am nächsten kommt. Traditionelle Lochbeitel konnten beträchtliche Abweichungen von Nennmaß aufweisen. Moderne Lochbeitel sind allerdings sehr maßhaltig. Ein Lochbeitel hat eine sehr viel kräftigere Klinge als ein normaler Stechbeitel (Abb. 102), der beim Heraushebeln des Verschnitts leicht brechen kann. Die größere Blattstärke des Lochbeitels trägt auch zu einer höheren Verwindungssteifigkeit bei.

Stellen Sie das Zapfenstreichmaß sorgfältig auf die Breite des Lochbeitels ein (Abb. 103), und dann auf die Lage des Zapfens in der Zarge – meist ist das genau mittig. Reißen Sie die Schlitze in den Beinen an, ohne die Einstellung des Zapfenstreichmaßes zu verändern (Abb. 104). Das Streichmaß wird an der Bezugsfläche und -kante angelegt. Reißen Sie

Abb. 102

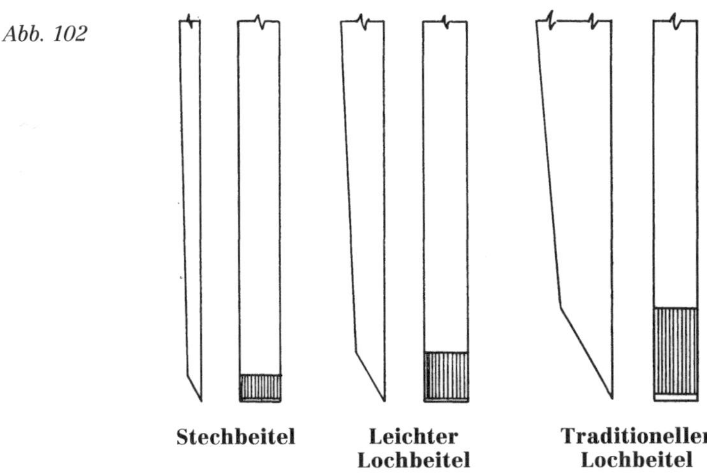

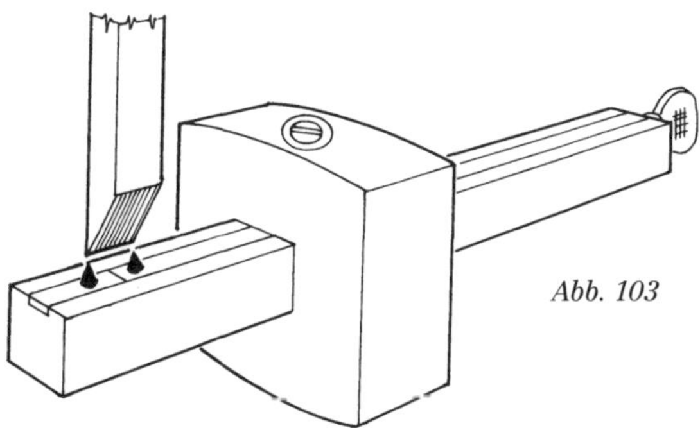

Abb. 103

die Zapfen auf die gleiche Weise an, indem Sie von der Bezugsfläche der Zarge ausgehen.

Anfänger werden es beim Sägen der Zapfen später hilfreich finden, wenn die Risse durch Striche mit einem dicken, weichen Bleistift hervorgehoben werden. Dadurch erhält man eine doppelte Bleistiftmarkierung (Abb. 105). Der Verschnitt sollte deutlich mit Bleistift gekennzeichnet werden, meist durch eine diagonale Schraffur. (Die in den Abbildungen verwendete Schraffur soll Verwechselungen mit dem Hirnholz verhindern und muss nicht genau nachgebildet werden).

Hinweis: Es ist eine gute Angewohnheit, die Verbindungen zu nummerieren, um Verwechselungen zu verhindern. Die Nummerierung sollte auf Flächen vorgenommen werden, die später nicht geschliffen oder verputzt werden.

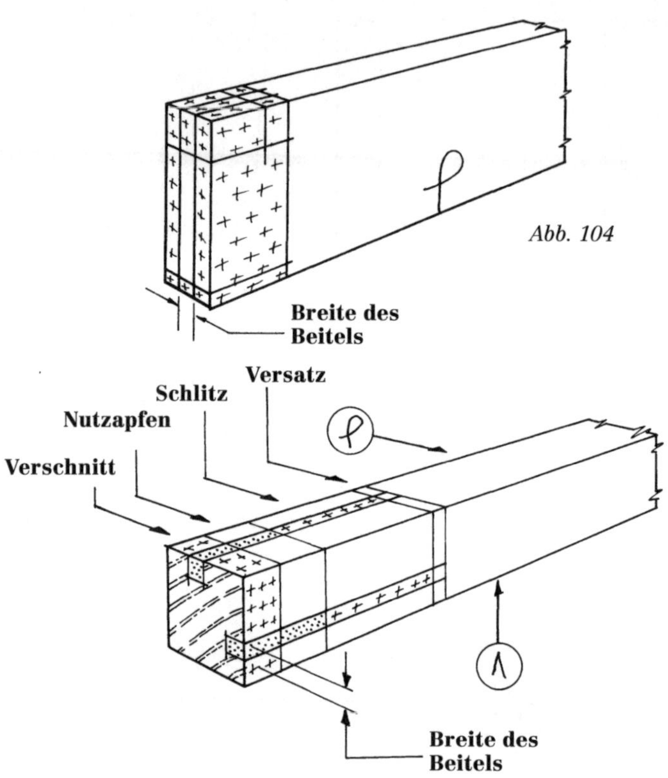

Abb. 104

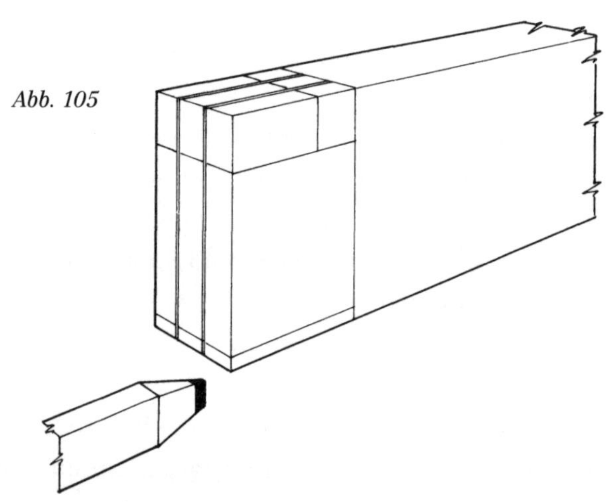

Abb. 105

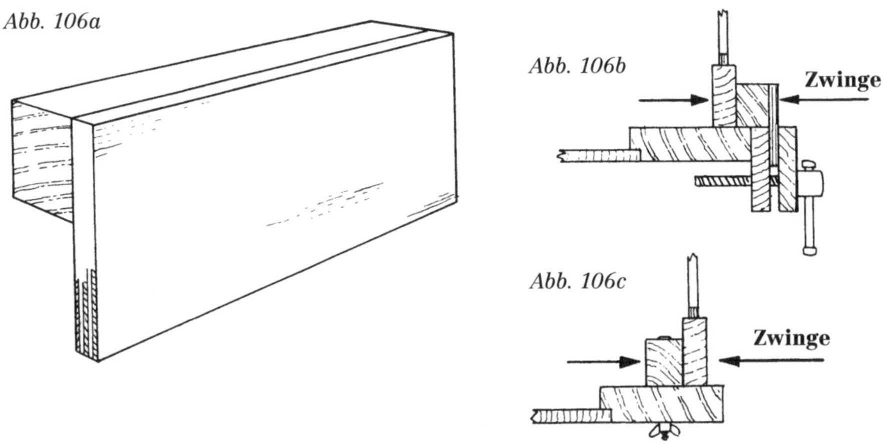

Abb. 106a
Abb. 106b
Abb. 106c

Zapfenschlitze schneiden

Die Schlitze sollten geschnitten werden, bevor man die Zapfen sägt, da die Zapfen beim Zusammenbau leichter versehentlich beschädigt werden. Das Bauteil wird beim Schneiden der Schlitze nicht in der Bankzange eingespannt, da man nicht auf genau waagerechte Lage kontrollieren kann. Zudem kann die Oberfläche beschädigt werden, falls das Bauteil beim Abstechen nach unten in die Zange gedrückt wird. Stattdessen wird es mit Zwingen an einer besonderen Lade festgespannt (Abb. 106 a). Die Lade wird dann in der Bankzange eingespannt (Abb. 106 b) oder an der Werkbank angeschraubt (Abb. 106 c). Diese Methode ist besonders nützlich, wenn die Hobelbank eine Vorderzarge hat, die das Festspannen mit einer Zwinge verhindert. Die Lade ist vor allem beim Schlitzen von kleinen und dünnen Bauteilen nützlich.

Abbildung 107 a zeigt, wie man eine flache Vertiefung schneiden kann, bevor man mit dem Ausstechen des eigentlichen Schlitzes beginnt. Man hebt einfach kleine Späne an, indem man sich auf den Lochbeitel lehnt, bis ein Knirschen ertönt (Abb. 107 b), dann werden die Späne entfernt, indem man mit der Klinge des Beitels über das Bauteil wischt. Danach kann der Beitel mühelos richtig positioniert werden. Bringen Sie eine Tiefenmarkierung am Lochbeitel an, bevor Sie mit dem Ausstechen beginnen (ein Stück Klebeband reicht aus). Falls zwei Schlitze geschnitten werden sollen (Abb. 108), muss man auch zwei Tiefenmarkierungen anbringen (Abb. 109). Stechen Sie den ersten Schlitz nicht bis zur vollen

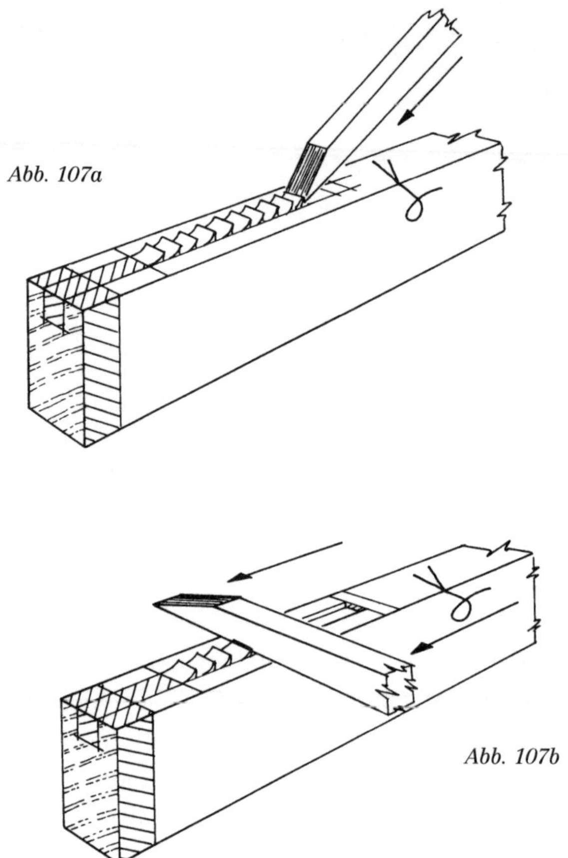

Abb. 107a

Abb. 107b

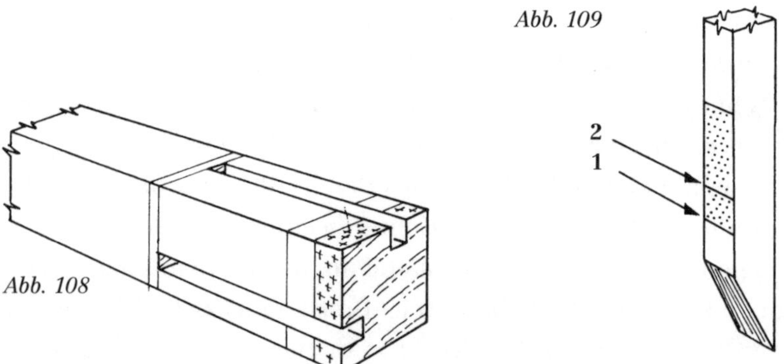

Abb. 108

Abb. 109

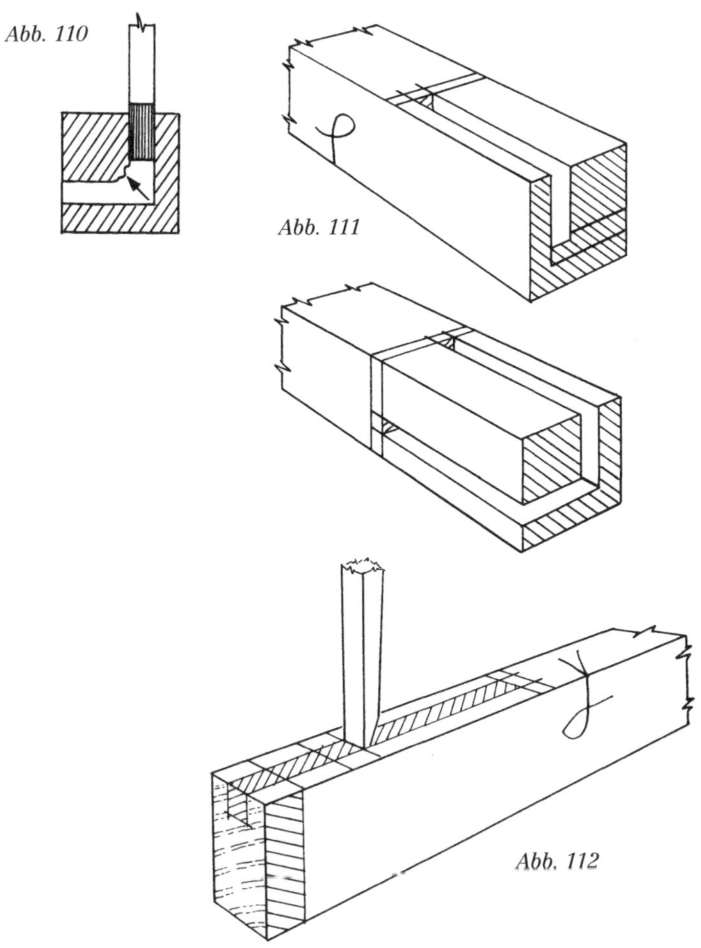

Abb. 110

Abb. 111

Abb. 112

Tiefe ein, da der zweite sonst über einem Hohlraum gestochen wird und die Innenecke ausbrechen kann (Abb. 110). Der erste Schlitz wird nur zu einer geringeren Tiefe gestochen (Abb. 111) und dann der zweite bis zur vollen Tiefe, wodurch das Ausbrechen verhindert wird.

Das Bauteil wird an der Lade festgespannt, dann sticht man mit dem Beitel in der Nähe eines Endes des Schlitzes ein. Die Fase weist zur Mitte des Schlitzes (Abb. 112). Kontrollieren Sie, dass der Beitel senkrecht geführt wird, indem Sie ein kleines Lineal an die Bezugsfläche halten (Abb. 113) – ein längeres Lineal wäre dem Beitelgriff im Weg. Ziehen Sie den Beitel heraus, drehen Sie ihn um, und treiben Sie ihn mit der Fase zum Loch wieder ein. Drücken Sie nach vorne, bis der Span abbricht, und

Abb. 113

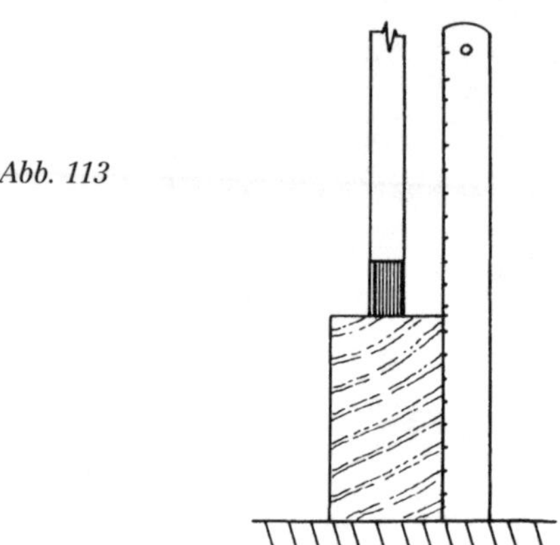

hebeln Sie ihn dann heraus. Wiederholen Sie die Abfolge von Einstechen (Abb. 114), Abbrechen des Spans (Abb. 115) und Heraushebeln (Abb. 116). Arbeiten Sie sich so bis fast zum Ende des Schlitzes, lassen Sie aber ein kleines Stück Verschnitt stehen, das als Unterlage für das Hebeln dient. Kontrollieren Sie zwischendurch immer wieder, dass der Lochbeitel senkrecht steht. Drehen Sie den Beitel um, und arbeiten Sie sich bis zum anderen Ende vor. Fahren Sie auf diese Weise fort: hin und zurück, bis der Schlitz seine volle Tiefe erreicht hat (Abb. 117). Stechen Sie abschließend an den Messerrissen am Ende ein, brechen Sie den Span und entfernen ihn, ohne die Wandungen am Schlitzende zu beschädigen.

Man kann genau bis zur gewünschten Tiefe stechen, indem man eine verstellbare Tiefenlehre oder eine improvisierte Lehre aus Holz verwendet (Abb. 118). Falls ein Schlitz für einen Nutzapfen geschnitten werden muss, geschieht das auf die gleiche Weise bis hin zum Ende des Bauteils wie in Abbildung 108 zu sehen. Der Schlitz kann nicht schmaler sein als die Breite des Lochbeitels. Das Nacharbeiten der Schlitzwandungen, um sie zu verputzen, führt also unweigerlich zu einem zu breiten Schlitz. Achten Sie darauf, den Beitel senkrecht zu führen, und verdrehen Sie ihn nicht seitlich, da auch dadurch der Schlitz zu breit wird. Das Verfahren, zuerst eine Reihe von Löchern zu bohren und sie dann nachzustechen, spart weder Zeit noch führt es zu einem saubereren Schlitz.

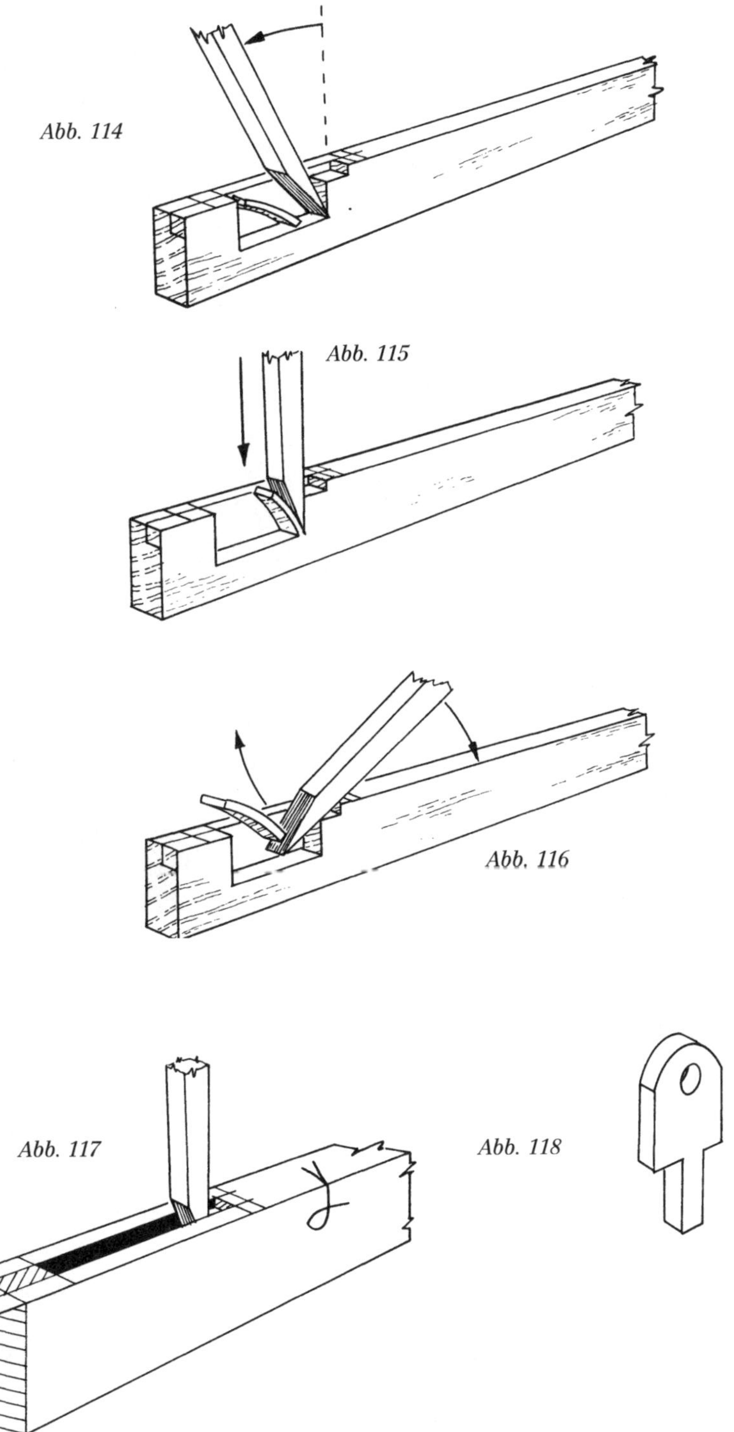

Abb. 114

Abb. 115

Abb. 116

Abb. 117

Abb. 118

Foto 13: Ausstechen des Schlitzes. Man verwendet einen Lochbeitel und spannt das Werkstück an einer Zulagen an, die in der Bankzange gehalten wird.

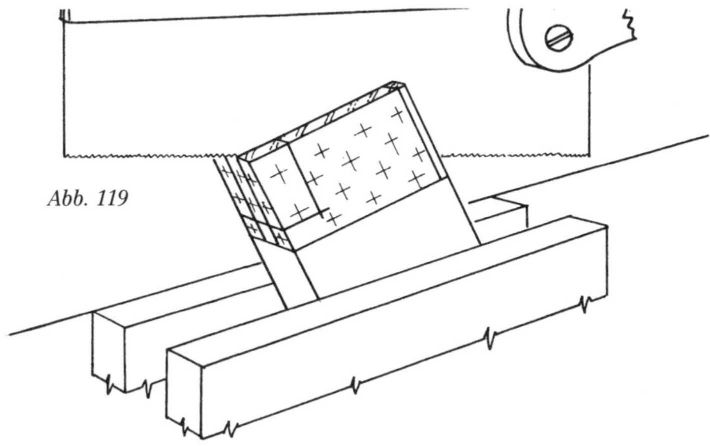

Abb. 119

Zapfen sägen

Das präzise Sägen von Zapfen (Abb. 119) ist eine wichtige Fähigkeit. Zapfen sollten mit Selbstvertrauen gesägt werden und ohne nachzuarbeiten passen. Es empfiehlt sich nicht, sicherheitshalber neben den Rissen zu sägen, da das Verputzen eines zu starken Zapfens auf Endmaß sowohl schwieriger als auch weniger genau ist, als ihn von vorneherein richtig zuzusägen. Eine Rückensäge oder Zapfensäge mit 250-mm-Blatt ist das Werkzeug, das am häufigsten für diese Arbeit verwendet wird. In Europa und von manchen amerikanischen Holzwerkern wird dafür eine Rahmensäge eingesetzt, aber seit der Verfügbarkeit hochwertiger Rückensägen sind Rahmensägen in Großbritannien nicht mehr sehr beliebt. Zudem empfinden Anfänger die Arbeit mit ihnen meist als etwas umständlich.

Sehen Sie sich vor dem Sägen noch einmal die Namen der Verbindungsbestandteile an, und schraffieren Sie den Verschnitt. Es ist zwar unwahrscheinlich, dass man versehentlich das falsche Holzteil entsorgt, aber es ist andererseits sehr wichtig, dass die Sägespäne vom Verschnitt und nicht vom Zapfen stammen.

Mit anderen Worten, die Sägefuge sollte im Verschnitt und direkt am Riss verlaufen. Anfänger, die einen dicken Bleistift als Hilfsmittel einsetzen, wie in Abbildung 105 gezeigt, sollten einen Teil des Bleistiftstrichs absägen und den anderen stehen lassen. Die Arbeitsweise ist nicht schwierig, wenn man sich an die folgenden Richtlinien hält: Sägen Sie nicht gleichzeitig an zwei Rissen entlang; sägen Sie nicht zu einem Riss, der nicht

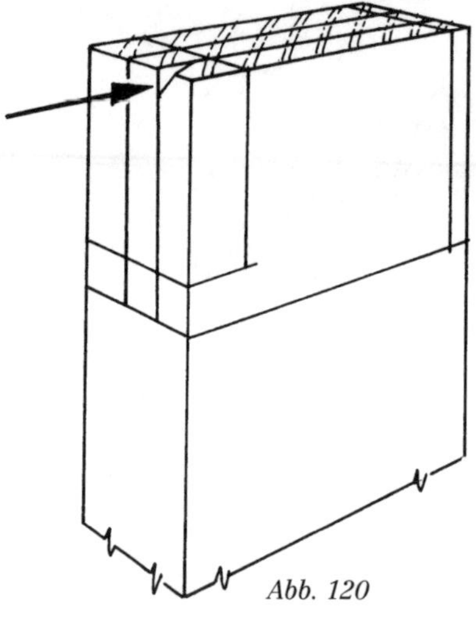
Abb. 120

sichtbar ist. (Eine Modifikation der normalen Rückensäge wird in Anhang B beschrieben.)

Der Sägeschnitt wird immer an der entfernten Ecke des Bauteils angesetzt, nicht an der näheren. Anfänger finden es vielleicht hilfreich, dort eine kleine dreieckige Kerbe einzustechen, um .die Säge genau am Riss ansetzen zu können (Abb. 120). Die Zarge wird senkrecht in der Bankzange eingespannt und der Sägeschnitt an jener entfernten Ecke angesetzt. Dann wird der Griff der Säge allmählich abgesenkt, bis die Sägefuge etwa 3 mm tief ist (Abb. 121). Anschließend wird das Bauteil geneigt (Abb. 122), die Säge verbleibt in der Fuge, und man sägt von Ecke zu Ecke. Danach wird das Bauteil umgedreht, oder man stellt sich auf die andere Seite und sägt wieder von Ecke zu Ecke, sodass in der Mitte ein nicht gesägtes dreieckiges Stück Holz stehen bleibt. Jetzt wird das Holz senkrecht eingespannt und die Säge wird in den beiden vorhandenen Sägefugen nach unten geführt, um dieses letzte Dreieck zu entfernen. Dabei sägt man bis zum Riss, aber nicht über ihn hinaus. Die Säge wird waagerecht geführt (Abb. 124).

Falls es einen Versatz oder einen Nutzapfen gibt, werden diese als nächstes gesägt. Wiederholen Sie diese Schritte an allen anderen Zapfen (Abb. 125). Der Nutzapfen kann jetzt oder später ganz abgesägt werden.

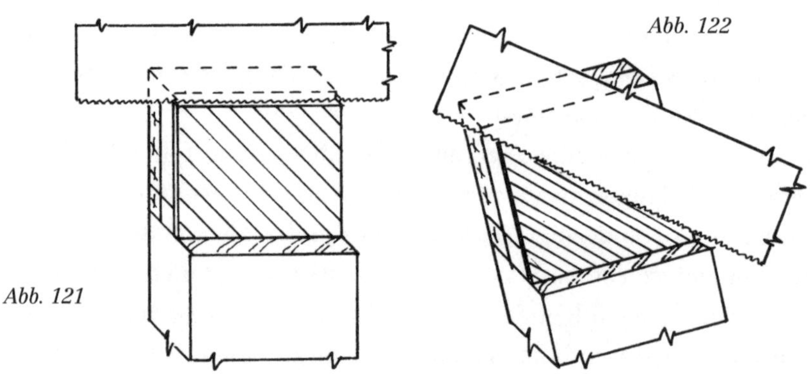
Abb. 121

Abb. 122

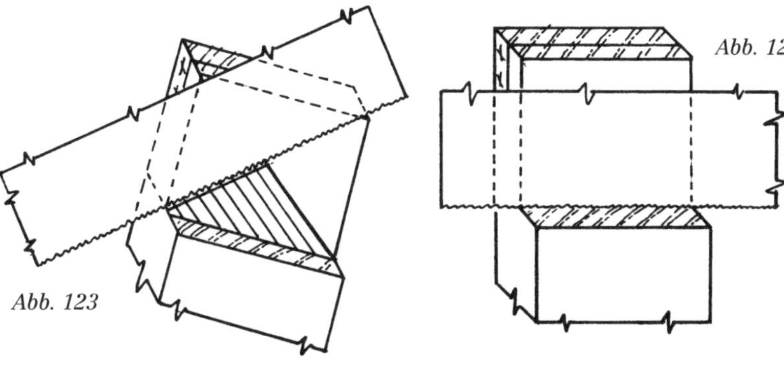
Abb. 123

Abb. 124

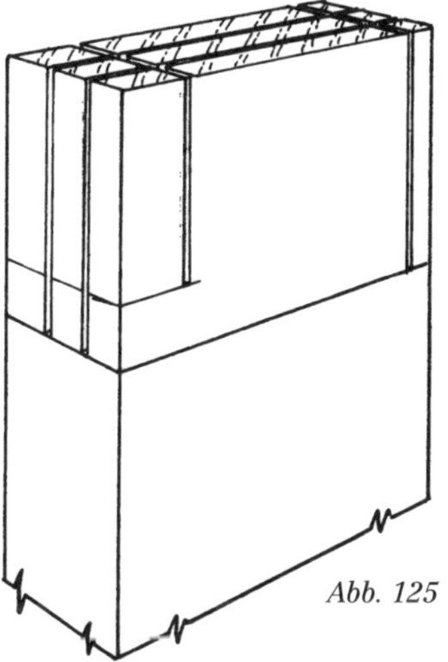
Abb. 125

Das Sägen der Brüstung ist die wichtigste Arbeit, da dieser Teil sichtbar bleibt. Die Brüstung sollte allein durch Sägen hergestellt werden, nur bei sehr breiten Zargen kann man sie auch hobeln. Spannen Sie die Zarge an der Bank fest, vertiefen Sie den Messerriss, und stechen Sie eine flache Kerbe ein (Abb. 126). Legen Sie eine gut geschärfte Säge in die Kerbe, und ziehen Sie sie einige Male zurück, um eine Sägefuge zu erhalten. Sägen Sie dann den Verschnitt an der Wange ab. Achten Sie darauf, auf keinen Fall in den Zapfen zu sägen (Abb. 127), der dadurch deutlich geschwächt würde. Falls der Verschnitt nicht abfällt, haben Sie den Wangenschnitt vermutlich mit einer bogenförmigen Bewegung ausgeführt, sodass in der Mitte Holz stehen geblieben ist (Abb. 128). Sägen Sie nicht an der Brüstung weiter nach unten, sondern nehmen Sie den Verschnitt mit den Stechbeitel ab, und stechen Sie dann das bogenförmig verbliebene Holz vorsichtig ab. Sägen Sie jetzt den Nutzapfen ab, falls Sie das nicht schon zuvor getan haben.

Sägen Sie den Versatz ab. Lassen Sie einen kleinen Überstand, den Sie mit einem Stechbeitel, der nur geringfügig breiter ist als der Zapfen, bis zum Messerriss verputzen. Dadurch werden Beschädigungen der Brüstungsecke vermieden. Sägen Sie abschließend die Gehrung am Zapfen an

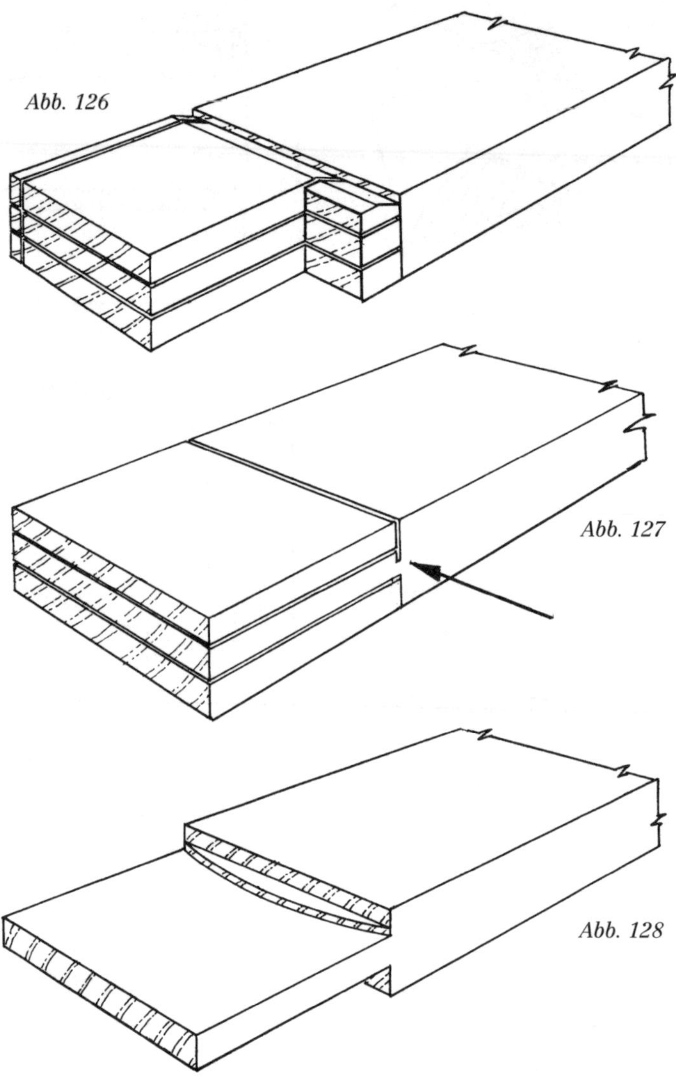

(Abb. 129). Die Zapfen sollten mit Ziffern oder Buchstaben gekennzeichnet werden, um sie ihren Schlitzen zuordnen zu können.

Kontrollieren Sie die Passung der Verbindungen durch trockenes Zusammenstecken. Der Zapfen kann zu breit oder zu stark sein. Die Stärke wird kontrolliert, indem man den Zapfen schräg in den Schlitz steckt (Abb. 130). Es kann passieren, dass man einen Zapfen für zu stark hält, während er tatsächlich zu breit ist. Er kann zu breit gesägt worden sein, oder der Schlitz mag mit einer Verjüngung nach unten geschnitten wor-

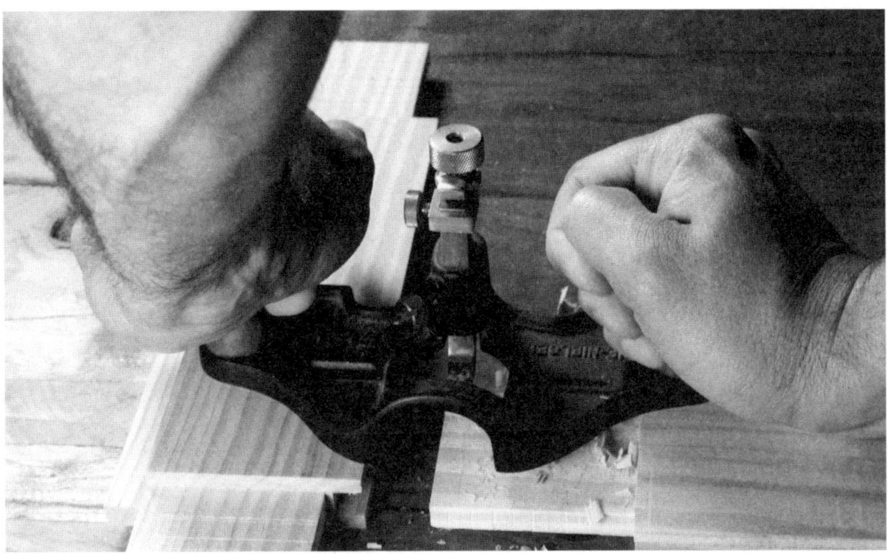

Foto 14: Einen zu starken Zapfen auf Stärke bringen. An der Sohle des Grundhobels ist eine Zulage gleicher Stärke angeschraubt worden, um den Hobel waagerecht zu halten.

Abb. 129

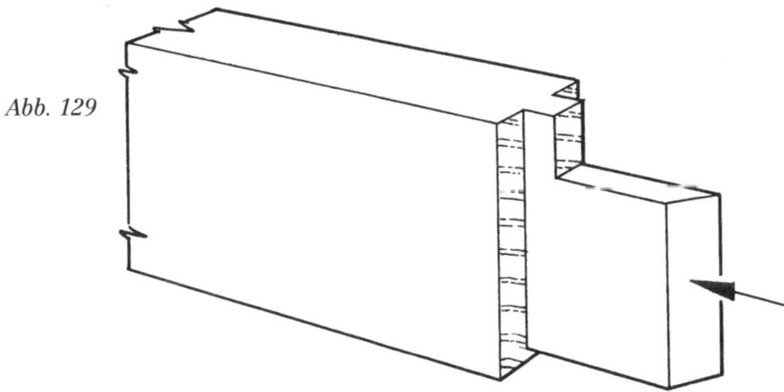

den sein (Abb. 131), in welchem Fall man ihn rechtwinklig nacharbeitet. Am präzisesten lässt sich ein zu starker Zapfen auf Maß bringen, indem man ihn mit einem Grundhobel korrigiert, an dessen Sohle man ein Reststück des Zargenmaterials befestigt (Abb. 132).

Nachdem Sie kontrolliert haben, dass der Zapfen in den Schlitz passt, spannen Sie die Zarge in der Bankzange ein, und klopfen das geschlitzte Bauteil mit einer Zulage und dem Hammer auf den Zapfen (Abb. 133). Die Bahn des Hammers ist klein und erlaubt genaueres Arbeiten als mit

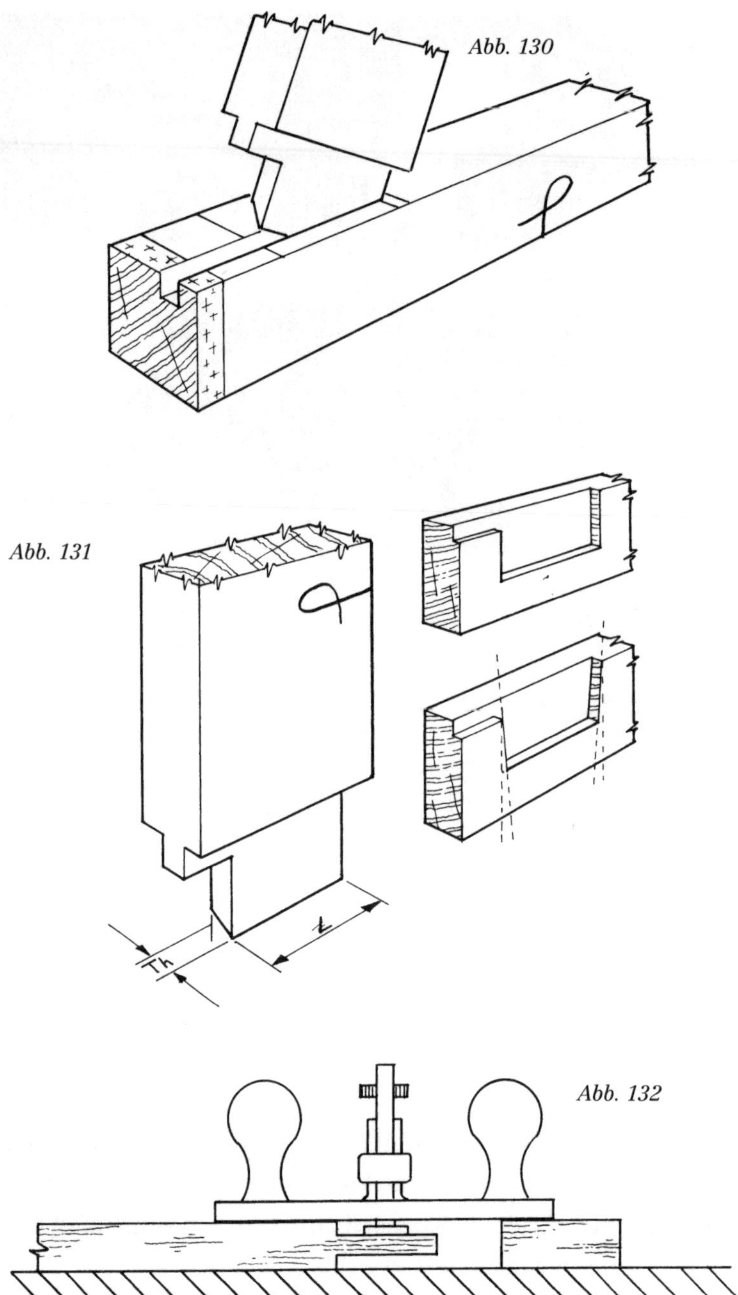

Abb. 130

Abb. 131

Abb. 132

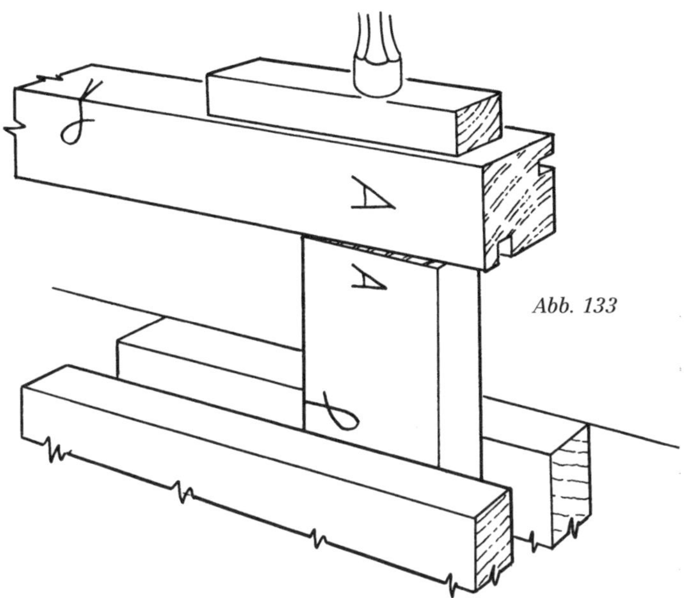

Abb. 133

dem Klüpfel. Kontrollieren Sie auf diese Weise alle Verbindungen. Falls eine Brüstung sich nicht schließen sollte, ist entweder der Zapfen selbst oder der Nutzapfen zu lang. Beides lässt sich leicht korrigieren. Aber eine schlecht gesägte Brüstung kann man nur korrigieren, indem man sie mit dem Simshobel rechtwinklig nachschneidet.

Nuten für Nutklötze anreißen und schneiden

Tischplatten werden durch Nutklötze gehalten, deren Herstellung und Verwendung auf Seite 113 beschrieben wird. Erfahrene Holzwerker schneiden die zugehörigen Nuten zusammen mit den Zapfen in die Zargen. Der Einfachheit und Klarheit halber werden die beiden Arbeiten hier getrennt dargestellt.

Spannen Sie die Zargen paarweise zusammen, und reißen Sie die Länge der Nuten auf der oberen Kante an (Abb. 134). Die Nuten an den Enden sollten so dicht an der Brüstung sein, wie das praktisch möglich ist. Bei einem kleinen Tisch sollte der Abstand nur etwas mehr als 13 mm betragen, weil die Tischplatte an den Ecken sicher gehalten werden muss. Bei einem kleinen Tisch sollte die Länge der Nut (A) etwa 25 mm betragen. Bei größeren Tischen steigt das Maß entsprechend.

Abb. 134

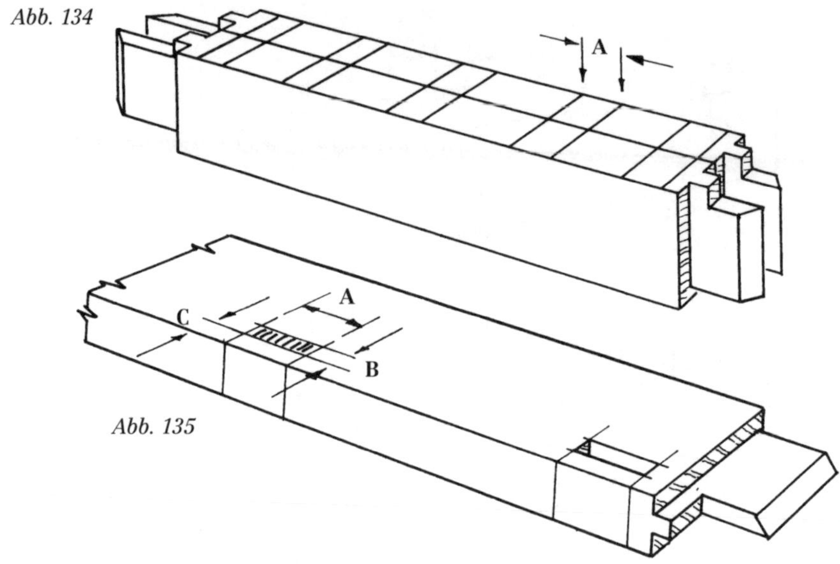

Abb. 135

Nehmen Sie die Zargen wieder auseinander, und winkeln Sie die Risse eine kurze Strecke an den Innenseiten über. Verwenden Sie einen Bleistift, damit später keine Spuren verbleiben. Stellen Sie ein Zapfenstreichmaß auf die Breite des verwendeten Beitels ein. Bei einem kleinen Tisch könnten das etwa 8 mm sein (B). Der Abstand zur oberen Zargenkante und die Tiefe der Nut haben das gleiche Maß (C). Reißen Sie die Nuten mit dem Zapfenstreichmaß an, und schraffieren Sie den Verschnitt (Abb. 135). Spannen Sie dann die Zarge an der Hobelbank fest, und schneiden Sie die Nuten auf die übliche Weise. Heutzutage werden diese Nuten oft mit der Handoberfräse geschnitten. Die dabei entstehenden runden Nutenden sind durchaus hinnehmbar, solange sie zu der angerissenen Länge hinzugezogen werden. Das in der industriellen Möbelfertigung übliche Verfahren, eine Nut über die ganze Länge der Zarge einzuschneiden, sollte man vermeiden, da das stehengebliebene Holz zum Abbrechen neigt. Falls Sie die Nuten in Handarbeit schneiden, sollten Sie kontrollieren, dass die notwendige Nuttiefe überall erreicht worden ist.

Es ist nicht möglich, die Zahl der notwendigen Nuten oder den Abstand zwischen ihnen vorzugeben. Als Faustregel gilt jedoch, dass es besser ist, zu viele als zu wenige zu schneiden, vor allem an den kurzen Zargen.

Verjüngungen anhobeln

Vor dem Verleimen müssen die Innenseiten der Tischbeine verjüngt werden. Dazu wird das untere Ende des Beins genau auf Länge geschnitten. Am Hirnholz reißt man dann mit dem Streichmaß von der Bezugsfläche und der Bezugskante her das Maß der Verjüngung an (Abb. 136). Dann wird der Verschnitt von der Verbindung bis zu diesem Riss abgehobelt. Kontrollieren Sie die Arbeit mit einem Richtscheit und Tischlerwinkel. Leichte Bleistiftmarkierungen in der Nähe der Verbindung am oberen Ende helfen dabei, dass man nicht versehentlich die angearbeitete Verbindung abhobelt.

Kurze Beine kann man in der Bankzange einspannen, um die erste Fläche zu hobeln. Da sie aber dann keine parallelen Flächen mehr aufweisen, kann man sie danach nicht mehr so fixieren. Die übliche Methode, gegen den Anschlag einer Hobellade zu hobeln, ist für den Anfänger schwierig. Es gibt drei Alternativen:

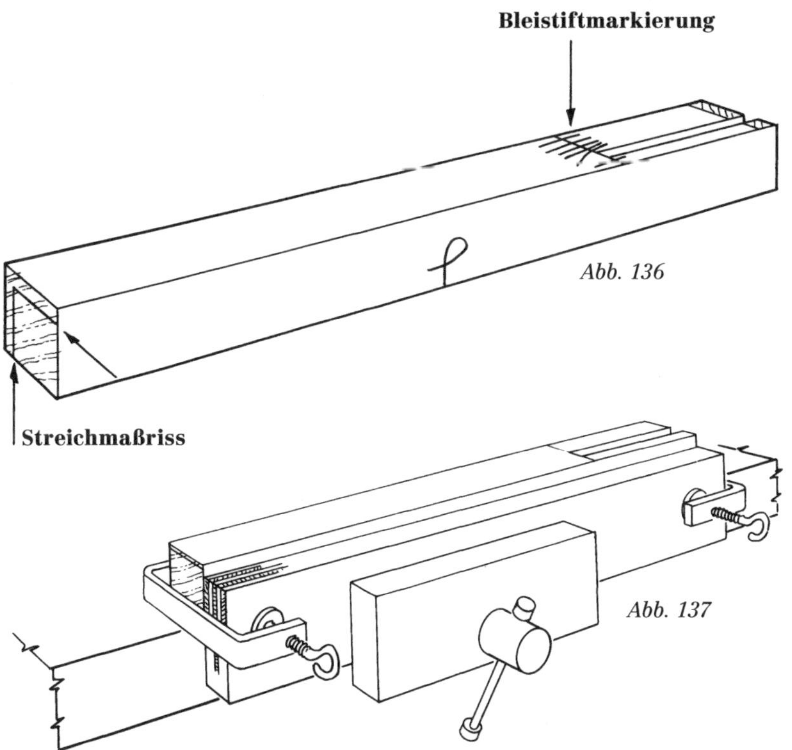

Abb. 136

Abb. 137

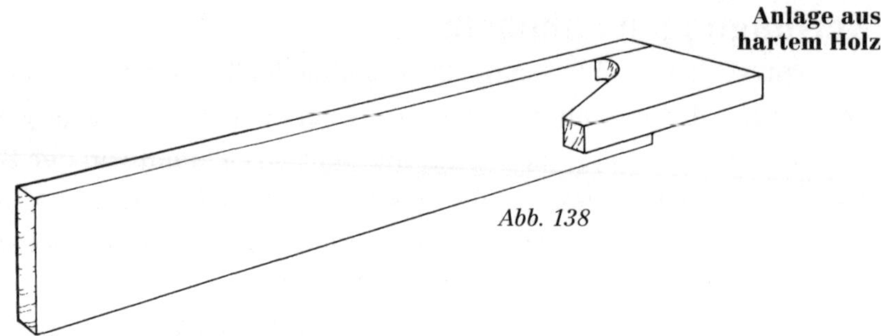

Abb. 138

1. Man spannt das Werkstück in einem Türspanner ein, den man wiederum in der Bankzange einspannt, sodass das Tischbein auf der Hobelbank liegt. Bündig schließende Bankzangenbacken erfordern eine entsprechende Zulage.
2. Man spannt ein Brett oder Stück Sperrholz passender Länge in der Bankzange ein und befestigt das Bein mit kleinen Schraubzwingen daran (Abb. 137).
3. Man befestigt an einem etwa 20 mm starken Stück Holz oder Multiplexplatte einen ausgeklinkten Laubholzklotz mit etwa der gleichen Stärke (Abb. 138). Diese Vorrichtung wird so in der Bankzange eingespannt, dass der Klotz auf der Hobelbank liegt. Das Werkstück wird dann einfach in die Ausklinkung geschoben, um es zu hobeln.

Oberflächenbehandlung der Innenseiten

Die Oberflächenbehandlung der Innen- und Rückseiten sorgt nicht nur für besser aussehende Werkstücke, sie dient auch einem weiteren Zweck. Das Holz tauscht nicht mehr so leicht Feuchtigkeit mit der Umgebungsluft aus. Dieser Austausch ist der häufigste Grund für das Verziehen von Holz. Außerdem ist oberflächenbehandeltes Holz in gewissem Maß auch gegen bohrende Holzschädlinge geschützt. Die Innenflächen werden behandelt, bevor man das Werkstück zusammenleimt, weil sie dann noch leicht zugänglich sind. So vermeidet man das Ansammeln von Oberflächenmitteln in den Innenecken, und überständiger Leim lässt sich leichter von einer behandelten Oberfläche entfernen.

Bei Tischzargen behandelt man die Innenfläche und die Unterkante. Man verwendet einen scharfen, fein eingestellten Putzhobel. Bei schwie-

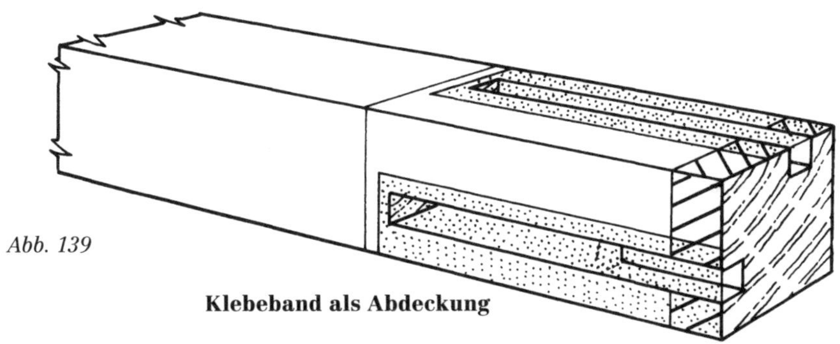

Abb. 139

rigem Faserverlauf wird man vielleicht auch zur Ziehklinge oder zum Furnierschabhobel greifen müssen (vgl. Seite 98 und 114). Abschließend bearbeitet man die Flächen mit feinem Schleifpapier. Die scharfe Kante zwischen diesen beiden Flächen wird gebrochen. Alle anderen Kanten bleiben unbearbeitet. Kontrollieren Sie die Kante auf ihre Schärfe, indem Sie mit den Knöcheln der geballten Faust darüber streichen – der Daumenballen ist längst nicht so empfindlich. Bevor Sie das Oberflächenmittel auftragen (vgl. Seite 131), schützen Sie die Zapfen, indem Sie sie mit Klebeband abdecken. Die Nuten für die Nutklötze müssen nicht abgedeckt werden, da sie nicht mit Leim in Berührung kommen.

Verputzen Sie die beiden Innenflächen jedes Beins auf die gleiche Weise. Achten Sie darauf, nur die Verjüngungen zu bearbeiten und nicht die Verbindung wegzuhobeln. Decken Sie die Leimflächen mit Klebeband ab, bevor Sie ein Oberflächenmittel auftragen (Abb. 139). Das Klebeband kann etwas überlappend aufgetragen werden und dann mit dem Streichmaß und einem Messer auf Größe gebracht werden. Das abgedeckte Gebiet sollte minimal kleiner sein als die Leimfläche, um sicherzustellen, dass kein Leim an einer unbehandelten Stelle haften bleibt.

Das Verleimen

Kontrollieren Sie, dass alle Bauteile richtig zusammenpassen, bevor Sie beginnen, Leim anzugeben. Spannen Sie eine lange Zarge und zwei Beine mit einem Türspanner und Holzzulagen zusammen (Abb. 140). Nehmen Sie nicht einfach irgendwelche zufälligen Stücke aus der Restekiste als Zulagen. Sie müssen sorgfältig auf die gleiche Stärke wie die Zarge gear-

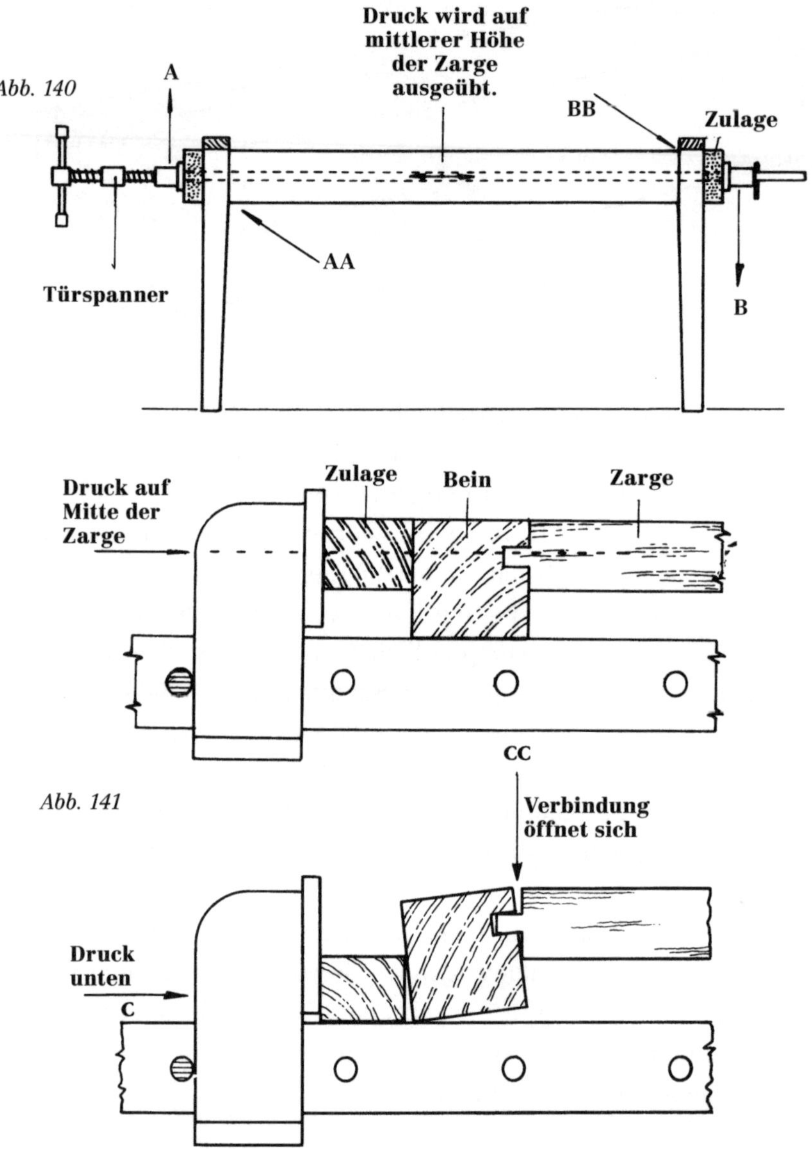

Abb. 140

Abb. 141

beitet werden und sollten etwas so lang sein wie die Zarge breit ist. Der Türspanner muss in Höhe der Zargenmitte angesetzt werden, und die Zulagen dürfen nicht tiefer als die Unterkante der Zarge liegen (Abb. 141). Falls der Türspanner zu hoch sitzt (wie bei A), öffnen sich die Brüstungen bei AA. Falls der Türspanner zu tief sitzt (wie bei B), öffnen sich die Brüstungen bei BB. Wenn man von vorne auf die Anordnung blickt wie

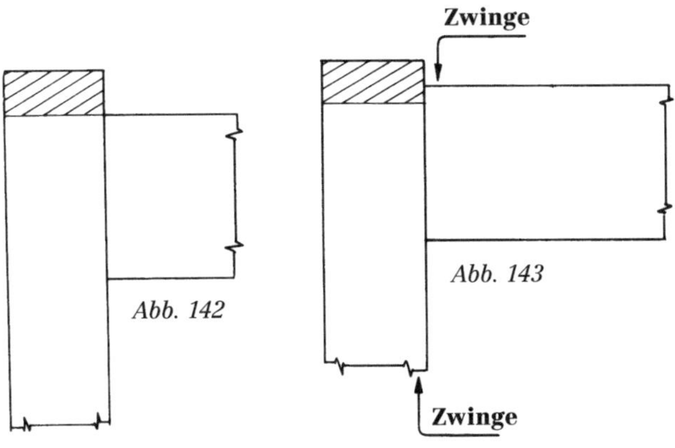

Abb. 142

Abb. 143

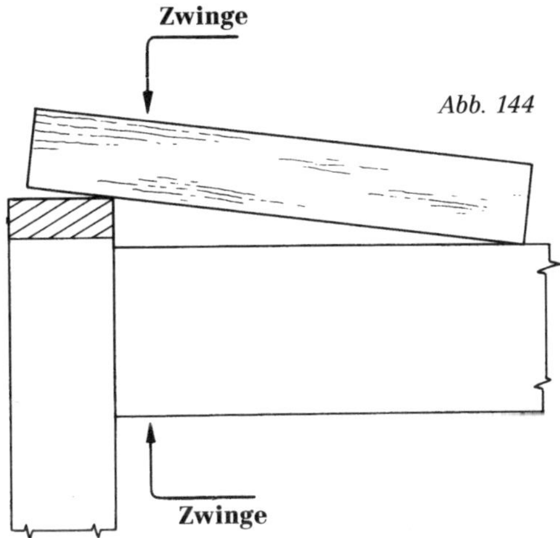

Abb. 144

in Abbildung 141, sieht man, dass die Zulage nicht zu tief (also auf der Schiene des Türspanners) sitzen darf, da sich dann das Bein dreht und die Verbindung bei CC öffnet.

Stellen Sie sicher, dass die Zarge bündig mit der Längenmarkierung am oberen Ende des Beins abschließt (Abb. 142). Falls sie zu hoch sitzt, setzen Sie einen Türspanner an der Zarge und dem Fußende des Beins an, um sie zurecht zu ziehen (Abb. 143). Falls die Zarge zu tief sitzt, korrigieren Sie die Position mit einer Schraubzwinge und einer kräftigen Zulage (Abb. 144). Eventuell müssen Zapfen oder Schlitz leicht nachgearbeitet werden.

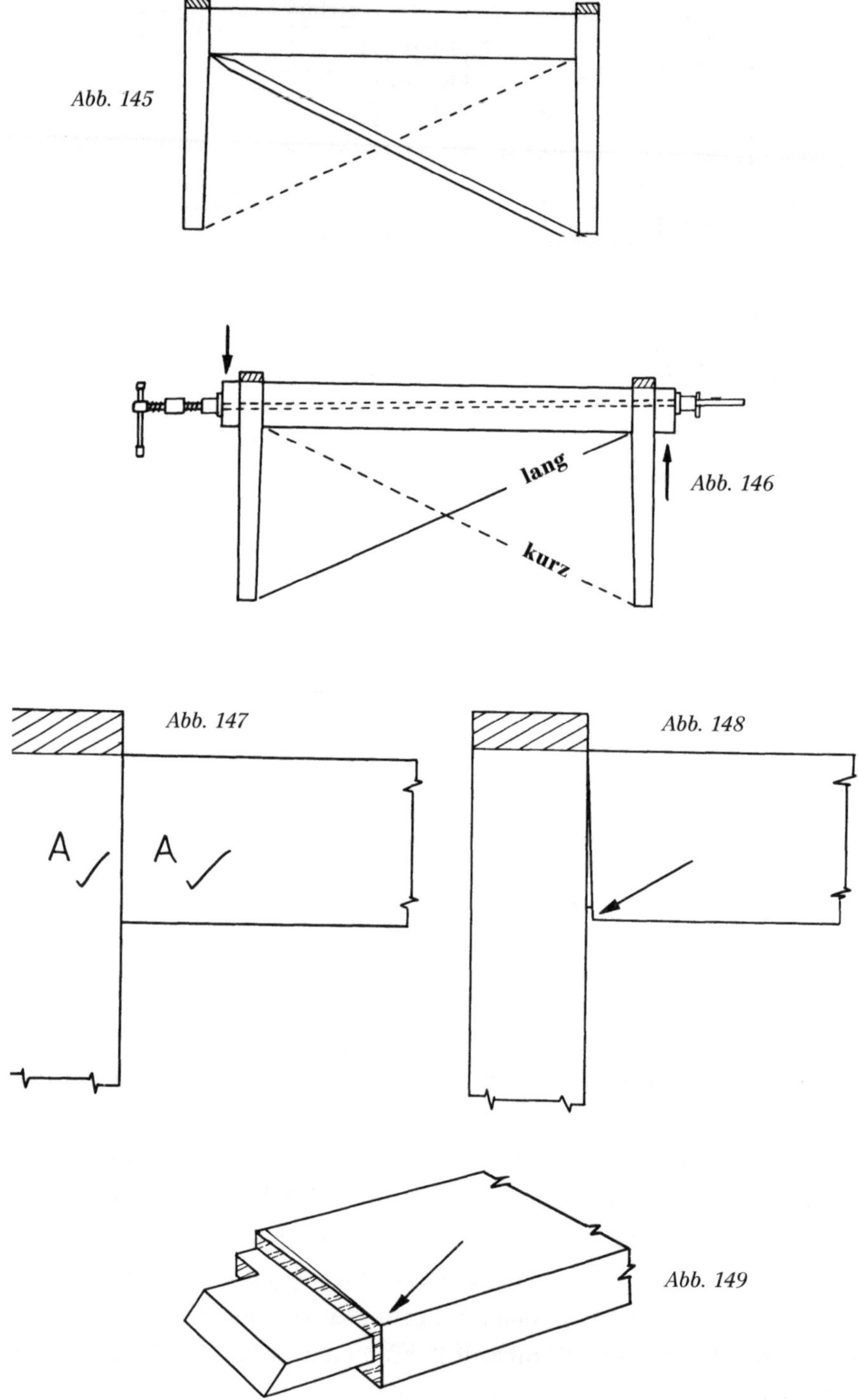

Abb. 145

Abb. 146

Abb. 147

Abb. 148

Abb. 149

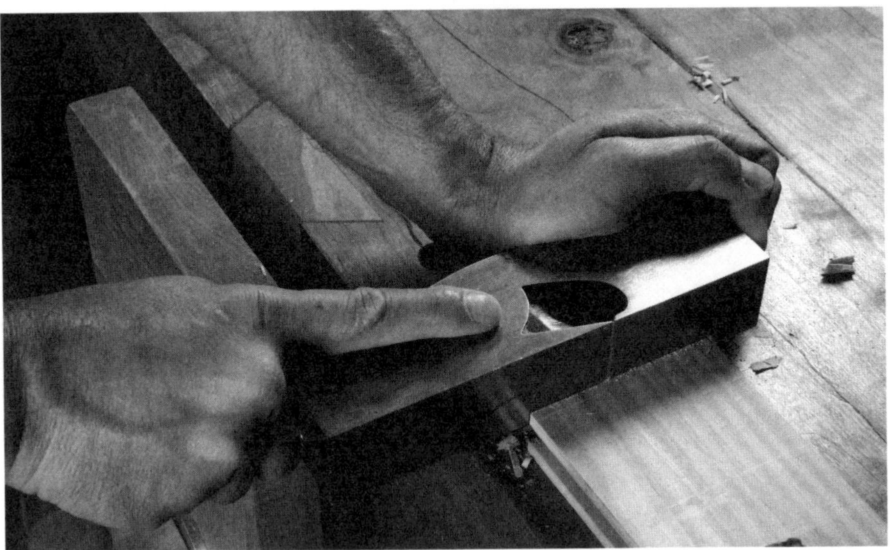

Foto 15: Hobeln der Zapfenbrüstung. Schmale Brüstungen sollten schon nach dem Sägen gut passen. Bei breiten Brüstungen muss nachgehobelt werden.

Kontrollieren Sie die Diagonalen mit einer dünnen Leiste und einem Bleistift auf gleiche Länge (Abb. 145). Falls sie nicht gleich lang sind, versetzten Sie den Türspanner etwas in Richtung der längeren Diagonale (Abb. 146).

Kontrollieren Sie in dieser Position dann die Passung der Brüstungen. Falls die Passung gut ist, kennzeichnen Sie die entsprechenden Buchstaben mit einem Haken (Abb. 147). Falls die Passung nicht gut ist, kennzeichnen Sie die offene Stelle mit einem Pfeil (Abb. 148), und nehmen Sie die Verbindung auseinander. Verwenden Sie ein scharfes Messer, um von dieser Stelle aus rechtwinklig zu korrigieren (Abb. 149). Spannen Sie die Zarge an der Hobelbank oder an einem kräftigen Holzklotz in der Bankzange fest, und nehmen Sie den Überstand mit dem Simshobel ab (siehe Foto 15).

Wenn die Beine sicher an der Zarge festgespannt, die Brüstungen geschlossen und die Diagonalen gleich lang sind, kontrollieren Sie noch mit Richtscheiten, dass die Beine in einer Ebene liegen (Abb. 150). Falls die Zapfen oder Schlitze nicht sehr schlecht geschnitten sind, ist es meist möglich, die Beine in die gleiche Ebene zu ziehen.

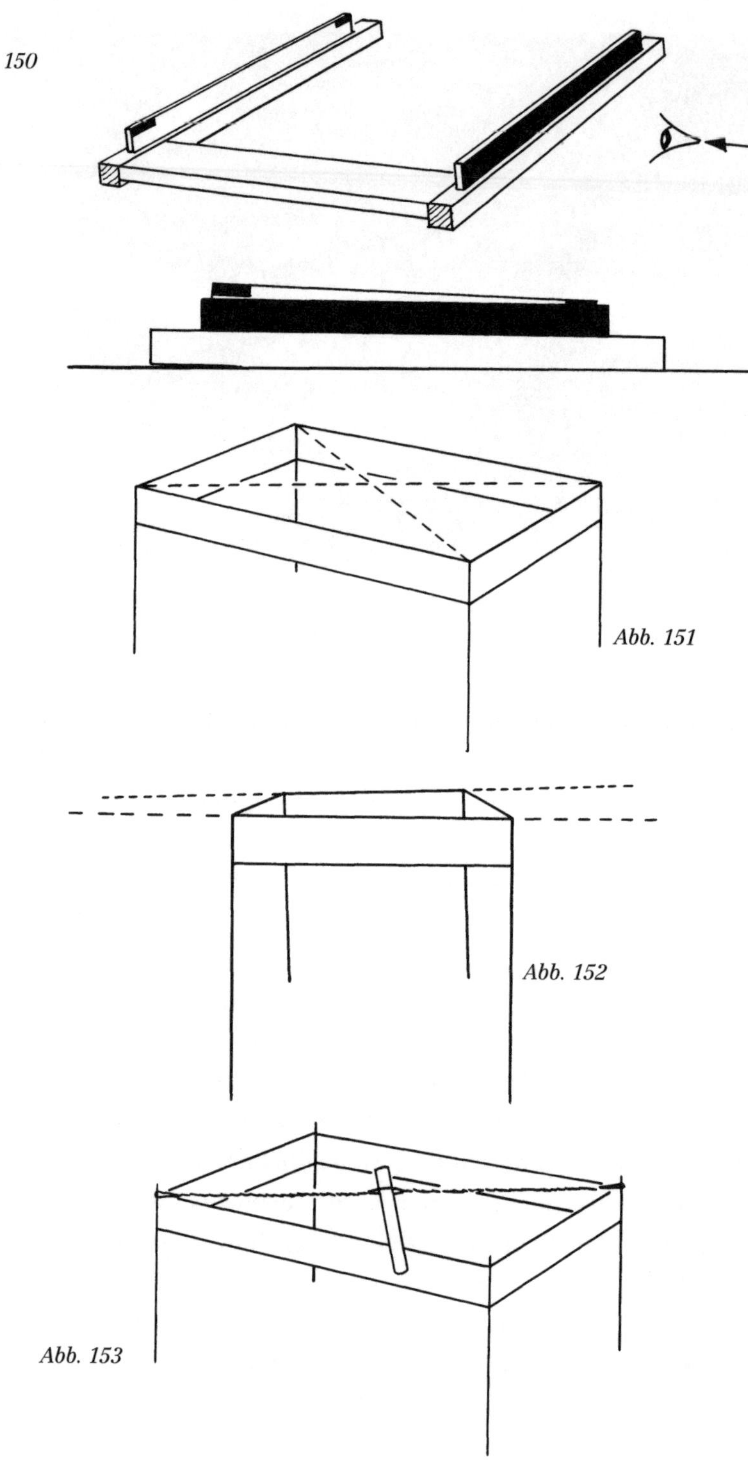

Abb. 150

Abb. 151

Abb. 152

Abb. 153

Zusammenfassung

1. Befindet sich die Zarge an der richtigen Stelle?
2. Sind die Diagonalen gleich lang?
3. Schließen die Brüstungen gut?
4. Liegen die Beine in einer Ebene?

Dies sind die normalen Kontrollen bei jedem Rahmen in einer Ebene. Wiederholen Sie den Vorgang mit der anderen langen Zarge und den verbliebenen Beinen. Wenn die Ergebnisse zufriedenstellend sind, leimen Sie die Bauteile zusammen.

Nachdem Sie so die beiden langen Baugruppen verleimt haben, bringen Sie die kurzen Zargen an. Bevor Sie Leim angeben, nehmen Sie alle beschriebenen Kontrollen vor, und außerdem zwei weitere. Prüfen Sie, ob die oberen Diagonalen gleich lang sind (Abb. 151) und dass die Oberseite des Tischs nicht windschief ist (Abb. 152). Die oberen Diagonalen lassen sich mit einer Fadenschlaufe zurecht ziehen, die man mit einem Hebel anzieht (Abb. 153). Ziehen Sie sie etwas zu sehr an, um das Zurückspringen beim Lösen der Schleife zu berücksichtigen.

Klebstoffarten

Die Wahl des Klebstoffs ist wichtig, in gewissem Maß aber auch eine persönliche Entscheidung. Glutinleime, die man in einem Leimtopf im Wasserbad erhitzt, werden heutzutage nur noch selten verwendet. Bei Möbelrestauratoren sind sie noch sehr beliebt, werden aber sowieso für das Aufbringen von Furnieren benötigt. Glutinleime sind nicht wasserfest, müssen über Nacht aushärten und zersetzen sich, wenn man sie kochen lässt.

Kunstharzklebstoffe werden sowohl von Handwerkern als auch von der Industrie verwendet. Es gibt zwei Typen.

Einkomponentenkleber bestehen aus einem Kunstharz und einem Härter, die beide in dehydrierte Form vorliegen. Durch Zugabe von Wasser wird eine Reaktion in Gang gesetzt. Die Offenzeit beträgt etwa 10 Minuten. Die Mindestaushärtezeit unterscheidet sich je nach Temperatur. Typisch sind Zeiten zwischen vier und sechs Stunden, aber eine Verbindung sollte erst belastet werden, wenn der Klebstoff mindestens über Nacht gehärtet ist.

Offenzeit		**Trockenzeit (mind.)**	
°C	**Minuten**	°C	**Stunden**
15	25	15	3,5
20	15	20	2,25
25	10	25	1,5

Zweikomponentenklebstoffe bestehen aus einem Kunstharz und einer flüssigen Härterlösung (meist Ameisensäure). Das Kunstharz kann auch in Pulverform vorliegen, um durch Hinzufügen von Wasser kleinere Mengen zu erhalten. Das Kunstharz wird auf eine Fläche der Verbindung aufgetragen, der Härter auf die andere. Die Offenzeit entspricht etwa der von Einkomponentenklebstoffen, aber die Mindestaushärtzeit ist deutlich kürzer (eine Tabelle mit Offen- und Aushärtzeit steht unten). Dies ist ein sehr sauberer Klebstoff, und er verursacht keine zu entsorgenden Restmengen.

Kunstharzklebstoffe sind wasserfest und schimmeln nicht. Sie wirken fugenfüllend, können also auch Verbindungen kleben, die nicht ganz dicht schließen.

Heutzutage werden in der Holzverarbeitung wohl am häufigsten PVAC-Klebstoffe verwendet – man kennt sie deshalb auch als ‚Tischlerleim'. Es gibt viele verschiedene Marken im Handel, und es kommen immer neue hinzu. Sie werden gebrauchsfertig verkauft und können direkt aus der Flasche verwendet werden. Manche Sorten neigen dazu, Laubhölzer (vor allem Eiche) zu verfärben. Man sollte eine neue Marke also daraufhin vor dem Einsatz überprüfen. Sie härten schnell aus – zwei Stunden oder noch weniger reichen meist, bevor man die Zwingen abnehmen kann. Allerdings empfiehlt es sich dennoch, über Nacht zu warten, bevor man eine Verbindung belastet. Im allgemeinen sind diese Klebstoffe nicht wasserfest, allerdings wird dies bei einigen der neueren Produkten als Eigenschaft zugesichert. PVAC-Klebstoffe sind meist weiß (manche auch gelb) und härten halbtransparent aus.

Kontaktklebstoffe auf Gummibasis sind bei der Holzbearbeitung kaum nützlich. Die sehr teuren Epoxidharzklebstoffe und die sogenannten Sekundenkleber können sich in manchen Sonderfällen nützlich machen, werden aber kaum für allgemeine Konstruktionsaufgaben eingesetzt werden.

Klebstoffauftrag

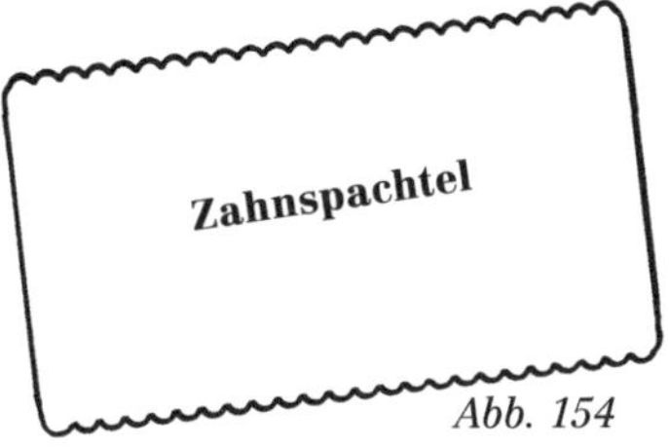

Abb. 154

Klebstoffe werden am besten mit einem Zahnspachtel aufgetragen (Abb. 154). Exemplare aus Kunststoff finden sich oft als Beigabe zu größeren Klebstoffgebinden, und als Stammkunde im Baustoffhandel bekommt man sie gelegentlich als Werbegeschenk. Man kann sie auch selbst aus einem Stück Hartkunststoff herstellen, das man mit einer Dreiecksfeile bearbeitet.

Verputzen der Außenseiten

Überschüssiger Leim auf den Innenseiten ist unproblematisch: Wenn man den zuvor gegebenen Anweisungen gefolgt ist, lässt er sich leicht entfernen. Auf den Außenflächen entfernt man überschüssigen Leim, indem man ihn von allen vier Seiten abhobelt, dann den Putzhobel schärft und fein einstellt, um mit ihm eine Oberfläche hoher Güte zu erzielen.

Wie man dafür einen kleinen Tisch fixiert, hängt vor allem von der Größe der vorhandenen Hobelbank ab. Spannen Sie den Tisch zuerst fest ein. Dazu kann man ihn mit einem kräftigen Kantholz als Zulage auf die Bankzange fädeln (Abb. 155) und die verjüngten Beine mit kleineren Zulagen oder Keilen abstützen. Falls das nicht möglich sein sollte, kann man den Tisch umgekehrt einspannen, sodass die Beine nach außen weisen (Abb. 156). Bei größeren Tischen wird man sowieso auf diese Methode zurückgreifen müssen. Das Bein wird durch eine schräge Stütze gehalten, um es hobeln zu können. Man hobelt vom Bein nach innen, um die

Abb. 155

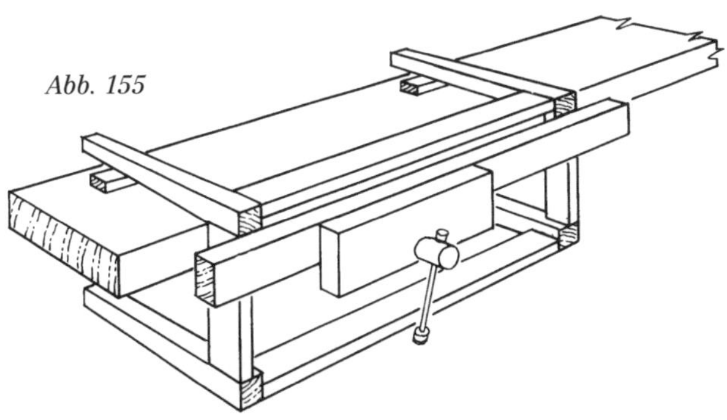

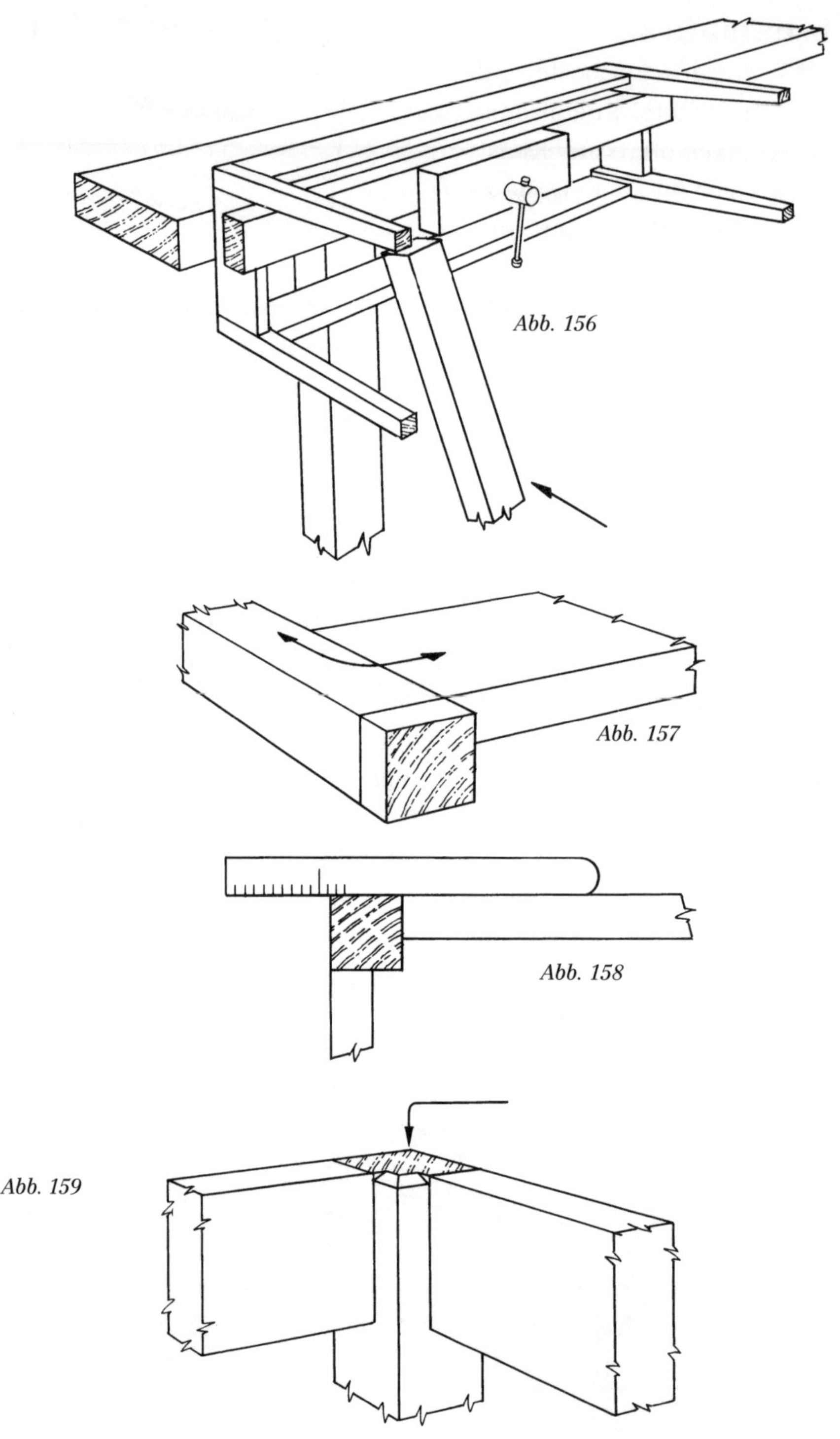

Abb. 156

Abb. 157

Abb. 158

Abb. 159

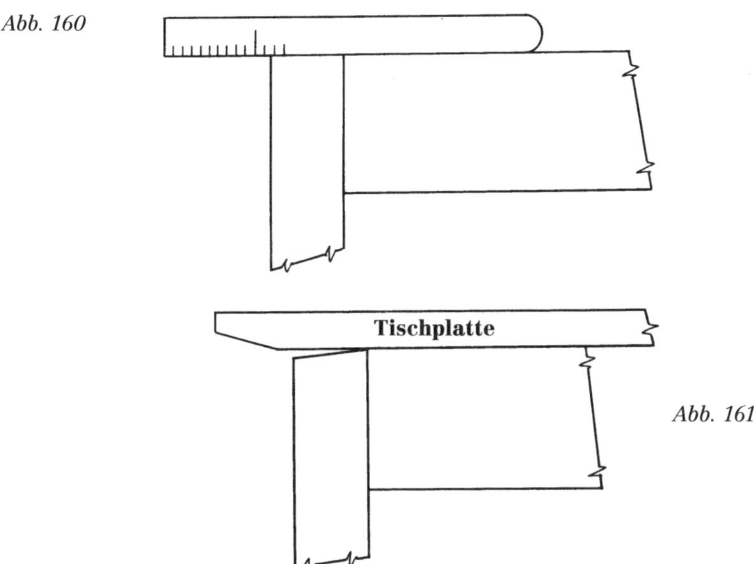

Abb. 160

Abb. 161

Verbindung zu verputzen, und endet mit einem bogenförmigen Hobelstoß, um am Bein nicht quer zur Faser zu schneiden (Abb. 157). Kontrollieren Sie mit einem Metalllineal sorgfältig, dass die Verbindung weiterhin fluchtet (Abb. 158).

Das ‚Hörnchen', das am Bein stehen geblieben ist, sollte jetzt bündig abgesägt werden. Faserausrisse kann man vermeiden, indem man mit dem Stechbeitel eine kleine Fase direkt unter der Oberkante der Zarge anschneidet (Abb. 159). Dann wird das Hirnholz bündig gehobelt. Hobeln Sie immer nach innen, und kontrollieren Sie das Ergebnis mit einem Lineal (Abb. 160). Zu starkes Hobeln (Abb. 161) führt zu einer schlecht passenden Tischplatte. Verwenden Sie bei diesen Arbeiten möglichst häufig den Putzhobel. Allerdings gibt es immer die eine oder andere Stelle, die auf diese Behandlung nicht anspricht. Solche Stellen kann man mit der Ziehklinge (siehe Seite 98) bearbeiten oder vor allem bei größeren Gebieten noch besser mit dem Furnierschabhobel (siehe Seite 114), bei dem sichergestellt ist, dass die Fläche eben bleibt.

Schleifen Sie abschließend. Schleifpapier gibt es in unterschiedlichen Körnungen, aber eine gröbere Körnung als 80 benötigt man nicht. Allerdings sollte Ihnen klar sein, dass Schleifpapier kein Mittel ist, um die Ergebnisse schlechter Hobeltechnik oder nicht fachgerecht geschliffener Ziehklingen zu korrigieren. Schleifpapiere mit Granat- oder Aluminiumkorn liefern bessere Ergebnisse und halten länger, sind allerdings auch etwas teurer. Weitere Informationen zum Thema ‚Schleifen' finden Sie im Abschnitt „Verputzen der Tischplatte" (Seite 101).

Die Ziehklinge

Holz kann auf zwei verschiedene Weisen abgenommen werden – durch Schneiden oder durch Schaben. In Abbildung 162 ist die spaltende Wirkung einer Axt zu sehen. Man kann deutlich erkennen, dass die Schneide meistens nicht in das Holz greift. Die Wirkungsweise des Beitels und des Hobels ist ähnlich; das Holz wird vor der Schneide gespalten, sodass die Schneide des Werkzeugs lange scharf bleibt. Beim Schaben (Abb. 163) greift die Schneide jedoch andauernd und sehr stark in das Holz, sodass sie sehr schnell stumpf wird. Außerdem erfordert das Schneiden weniger Kraft als das Schaben, und das Schärfen der Schneide benötigt weniger Zeit. Da die Ziehklinge im Gegensatz zum Hobel keine Sohle hat, führt sie leicht dazu, dass eine ebene Fläche uneben wird. Deshalb sollte man die Ziehklinge nur im Notfall benutzen und nur dann, wenn man eine vorhandene Fläche oder Form versäubern möchte. Wenn man sich für die Ziehklinge entscheidet, muss man sicherstellen, dass das Werk-

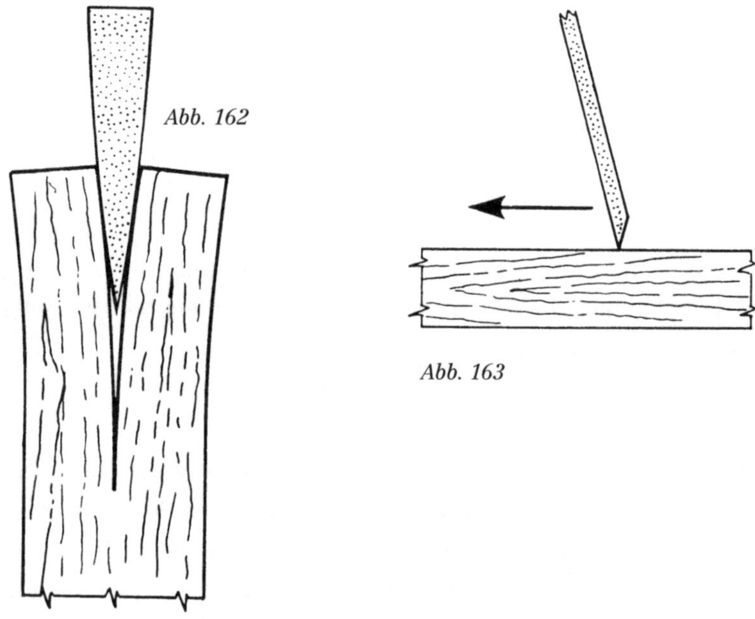

Abb. 162

Abb. 163

zeug mit größtmöglicher Effektivität arbeitet. Der Begriff ‚Schaben' ist im Zusammenhang mit der Ziehklinge eine unglückliche Wahl, weil es einen dazu bringt, eine sehr geringe Güte der entstehenden Oberfläche zu akzeptieren.

Die Ziehklinge ist ein rechteckiges Stück gehärteter Stahl mit einer Größe von 75 x 40 mm bis 150 x 70 mm. Die praktischste Größe ist 125 x 65 mm. Sehr biegsame Ziehklingen sind einfach zu benutzen, werden dabei aber sehr heiß. Eine dickere, steifere Ziehklinge bleibt kühler, führt aber schnell zur Ermüdung der Finger.

Wenn man über entsprechendes Spezialwerkzeug verfügt, um Ziehklingen zu schärfen, kann man sicher sein, dass diese Arbeit fachgerecht und nicht ‚auf die Schnelle' ausgeführt wird. Diese Werkzeug besteht aus einem Ziehklingenhalter, einer Feile, einem Ölstein und einem Ziehklingenstahl. In Abbildungen sieht man einen Ziehklingenhalter, der nicht nur das Feilen erleichtert, sondern auch die unangenehmen Geräusche reduziert, die dabei entstehen können. Ordnen Sie die Bestandteile des Halters so an, dass zwischen den Lederlagen ein Spalt verbleibt, der etwas breiter ist als die Stärke der Ziehklinge.

Sparen Sie nicht an der Feile. Kaufen Sie eine 250 mm oder besser noch 300 mm lange einhiebige Flachfeile. Versehen Sie die Feile mit eine guten und leicht zu identifizierenden Griff, bewahren Sie sie in einem Kunststoffhülle auf, und verwenden Sie sie nur zum Schärfen von Ziehklingen. Beim Kauf eines Ölsteins können Sie sich für jeden beliebigen feine Kunststein entscheiden. Persönlich ziehe ich jedoch einen klei-

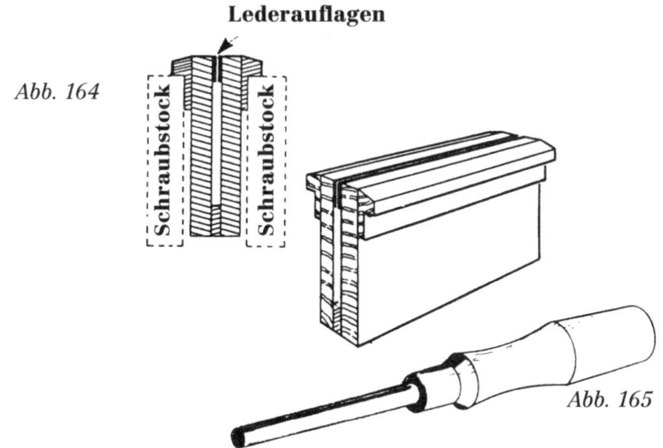

Abb. 164

Abb. 165

nen runden Schleifstein für Äxte vor. Es gibt Karborundumsteine mit 75 mm Durchmesser und einer feinen und einer mittelfeinen Seite. Der Stein wird mit einem feinen Schmieröl verwendet.

Schließlich benötigt man auch noch einen Ziehklingenstahl (Abb. 165). Dafür werden alle möglichen Dinge zweckentfremdet, von den Rückseiten von Drechseleisen bis hin zu abgeschliffenen Feilen. Falls das Material jedoch nicht hart genug ist, bilden sich mit der Zeit Kerben darin, was es unmöglich macht, eine wirklich hervorragende Schneide zu erzielen. Ich empfehle die Anschaffung eines professionellen Ziehklingenstahls mit 100 mm Länge und 6 oder 8 mm Durchmesser, wie sie von verschiedenen Herstellern angeboten werden. Die Kosten fallen nicht sonderlich ins Gewicht, wenn man bedenkt, dass dieses Werkzeug ein Leben lang hält. Statten Sie den Ziehklingenstahl gegebenenfalls mit einem guten Griff auf, und bewahren Sie es in einem Tuch oder einer Kunststoffhülle auf.

Wie man eine Ziehklinge schärft, ist häufiger beschrieben worden, aber es gibt einige Dinge, auf die man hinweisen sollte. So wird es gemacht:

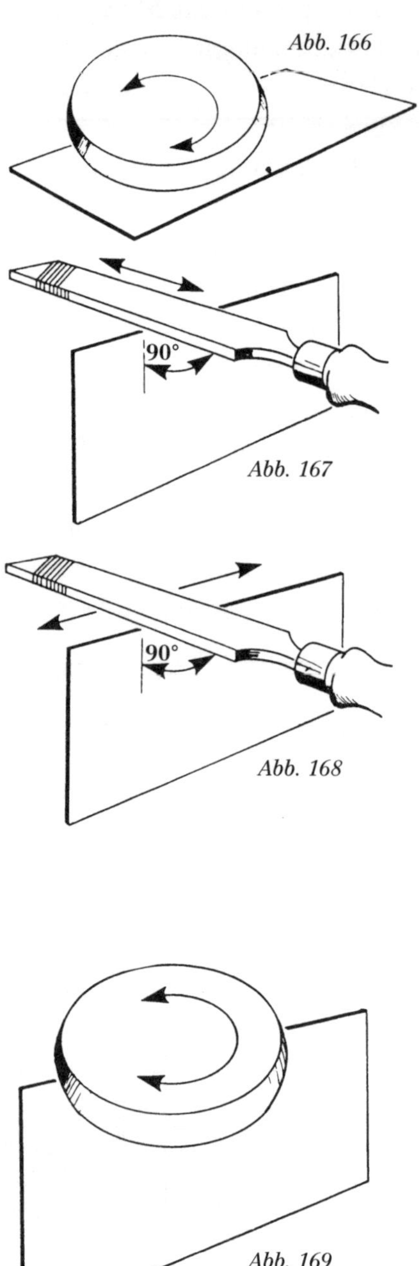

Abb. 166

Abb. 167

Abb. 168

Abb. 169

1. Schleifen Sie die vier Kanten mit dem Ölstein ab, und entfernen Sie Grate, die eventuell von vorherigen Schärfungen verblieben sind (Abb. 166).
2. Spannen Sie den Ziehklingenhalter in der Bankzange ein, und feilen Sie die Seiten rechtwinklig und gerade zu, indem Sie die vorherigen Schneiden komplett beseitigen (Abb. 167).
3. Feilen Sie abschließend mit immer noch senkrecht zur Ziehklinge gehaltenen Feile in Richtung der Kante (Abb. 168).
4. Wiederholen Sie den Vorgang mit dem Ölstein, um alle Feilenspuren zu beseitigen (Abb. 169).
5. Wiederholen Sie diese Arbeitsschritte an der anderen langen Seite.
6. Entfernen Sie eventuell entstandene Grate mit dem Stein (Abb. 166). Jetzt hat die Ziehklinge zwei lange Seiten, die mit genau senkrechten Kanten zugerichtet sind (Abb. 170).
7. Geben Sie etwas Öl an den Ziehklingenstahl, und ziehen Sie die Seiten eben ab (Abb. 171).

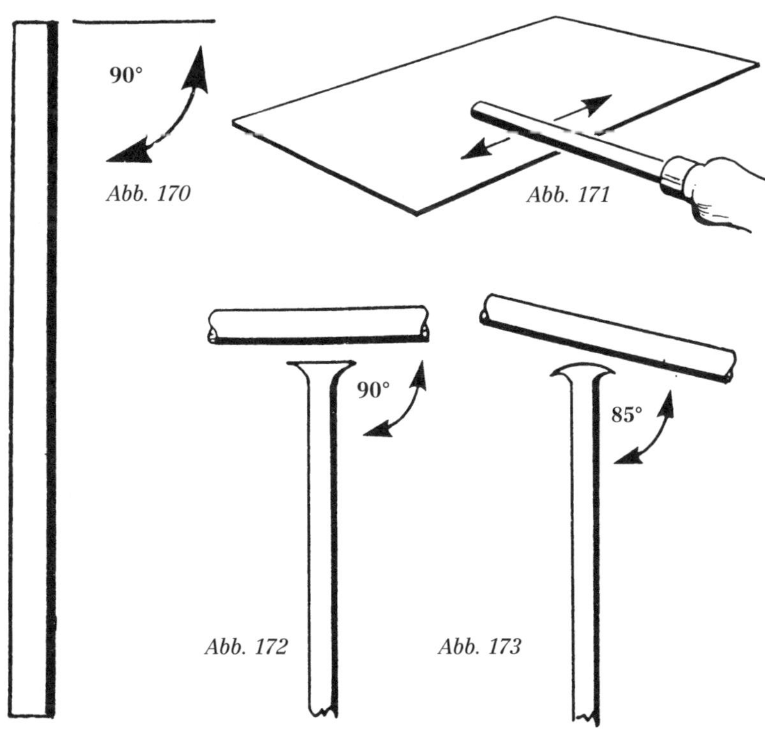

Abb. 170

Abb. 171

Abb. 172

Abb. 173

8. Spannen Sie die Ziehklinge wieder im Ziehklingenhalter ein, und ziehen Sie die Kante mit einigen kräftigen Strichen genau auf 90° ab. Sie erhalten so Kanten, die im Querschnitt der Abbildung 172 entsprechen.
9. Wiederholen Sie den Vorgang in einem Winkel von etwa 85°, um zwei Schneiden zu erhalten, wie sie in Abbildung 173 zu sehen sind. Abbildung 174a zeigt, wie eine derart zugerichtete Ziehklinge geführt wird. In Abbildung 174b sieht man eine Ziehklinge, bei der die Schneiden zu stark abgezogen worden sind, sodass die Ziehklinge nur schneidet, wenn sie in einem unbequem flachen Winkel geführt wird. Die Ziehklinge wird mit ziehendem Schnitt (‚zwerchend') geführt wie in Abbildung 175c gezeigt, nicht wie in den Abbildungen 175a und b. Um Späne in handhabbarer Breite zu erhalten, biegt man die Ziehklinge mit den Daumen etwas durch. Manchen Holzwerker kleben Pflasterstreifen auf ihre Daumen, um sie vor der Hitze zu schützen, die in der Ziehklinge bei der Arbeit entsteht. Beachten Sie, dass die Ziehklinge dünne, lockige Späne abheben sollte. Falls nur Holzstaub entsteht, muss die Klinge geschärft werden. Seien Sie aber vorsichtig! Eine eben gehobelte Fläche kann durch übertriebenen Einsatz der Ziehklinge wieder uneben werden. Sie neigt dazu, die weicheren Stellen im Holz wegzuschneiden und die härteren stehen zu lassen. Dieser Effekt wird sehr deutlich, wenn das Holz poliert wird.

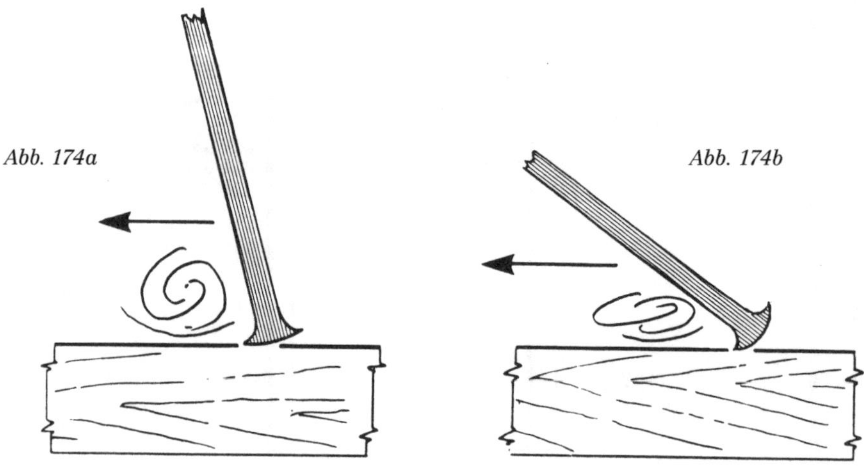

Abb. 174a *Abb. 174b*

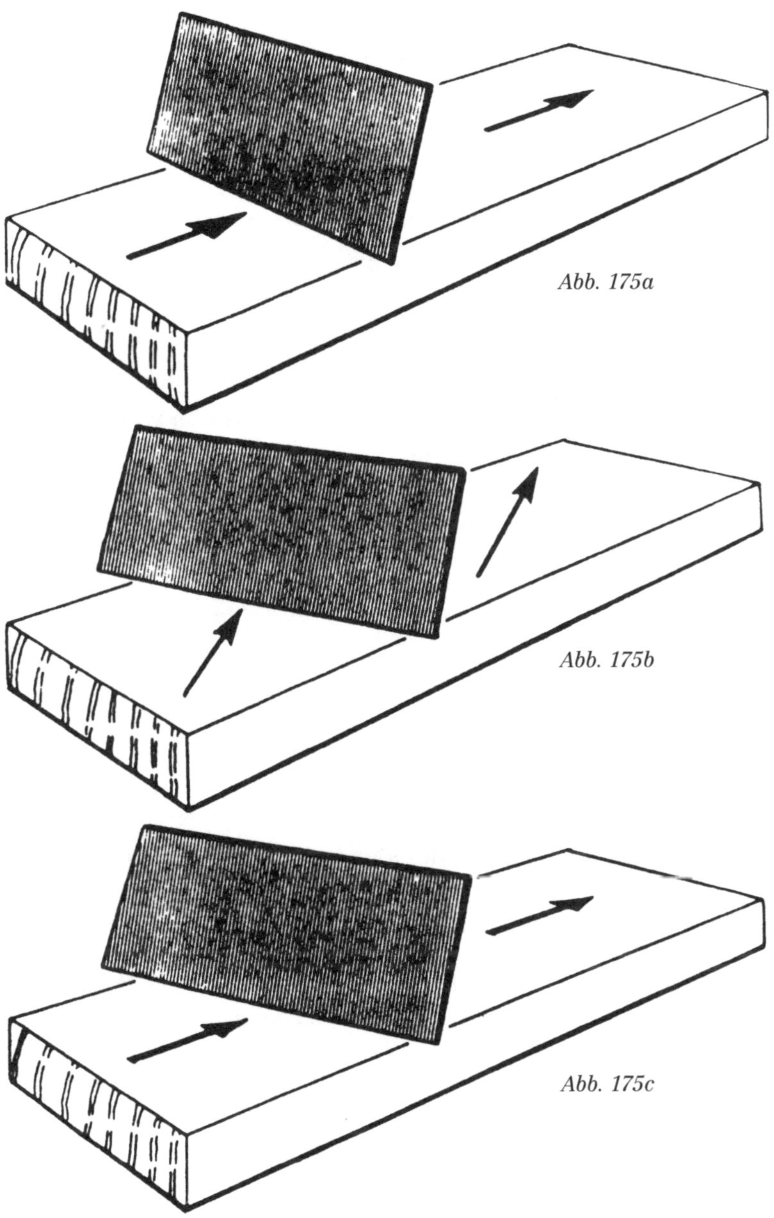

Abb. 175a

Abb. 175b

Abb. 175c

Schleifen Sie das Holz nicht vor der Arbeit mit der Ziehklinge. Auch das sorgfältigste Schleifen hinterlässt Reste der Schleifkörner in den Poren des Holzes. Wenn man nach dem Schleifen die Ziehklinge einsetzt, führt das dazu, dass ihre scharfe Schneide schnell durch die Schleifkörner abgestumpft wird. Das Gleiche gilt für die Schneiden von Hobeleisen.

Es wird oft behauptet, man könne die Ziehklinge schnell nachschärfen, indem man den alten Schneidgrat entweder mit dem Schleifstein oder dem Ziehklingenstahl abnimmt und dann einen neuen Grat mit dem Stahl anzieht. Dabei muss jedoch jedes Mal der Winkel des Grats erhöht werden, bis der Winkel, in dem die Ziehklinge geführt wird, das Arbeiten unbequem macht (Abb. 174 b). Insgesamt glaube ich nicht, dass das bisschen Zeit, das man spart, indem man keine neue Kante an die Ziehklinge anarbeitet, sich wirklich lohnt. Falls die Feile, der Ölstein und der Ziehklingenstahl leicht erreichbar aufbewahrt werden, glaube ich, dass die meisten Leser die Arbeit jedesmal richtig ausführen wollen werden.

Inzwischen sind auch Ziehklingen mit runden Kanten erhältlich, aber es ist immer möglich, einer kleinen Ziehklinge selbst mit der Feile oder dem Schleifstein jede gewünschte Rundung zu verleihen. Diese gerundeten Ziehklingen sind auch bei Querholzarbeiten an der Drechselbank nützlich. Natürlich nur bei stillstehender Bank, etwa um kreisförmige Riefen im Inneren einer Schale zu entfernen. Am besten ist es, die Planscheibe aus der Drechselbank zu nehmen und in der Bankzange einzuspannen.

Verleimen der Tischplatte

Das wichtigste Ziel ist ein ansprechendes Aussehen der Tischplatte. Sortieren Sie die Bretter so, dass das Ergebnis gut aussieht und die Fugen möglichst unauffällig sind. Bedenken Sie dabei, dass der Faserverlauf in den Brettern möglichst gleich sein sollte. Das ist nicht immer möglich, wenn es um das beste Aussehen geht, aber man sollte es dennoch anstreben.

Um das Werfen der fertigen Tischplatte auf ein Minimum zu reduzieren, sollte die linken und rechten Seiten der Bretter abwechselnd nach oben weisen (Abb. 176, sichtbar an den Hirnholz-Schnittkanten). Allerdings sollte man bei der ersten Auswahl der Bretter für eine Tischplatte sowieso möglichst Bretter mit stehenden Jahresringen bevorzugen, d. h. solche, bei denen die Jahresringe (annähernd) senkrecht zur Oberfläche stehen (Abb. 177). In der Literatur werden dafür die Begriffe ‚riftgeschnitten‘ oder ‚Quartierschnitt‘ verwendet.

Es gibt drei verschiedene Methoden, die Bretter für eine Plattenverleimung zuzurichten; die Wahl hängt vor allem von der vorhandenen Werkstattausstattung ab. Man kann die Bretter im Rohzustand verleimen und

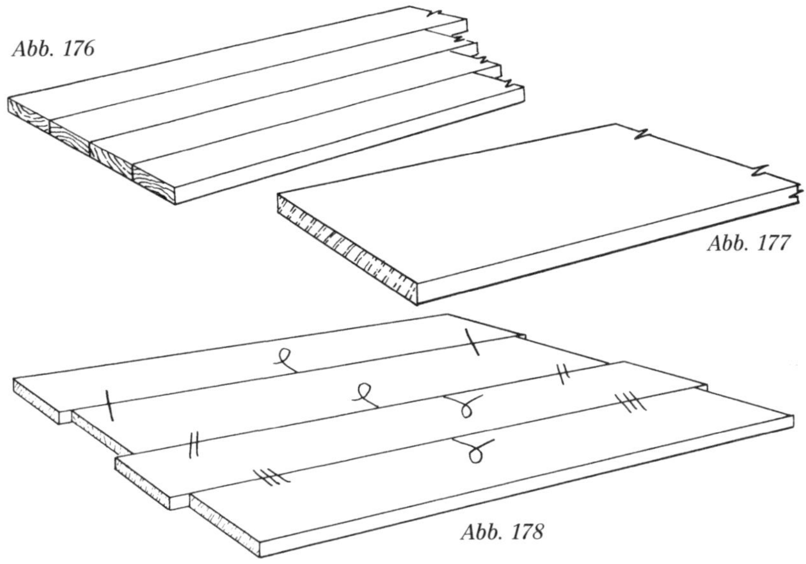

Abb. 176

Abb. 177

Abb. 178

später abrichten und auf Dicke hobeln. Mit dieser Methode erzielt man die stärkste Platte. Man kann die Bretter vorher leicht anhobeln, um die Farbe und Maserung zu erkennen und die Anordnung der Bretter in der Platte festzulegen. Die Bretter können, meist mit der Hand, mit geringem Übermaß auf Stärke gehobelt werden, dann verleimt und verputzt werden. Diese Methode wird von den meisten Holzwerkern verwendet, die nicht über stationäre Hobelmaschinen verfügen. Wenn man Abricht- und Dicktenhobelmaschine verwendet oder fertig gehobelte Ware hinzukauft, werden die Bretter sorgfältig in der Endstärke verleimt. Dabei sollten nachträglich nur geringfügige Verputzarbeiten anfallen. Verzogene breite Bretter müssen mittig aufgetrennt und neu verleimt werden. Breite Bretter müssen eventuell auch schmaler gesägt werden, um mit kleineren Maschinen bearbeitet werden zu können – etwa einem Abricht- oder Dicktenhobel mit 150 mm Arbeitsbreite. Das ist kein so großer Nachteil, wie es scheinen mag, da ein Großteil der im Handel erhältlichen breiten Bretter sowieso mehr oder weniger verzogen sind.

Nachdem die Anordnung der Bretter festgelegt worden ist, kontrolliert man sie mit Richtscheiten auf Windschiefe, kennzeichnet die besser aussehende Seite als Bezugsfläche und kennzeichnet die zusammengehörenden Kanten (Abb. 178). Dann können die Längskanten entweder in Handarbeit oder mit der Abrichthobelmaschine abgerichtet werden.

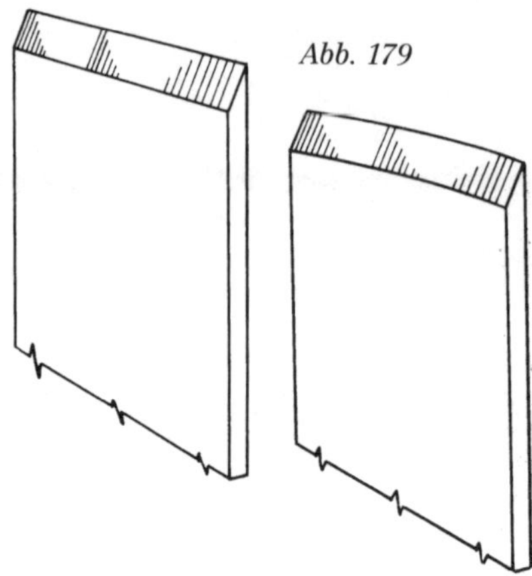

Abb. 179

Bei Handarbeit kommt die Raubank zum Einsatz. Verbindungen geringer Länge können auch mit einer fein eingestellten Kurzraubank abgerichtet werden. Das Eisen sollte genau rechtwinklig geschliffen werden, da seine Ecken sowieso nicht schneiden werden. Es ist recht nützlich, zwei Eisen für die Raubank vorzuhalten, eines mit genau rechtwinkliger Schneide für das Abrichten von Kanten und eines mit abgerundeten Ecken und ganz leicht balliger Schneide für die Flächenarbeit (Abb. 179).

Wie bei den anfänglichen Hobelübungen hobeln Sie die Kante durchgehend, um sie zu versäubern. Falls Sie ein Anfänger sind, markieren Sie dann die beiden Enden mit dem Bleistift und hobeln so mit Ausnahme der äußersten Enden, bis keine weiteren Späne mehr abgehoben werden. Verwenden Sie dabei durchgehend den Kantengriff am Hobel. Kontrollieren Sie Ihre Arbeit immer wieder mit dem Tischlerwinkel. Hobeln Sie dann von einem Ende bis zum anderen, bis Sie den ersten Span in voller Länge und voller Breite erhalten. Hören Sie dann sofort auf, und wiederholen Sie das Ganze am anderen Brett. Dann kann die Verbindung geprüft werden.

Spannen Sie ein Brett in der Bankzange ein, und stellen Sie das Gegenstück zur Prüfung darauf. Drücken Sie dann vorsichtig an einem Ende gegen das obere Brett. Falls sich das Brett dreht (Abb. 180), ist es in der Mitte höher, und dort muss Material abgenommen werden. Falls das Brett sich nicht dreht, sondern herunterfällt, ist die Verbindung entweder gut oder in der Mitte hohl. Durch sorgfältige Untersuchung kann man feststellen, welche Möglichkeit zutrifft. Bei einer sehr langen Verbindung – mehr als ein Meter, etwa – ist ein sehr leicht konkav verlaufende

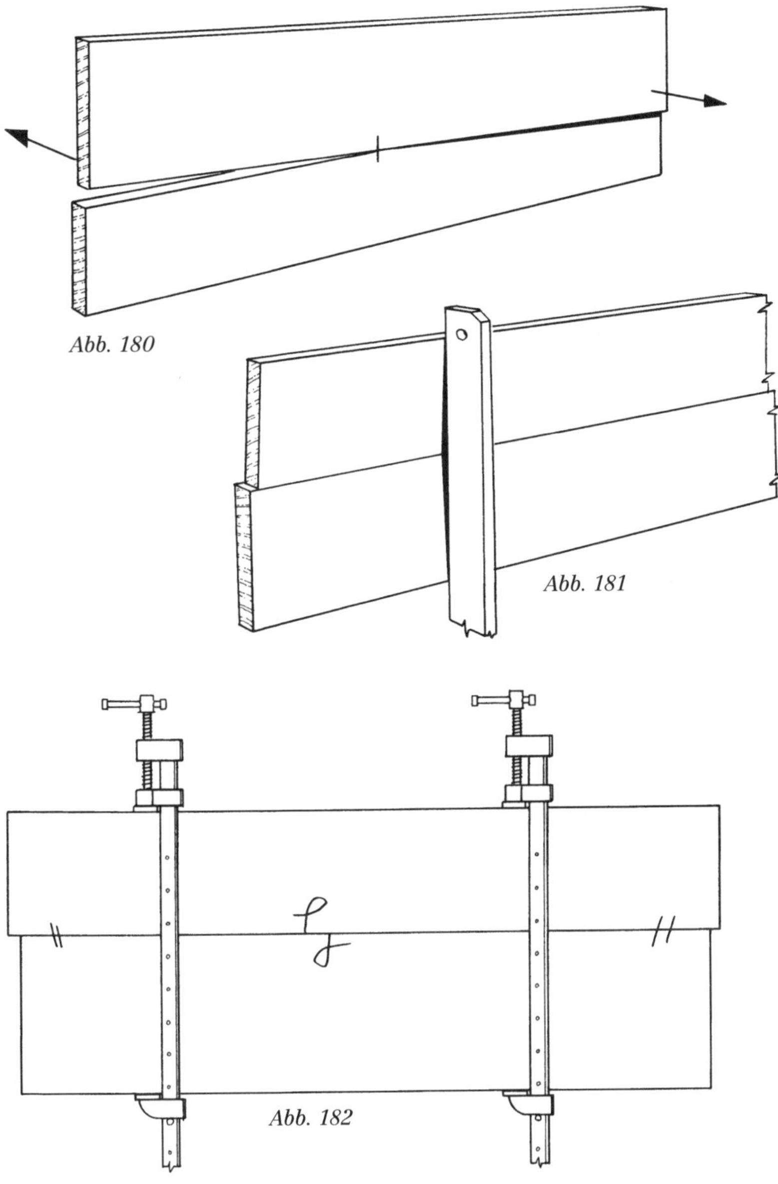

Abb. 180

Abb. 181

Abb. 182

Kante annehmbar. Bei kürzeren Verbindungen sollte man eine perfekte Passung anstreben.

Kontrollieren Sie die Verbindung dann mit einem Richtscheit auf Ebenheit (Abb. 181). Falls eine Korrektur notwendig ist, verwenden Sie das rechtwinklige Eisen in der Raubank, verstellen es um ein Gerin-

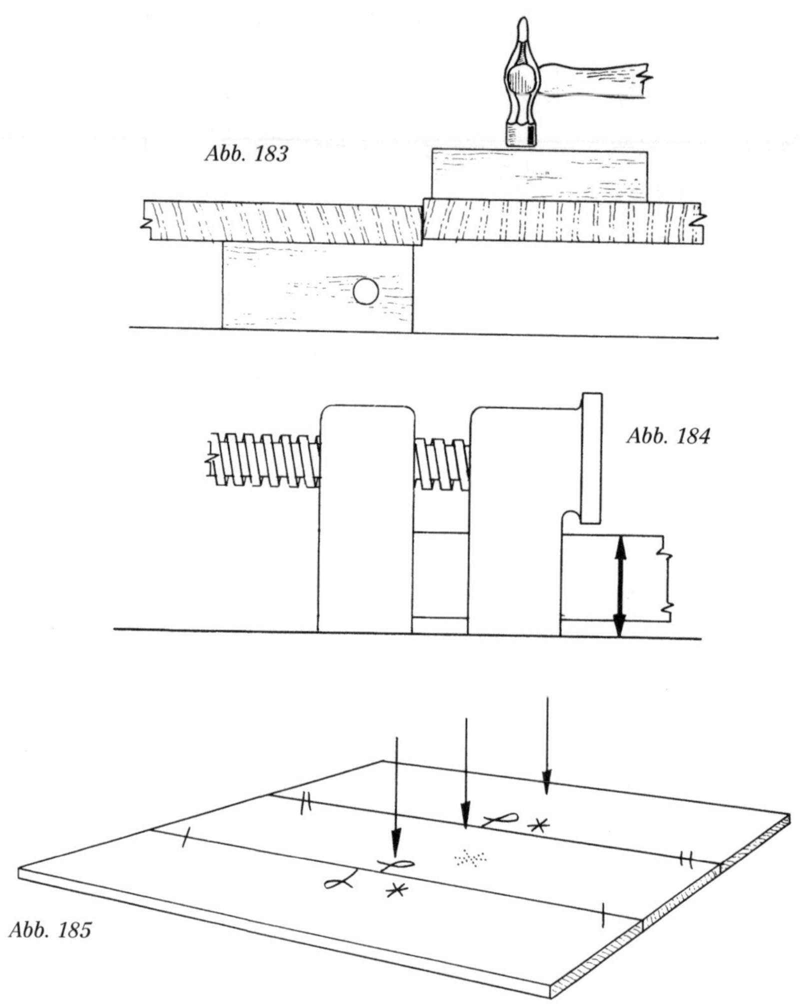
Abb. 183

Abb. 184

Abb. 185

ges seitlich, und kontrollieren nach jedem Hobelstoß das Ergebnis. Gehen Sie bei dieser Korrektur sehr vorsichtig vor, um die Längspassung der Verbindung nicht zu verändern. Selbstverständlich muss der Hobel dabei immer Späne in ganzer Breite abheben. Wenn beide Prüfungen erfolgreich absolviert worden sind, kann die Verbindung verleimt werden. Zuvor stellt man sie jedoch zur Probe trocken zusammen und setzt alle Zwingen an. Die Zwingen müssen dabei selbst auf einer ebenen Fläche ruhen.

In Zeiten, als man noch Glutinleime verwendete, wurde die Verbindung einfach ‚angerieben' und das Werkstück dann zum Trocknen beiseite gestellt. So kann an mit den modernen Klebstoffen nicht vorgehen, bei ihnen sind Türspanner oder ähnlich Hilfsmittel erforderlich (Abb. 182). Im Idealfall wird immer eine Verbindung einzeln verleimt, aber oft werden auch drei oder mehr Bretter zugleich verleimt. Legen Sie einen Papierstreifen zwischen das Werkstück und die Schienen der Türspanner, um Verfärbungen des Holzes zu vermeiden. Stellen Sie sicher, dass die Bretter vollflächig auf den Schienen aufliegen. Ziehen Sie sie nötigenfalls mit Schraubzwingen auf die Schienen. Falls es an den Fugen zu Höhenversatz kommen sollte, kann dieser beseitigt werden, indem man eine Zulage unter das Werkstück legt, die etwas stärker ist als die Höhe der Schienen der Türspanner, und dann auf die hochstehende Kante klopft (Abb. 183 und 184). Es lohnt sich, nur für diesen Zweck einen besonderen Laubholzklotz vorzuhalten. Wenn man mehr als zwei Türspanner einsetzt, sollten sie abwechselnd von oben und von unten an die Tischplatte angesetzt werden, um das Durchbiegen der Platte zu verhindern.

Das Abrichten mit der stationären Abrichthobelmaschine geschieht im Wesentlichen auf die gleiche Weise. Nachdem die Bretter mit der Bezugsfläche nach oben in der gewünschten Anordnung ausgelegt worden sind, kennzeichnet man jeweils die Ober- und die Unterseite benachbarter Bretter mit einer Markierung (Abb. 185). Beim Abrichten muss die markierte Seite am Anschlag der Maschine entlanggeführt werden. Auf diese Weise wird ein Fehler in der senkrechten Einstellung des Anschlags (wenn dieser also nicht genau im Winkel von 90° zum Arbeitstisch des Abrichthobels steht) ausgeglichen, da das eine Brett zum Beispiel mit 89° und das andere mit 91° abgerichtet wird. Obwohl der Fehler vielleicht sehr gering ist, kommt er bei einer Platte aus vier Brettern sechsmal zum Tragen. Das kann zu einer erkennbaren Wölbung führen, wenn die Platte verleimt wird.

Dübeln der Längsverbindungen

Längsverbindungen werden manchmal gedübelt. Das geschieht weniger, um die Verbindung zu verstärken (das ist bei modernen Klebstoffen nicht notwendig), sondern um sicherzustellen, dass auch verzogene Bretter mit ihren Nachbarn fluchten oder um das gleichzeitige Verleimen von mehreren Brettern zu erleichtern. Die traditionelle Methode ist in den Abbildungen 186 und 187 dargestellt.

Foto 16: Holzspiralbohrer Für die Verwendung in der elektrischen Bohrmaschine ausgelegt. Wegen der Zentrierspitze und der Vorschneider sehr gut zum Bohren von Dübellöchern geeignet.

Man spannt die Bretter zusammen und reißt in Abständen Linien über die Kanten. Dann wird an den Brettern jeweils einzeln von der Bezugsfläche aus die Mitte der Kante angerissen. An den Kreuzungspunkten der Risse bohrt man mit einem Bohrer mit Zentrierspitze ein. Ein Spiralbohrer ohne Zentrierspitze ist nicht präzise genug, weil er beim Ansetzen verlaufen kann. Die Zentrierspitze sollte allerdings kein Gewinde haben, da dieses den Bohrer viel zu schnell in das Material zieht und man kaum noch Kontrolle über die Arbeit hat. Versenken Sie die Bohrlöcher leicht, um Platz für kleinere Holzfasern am Rand und für eventuell austretenden überschüssigen Leim zu schaffen. Die Dübel sollten etwas kürzer sein als die Gesamtlänge der beiden Bohrlöcher. Ihre Enden werden leicht angefast, falls man sie selbst aus Rundstangen zugeschnitten hat (das ist leicht mit einem Bleistiftanspitzer zu erledigen). Eine flache Sägenut in Längsrichtung erlaubt überschüssigem Leim das Austreten (Abb. 188). Wenn man eine Reihe von Dübeln selbst herstellen möchte, beschleunigt eine einfache Vorrichtung (Abb. 189) den Vorgang.

Alternativ kann man auch eine kommerzielle Dübellehre verwenden, um die Löcher zu bohren, oder deren Lage mit Dübelspitzen markieren (Abb. 190). Wenn man Dübelspitzen verwendet, bohrt man eine Reihe von Löchern an beliebigen Stellen in das eine Werkstück (sie müssen nicht zu-

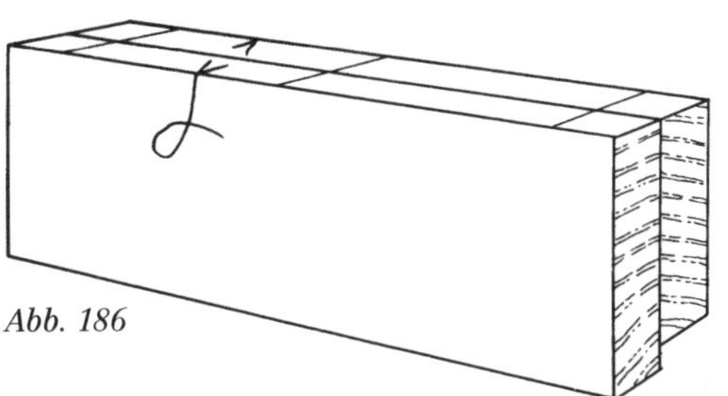

Abb. 186

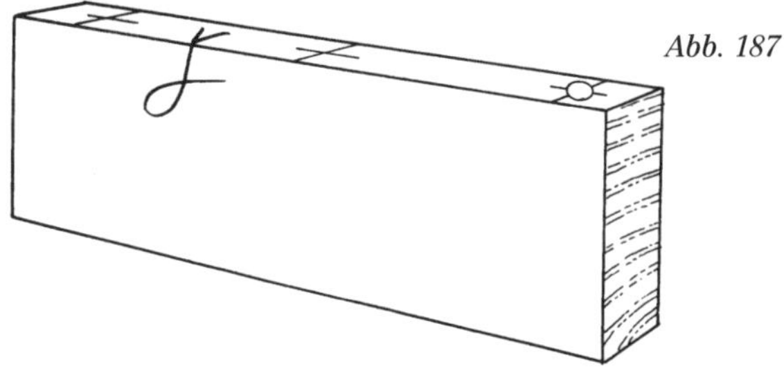

Abb. 187

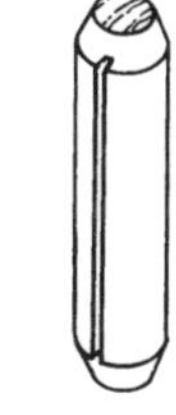

Abb. 188

Schraube schneidet beim Eintritt in das Loch ein Gewinde.

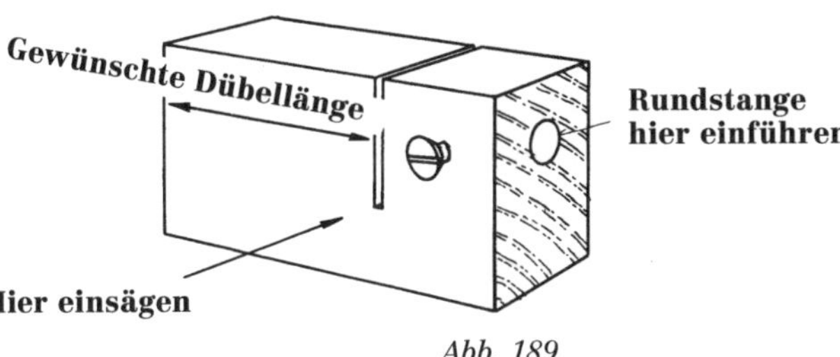

Abb. 189

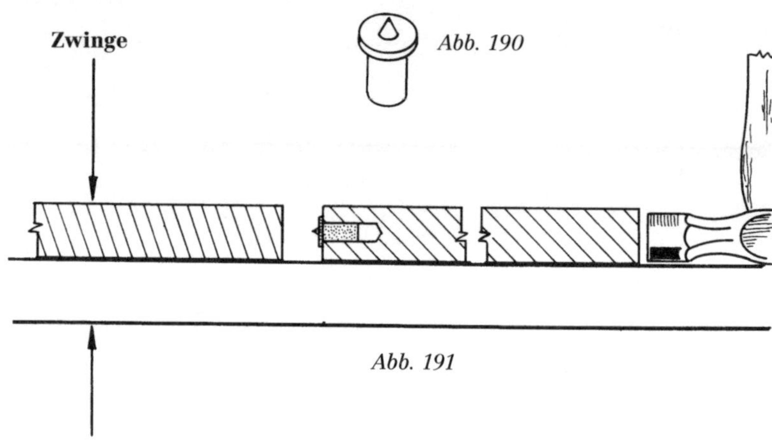

Abb. 190

Abb. 191

vor angerissen werden) und steckt die Dübelspitzen hinein. Dann werden beide Bretter auf eine ebene Fläche gelegt (eines wird festgespannt, falls möglich), zusammengeschoben und dann mit leichten Hammerschlägen oder vorsichtig mit Zwingen zusammengetrieben (Abb. 191). Die Löcher werden dort in das zweite Brett gebohrt, wo die Dübelspitzen ihre Markierungen hinterlassen haben. Die Verstärkung durch lose Formfedern und die Verwendung von modernen Klebstoffen bieten gegenüber dieser Methode keine Vorteile; beides setzt man meist nur ein, wenn man Vollholzumleimer an Holzwerkstoffplatten anbringen möchte.

Verputzen der Tischplatte

Wenn der Leim vollkommen trocken ist, können die Flächen abgerichtet werden. Dazu verwendet man eine Raubank mit leicht balligem Eisen oder eine Kurzraubank. Zuerst wird diagonal zum Faserverlauf gehobelt (Abb. 192), abschließend dann mit der Faser (Abb. 193). Versuchen Sie, nicht zu viel in der Nähe der Kanten zu hobeln. Kontrollieren Sie die Bezugsfläche mit einem Richtscheit und einem Paar langer Richtscheite, reißen Sie dann mit dem Streichmaß die Stärke an, und hobeln Sie auf diese Stärke. Abschließend wird mit einem sehr fein eingestellten Putzhobel die Fläche geglättet. Kontrollieren Sie die Oberfläche der Tischplatte im Gegenlicht. Bei einer eher dünnen Tischplatte kann man kleine Fehlstellen

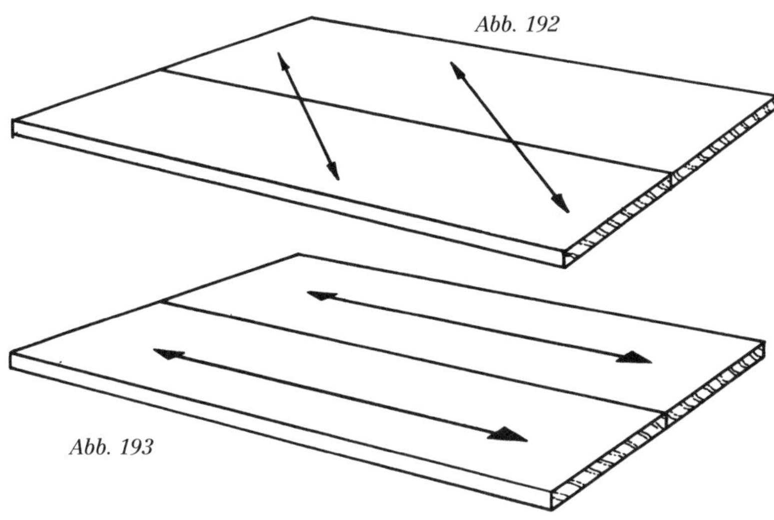

Abb. 192

Abb. 193

verputzen, indem man eine Handvoll Hobelspäne an der betreffenden Stelle unter die Platte legt und mit starkem Druck hobelt.

Das Verputzen kann mit der Ziehklinge (siehe Seite 98) zu Ende geführt werden, aber besser ist die Verwendung eines Furnierschabhobels (siehe Seite 114), da er eine Sohle hat und man deswegen mit ihn nicht so leicht Vertiefungen in die Fläche arbeitet. Bei schwierigem Material, vor allem bei Tropenhölzern mit Wechseldrehwuchs, empfiehlt es sich manchmal, das Eisen zu schärfen, das Maul sehr dicht zu schließen und den Spanbrecher dicht an die Schneide zu führen und dann durchgehend quer zur Faser zu hobeln. Abschließend wird dann in Faserrichtung mit einem frisch geschärften Furnierschabhobel verputzt.

Danach wird die Oberfläche noch geschliffen. Am nützlichsten sind dafür Schleifpapiere mit Granat- oder Aluminiumoxidkorn, die eine längere Standzeit als einfaches Schleifpapier haben. Zuerst wird mit 80er Körnung geschliffen. Bei grobporigen Hölzern wie Eiche, Rüster und Teak kann man es meist dabei belassen, aber feinmaserige Hölzer wie die verschiedenen Mahagoniarten sollten noch mit 120er Schleifpapier nachgeschliffen werden. Furnierte Arbeiten mit Gehrungen oder Intarsien werden eine 180er Körnung erforderlich machen, die feingenug ist, um an diesen Stellen auch in kreisförmigen Bewegungen zu schleifen. Bei sehr feinen Arbeiten und beim Polieren greift man zu Schleifpapier der Körnung 240. Elektrische Schwingschleifmaschinen können jeweils mit der nächst gröberen Körnungsstufe betrieben werden (also 60er, gefolgt von 100er und dann 150er).

Schleifen Sie mit einem Schleifklotz aus Kork in Faserrichtung. Achten Sie darauf, die Kanten nicht zu sehr abzurunden. Andererseits sollten Ecken nicht zu scharf bleiben, weil dann die Gefahr besteht, dass sie Schaden nehmen. Man prüft sie mit den Knöcheln der geballten Hand (nicht mit dem Daumenballen). Vor der eigentlichen Oberflächenbehandlung wird das Werkstoff mit einem ‚Staubfänger-Tuch' abgewischt.

Der Furnierschabhobel

Der Furnierschabhobel nimmt feine Späne ab und liefert bei allen Laubhölzern eine Oberfläche hoher Güte. Besonders nützlich ist er bei Tropenhölzern mit schwierigem Wechseldrehwuchs. Nadelhölzer sprechen auf schabende Bearbeitung nicht so gut an.

Um die Klinge des Furnierschabhobels zu schärfen, werden zuerst alle eventuell noch vorhandenen Gratreste mit einem Ölstein, einem Formschleifstein, einem Schleifstein für Äxte oder einer vollkommen glatten Feile abgenommen (Abb. 194). Richten Sie dann die Kante mit einer Feile oder einem Schleifstein auf einen Winkel von 45° zu (Abb. 195). Dieser Winkel ist wichtig. Eine sehr leichte Krümmung ist keine Manko, aber eine hohle Kante muss auf jeden Fall vermieden werden. Nehmen Sie dann wieder den Grat auf der Spiegelseite ab.

Schärfen Sie die Kante wie bei einem Hobeleisen (siehe Seite 12), allerdings im Winkel von 45°, und entfernen Sie dabei alle Spuren der Feile. Die scharfen Ecken können leicht abgerundet werden. Die Schneide muss sehr scharf sein, und auf der Spiegelseite darf es nicht eine Spur einer Fase geben. Eine Halterung aus Holz, wie sie für die Klinge eines Schabhobels verwendet wird, kann hilfreich sein (Abb. 196). Achten Sie darauf, dass auf der Spiegelseite kein Grat stehen bleibt. Legen Sie die Klinge mit der Fase nach unten flach auf die Bank, und ziehen Sie die Spiegelseite mit 20 bis 30 Strichen mit dem Abziehstahl ab. Geben Sie einen Tropfen Öl an, und üben Sie kräftigen Druck aus. Der Abziehstahl muss dabei absolut parallel zur Spiegelseite geführt werden (Abb. 197).

Spannen Sie die Klinge dann so in einen Schraubstock ein, dass die Fase zu Ihnen weist, und beginnen Sie, mit einem leicht geölten Abzieh-

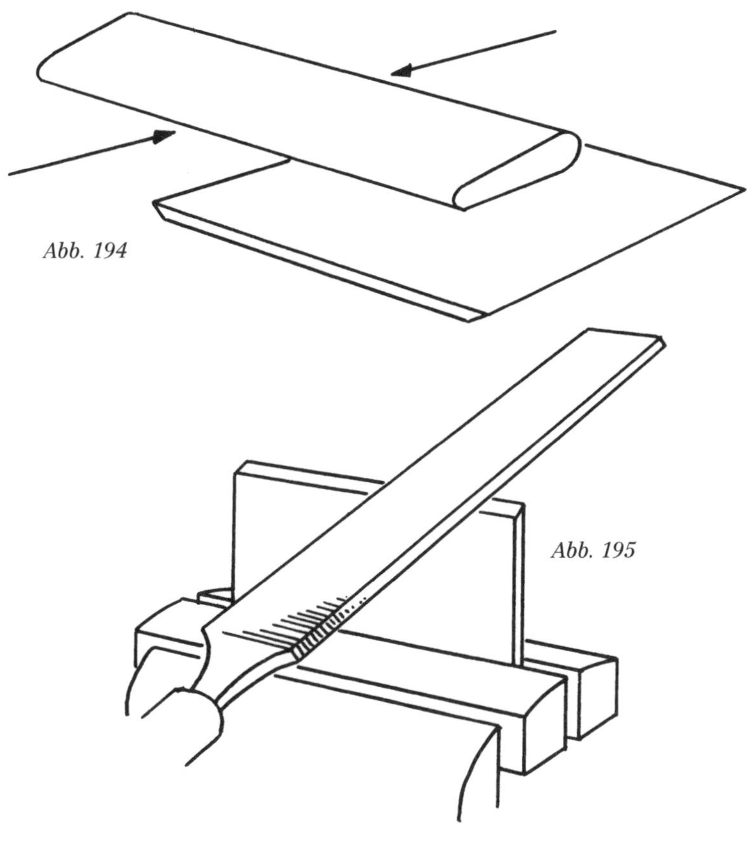

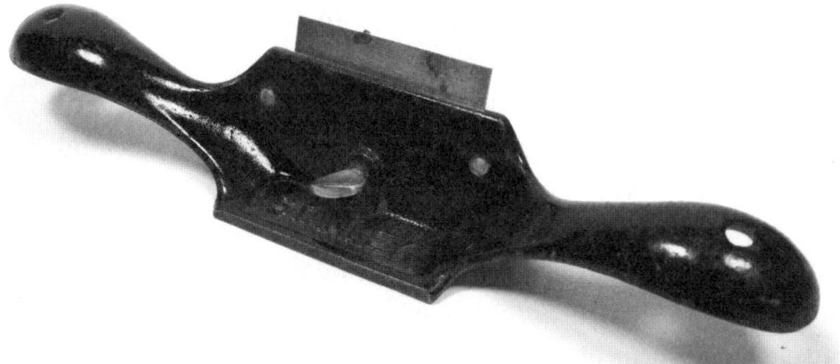

Foto 17: Mit dem Furnierschabhobel werden schwierige Hölzer verputzt, bevor man die Oberfläche behandelt. Besonders hilfreich bei Tropenhölzern mit Wechseldrehwuchs.

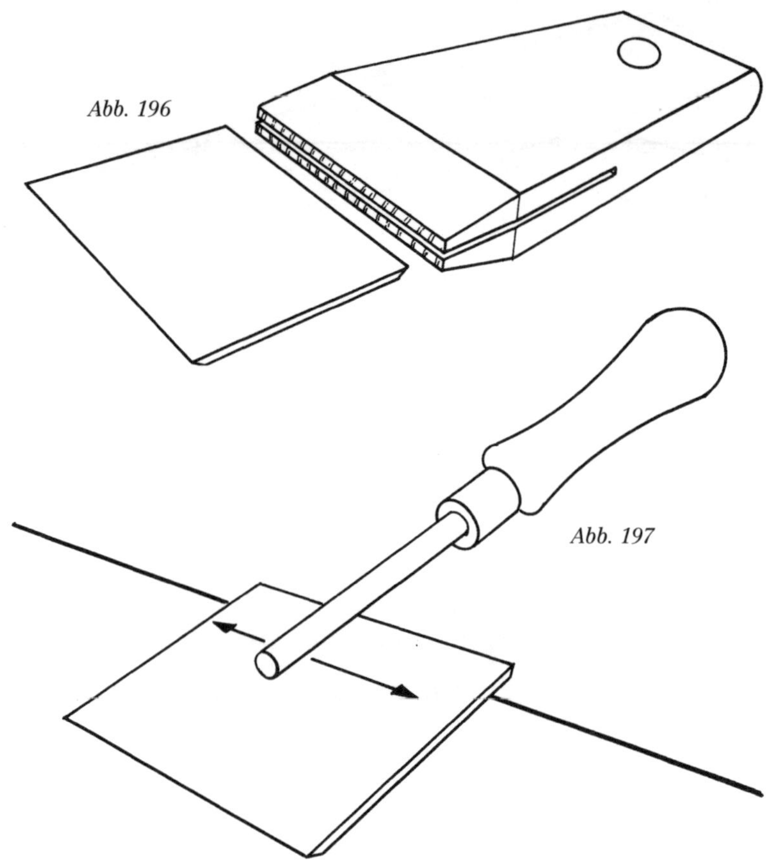

Abb. 196

Abb. 197

stahl, die Kante im Winkel von 45° abzuziehen. Heben Sie dann den Griff des Abziehstahls leicht an, bis dieser im Winkel von 15° zur Waagerechten (also 75° zur Klinge) geführt wird. Je nach aufgewendetem Druck werden Sie 30 bis 40 mal mit dem Stahl über die Kante ziehen müssen (Abb. 198, 199 und 200). Dann sollte die Kante einen deutlich zu erkennenden Grat oder Haken aufweisen (Abb. 201). In den Zeichnungen ist dieser winzige Haken stark übertrieben dargestellt. Wiederholen Sie den Vorgang an der anderen Kante der Klinge.

Der Hobel wird eingerichtet, indem man seine Sohle auf eine ebene Fläche legt und die drei Schrauben lockert. Legen Sie die Klinge mit der Gratseite nach vorne ein, also in Richtung der beiden Halteschrauben, und mit der Fase in Richtung der einzelnen Einstellschraube und des Bearbeiters. Ziehen Sie die Feststellschrauben an, während die Klinge auf der

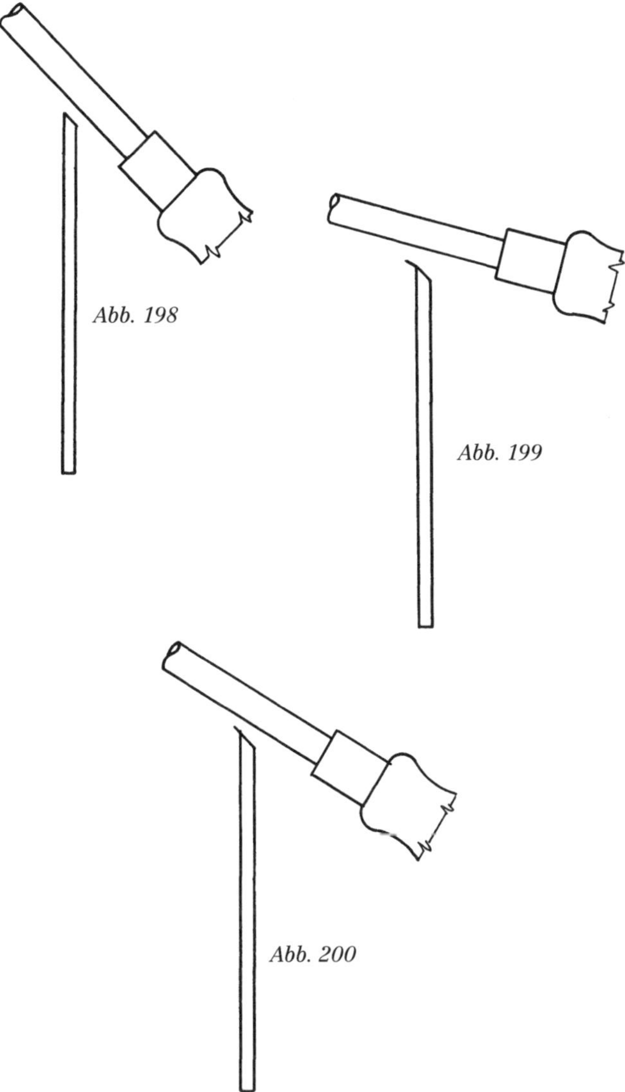

Abb. 198

Abb. 199

Abb. 200

ebenen Fläche aufliegt. Die einzelne Einstellschraube sollte dabei noch lose sitzen. Der Furnierschabhobel könnte jetzt schon schneiden und eine feinen Span abheben. Falls er das nicht tut, wird die Einstellschraube erst spielfrei gedreht und dann um ein Geringes weitergedreht. Je weiter diese Schraube angezogen wird, desto gröber wird der Schnitt. Je mehr die Klinge durchgebogen wird, desto schmaler wird der Span. Natürlich erreicht man die höchste Oberflächengüte mit einem leichten Schnitt.

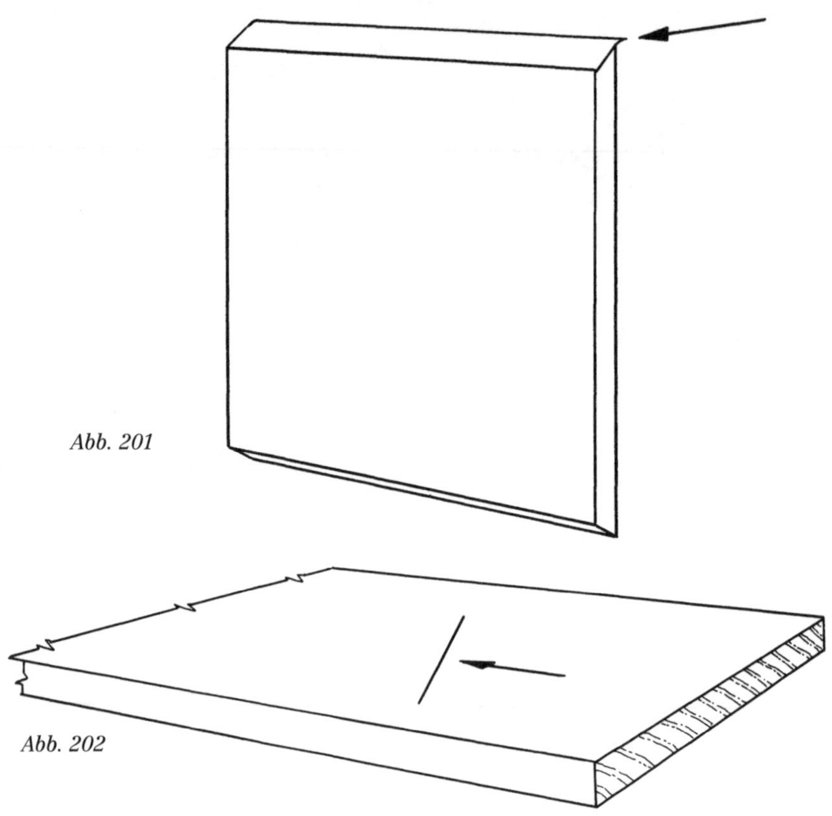

Abb. 201

Abb. 202

Die Sohle des Furnierschabhobels sollte wie bei allen Hobeln leicht geschmiert werden. Arbeiten Sie in Faserrichtung aber mit leicht schräg geführter Klinge (Abb. 202). Durch diesen ziehenden Schnitt sollten lange, breite, dünne, seidige Späne abgehoben werden. Falls nur Holzstaub entsteht, ist die Klinge entweder stumpf, oder sie ist falsch geschärft worden. Falls der Hobel wegen zu geringen Drucks rupfen sollte, sodass Wellen auf dem Holz entstehen, müssen Sie den Winkel, in dem Sie hobeln, sofort ändern und die Stellen mit sehr starkem Druck überarbeiten.

Die Form der Tischplatte

Die rechteckige Form der Tischplatte (Abb. 203 a), wie sie bei der grundlegenden Planung am Beginn des Kapitels vorgeschlagen wurde, kann abgeändert werden, um verschiedene einfache, aber interessantere For-

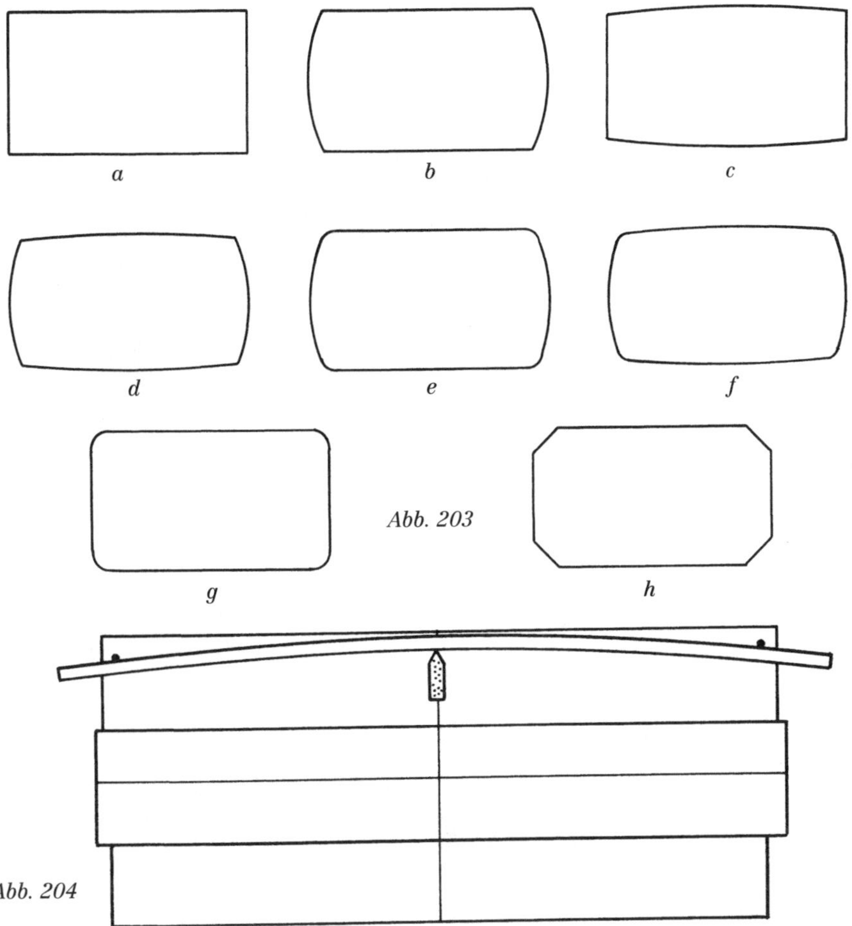

Abb. 203

Abb. 204

men zu erhalten. Die Schmalseiten können gebogen sein (b); dabei sollte man jedoch nicht übertreiben. Die Längsseiten können gebogen sein (c); dabei sollte man eine sehr subtile Krümmung anstreben. Eine Kombination dieser Möglichkeiten (d) ergibt eine weniger aggressive Ecke als das einfache Rechteck (a). Die Ecke der Form (b) können abgerundet werden, um die sanftere Variante (e) zu erhalten. Die Form (c) kann ähnlich behandelt werden. Wenn alle Seiten gebogen und die Ecken abgerundet sind, erhält man die Form (f). Die als Viertelkreis gestaltete und die im Winkel von 45° abgeschnittene Ecke sind beide grobschlächtig und sollten vermieden werden (g und h).

Wie man die sanfteren Kurven anreißt, geht aus Abbildung 204 hervor. Man benötigt eine dünne, biegsame Leiste mit gleichmäßiger Stärke

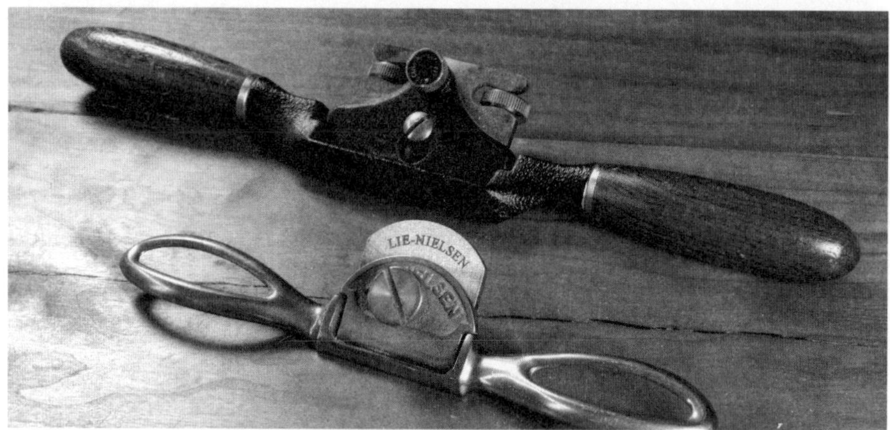

Foto 18: Schweifhobel aus Metall. Trotz des mangelnden Einstellmechanismus ist das kleine Model mit graden Griffen ausgesprochen angenehm zu verwenden. Hölzerne Schweifhobel sind heutzutage so gut wie ausgestorben.

Foto 19: Zwei unterschiedliche Schweifhobelsohlen. (Oben) Gerade Sohle für konvexe Flächen. (Unten) Gewölbte Sohle für konkave Flächen.

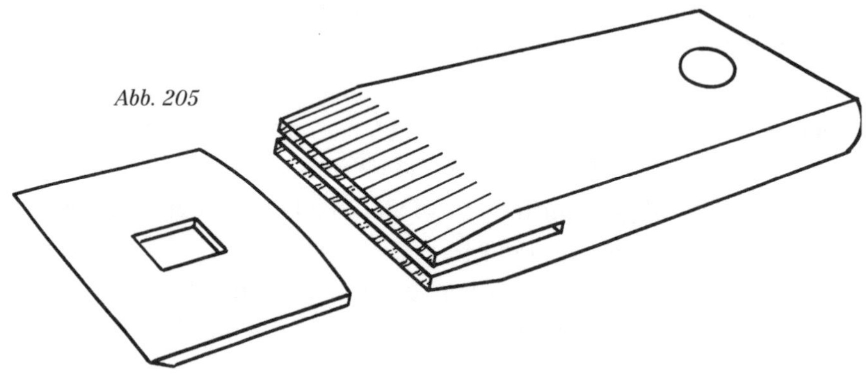

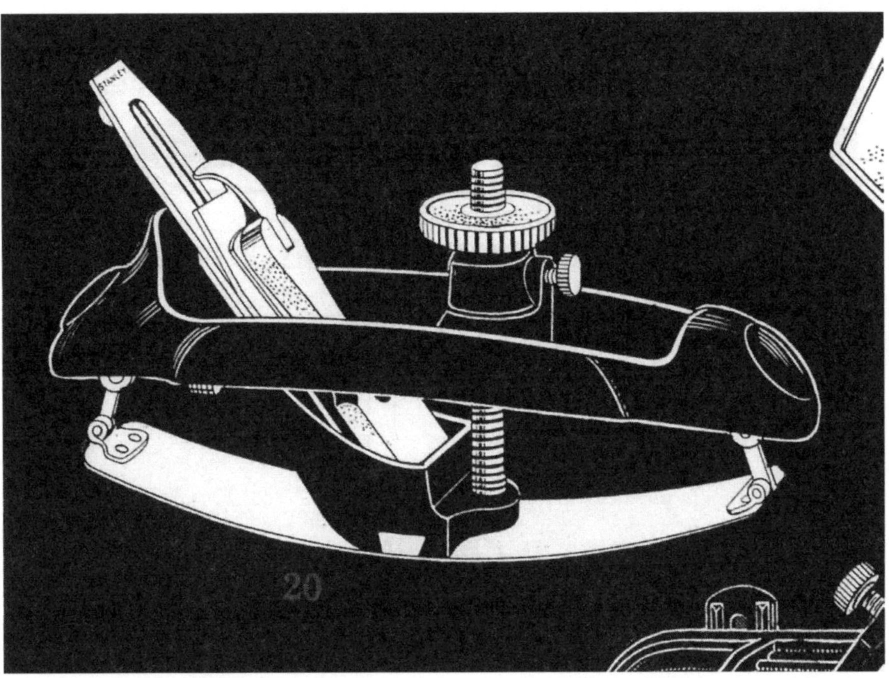

Foto 20: Der verstellbare Schiffshobel ist nur bei sehr sanft gebogenen Flächen nützlich.

und geradem Faserverlauf. Eine Leiste mit Aststellen und anderen Unregelmäßigkeiten macht es unmöglich, eine harmonische Kurve anzureißen. Zwei dünne Drahtstifte werden an den Enden der gewünschten Kurve eingeschlagen, und in ihrer Mitte wird ein kleiner, angespitzter Holzklotz mit einer Zwinge angebracht. Der Klotz wird so lange vorsichtig verstellt, bis man die gewünschte Kurve erhält. Reißen Sie die Kurve dann deutlich mit einem Kugelschreiber mit dünner Mine an. Es gibt eine weitverbreitete Abneigung, Kugelschreiber bei der Arbeit mit Holz zu verwenden. Sie liefern jedoch eine deutliche, gleichmäßige Linie, die sich später wieder entfernen lässt.

Die Form lässt sich am schnellsten mit einer kleinen Bandsäge ausschneiden, aber es gibt sicher viele Leser, die eine elektrische Stichsäge verwenden werden. Sanfte Kurven können auch mit einer Handsäge geschnitten werden, bei stärkeren Krümmungen greift man zur Stichsäge oder zur Gestellsäge mit Schweifblatt. Natürlich zahlt sich sorgfältiges Sägen durch weniger Nacharbeit aus, die man in den meisten Fällen mit dem Schabhobel ausführen wird. Der Schabhobel wird auf die gleiche

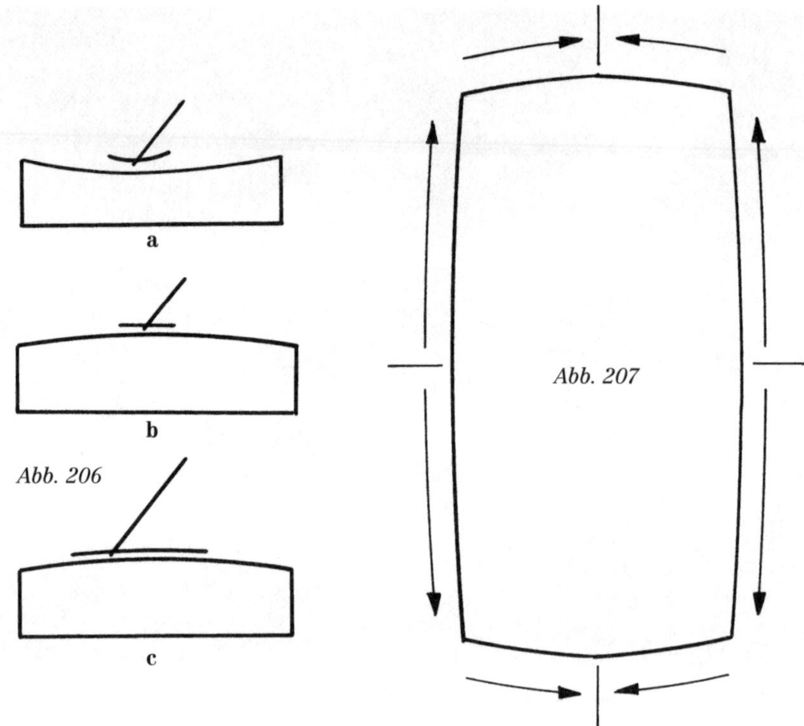

Abb. 206

Abb. 207

Weise geschärft wie ein Hobel (Seite 12). Das kurze Eisen wird dabei am besten in einem einfachen Halter aus Holz geführt.

Konkave Formen werden mit einem Schabhobel mit gerundeter Sohle (Abb. 206 a) bearbeitet, bei konvexen Formen greift man zu einem Schabhobel mit flacher Sohle (Abb. 206 b). Beide Formen lassen sich sehr viel genauer mit einem Schiffshobel (Abb. 206 c) bearbeiten. Die Sohle des Schiffshobels kann auf die Krümmung des Werkstücks eingestellt werden. Allerdings ist dies ein sehr teures Werkzeug.

Wegen der sehr kurzen Sohle des Schabhobels muss man bei der Arbeit den Riss immer genau im Blick behalten, um sicher zu stellen, dass man eine harmonische Kurve erhält. Kontrollieren Sie auch immer wieder mit dem Tischlerwinkel auf Rechtwinkligkeit. Die Schnittrichtung (Abb. 207) ist bei den Längsseiten von der Mitte nach außen, bei den Hirnholzseiten von außen nach innen.

Bis auf die allerkleinsten Tischplatten kann man das Werkstück mit einer kleinen Winkellade (Abb. 208) fixieren. Abbildung 209 zeigt eine

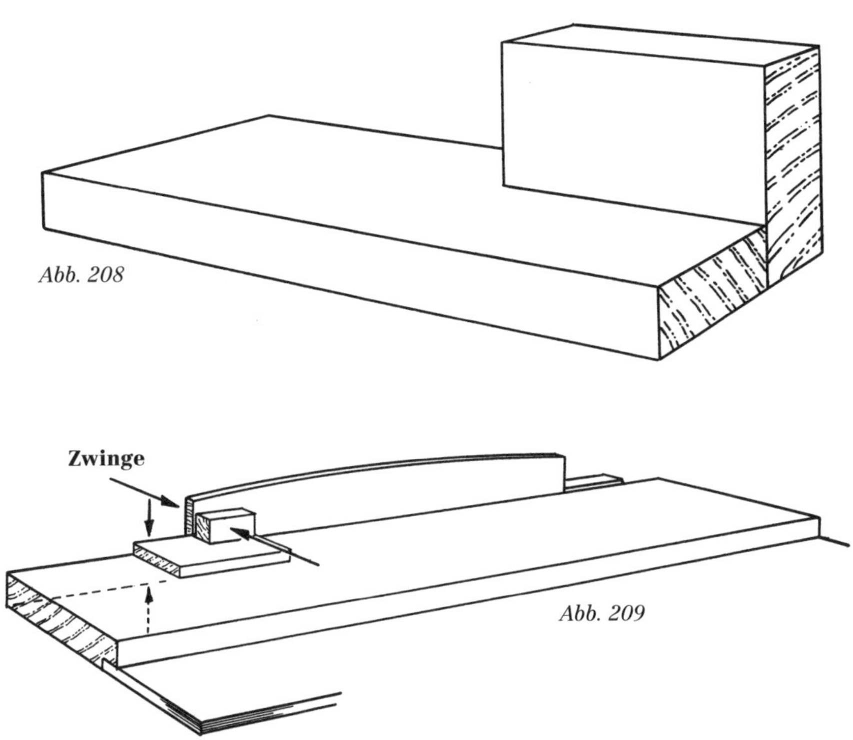

Abb. 208

Abb. 209

Tischplatte, die in einer bequemen Arbeitshöhe fixiert ist, indem sie an einem Ende in der Bankzange eingespannt und am anderen Ende von einer Winkellade gehalten wird, die sowohl an der Hobelbank als auch am Werkstück mit Zwingen befestigt ist.

Kantenprofilierung

Die Kanten können rechtwinklig belassen werden, nur die Ecken zwischen Platte und Kante werden gebrochen (Abb. 210 a). Sie können auch zu einem Kreisbogen abgerundet werden. (b). Im Gegensatz zum eher plumpen und deshalb meist nicht so wirkungsvollen Halbstab (i) ist ein Kreisbogen eines größeren Kreises (a) recht ansprechend. Auch für die Variante (h) spricht nur wenig. Ein leichteres Aussehen erhält man, wenn die Kante unterschnitten wird (c). Allerdings sollte die Unterschneidung nicht bis in das Gebiet zurückreichen, an dem das Gestell befestigt wird. Auch bei der Unterschneidung kann die Kante abgerundet werden (d).

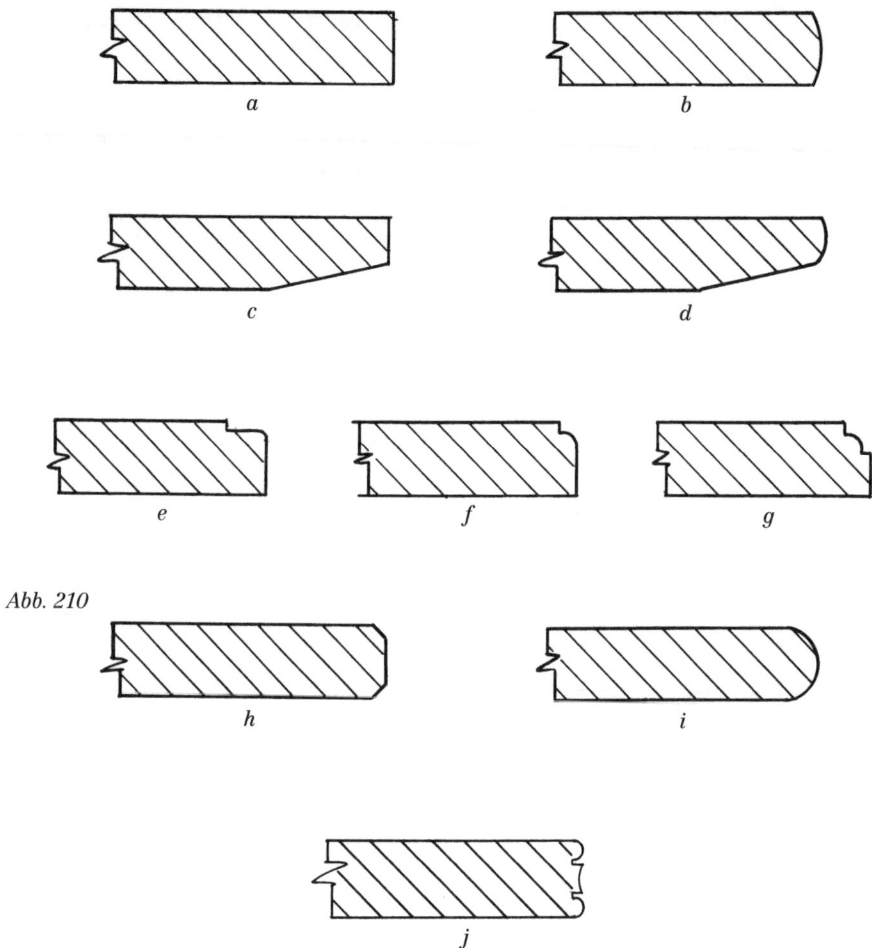

Abb. 210

Solche Abrundungen lassen sich gut mit einem scharfen Hirnholzhobel und nachfolgend mit Schleifpapier und einem Schleifklotz anarbeiten.

Die Handoberfräse bietet die Möglichkeit, viele Profile zu schneiden, von denen hier (e), (f) und (g) als Beispiele gezeigt werden. Die Wahlmöglichkeiten hängen nur von den zur Verfügung stehenden Fräsern oder Fräserkombinationen ab. Die meisten derartigen Profile und auch selbst gestaltete wie (j) lassen sich mit einem Profilschabhobel schneiden. Dieses Werkzeug wird auch als Kratzstock bezeichnet. Man kann es kaufen, aber auch leicht selbst herstellen.

Der Kratzstock

Auch wenn der Name ‚Kratzstock' anderes vermuten lässt, kann man mit diesem Werkzeug sehr präzise und hochwertige Arbeiten herstellen. Früher wurden mit ihm fast alle feinen Kantenprofile angeschnitten. Es gibt verschiedene Arten des Kratzstocks oder Profilschabhobels. Die einfachste und am häufigsten hergestellte Variante ist in Abbildung 211 zu sehen. Abbildung 212 zeigt ein verfeinertes Modell, das leichter einzustellen und insgesamt angenehmer zu verwenden ist. Man kann einen Kratzstock auch aus zwei Streichmaßen herstellen (Abb. 213 und 214). Dafür muss nur der Stiel angefertigt werden, die beiden Anschläge zweckentfremdet man. Dieses Modell ist besonders für die Profilierung von Kanten geeignet, da hier die Varianten mit nur einem Anschlag abrutschen und das Werkstück beschädigen können.

Die Klingen lassen sich aus verschiedenen Materialien herstellen, zum Beispiel aus alten Sägeblättern (nicht aus solchen mit gehärteten Zähnen) oder aus Ziehklingen.

Puksägen und Metallsägen haben meist zu schmale Blätter. Man kann auch dünnen Flachstahl extra für diesen Zweck kaufen.

Die Klinge wird zu der gewünschten Form geschliffen. Die Schneide sollte rechtwinklig zur Fläche zugeschliffen werden, damit man das Werkzeug in beiden Richtungen verwenden kann. Nach der Formgebung wer-

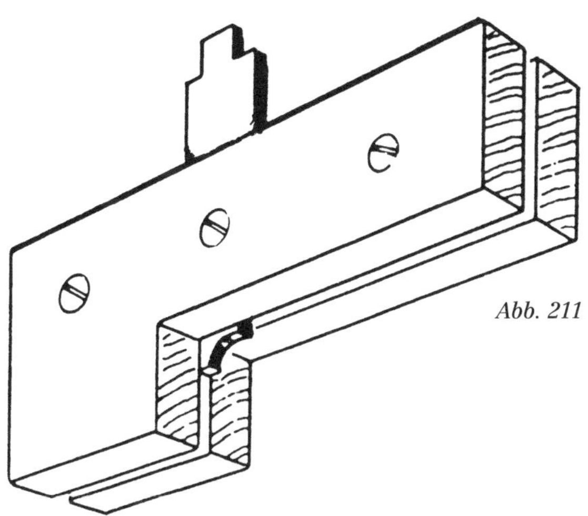

Abb. 211

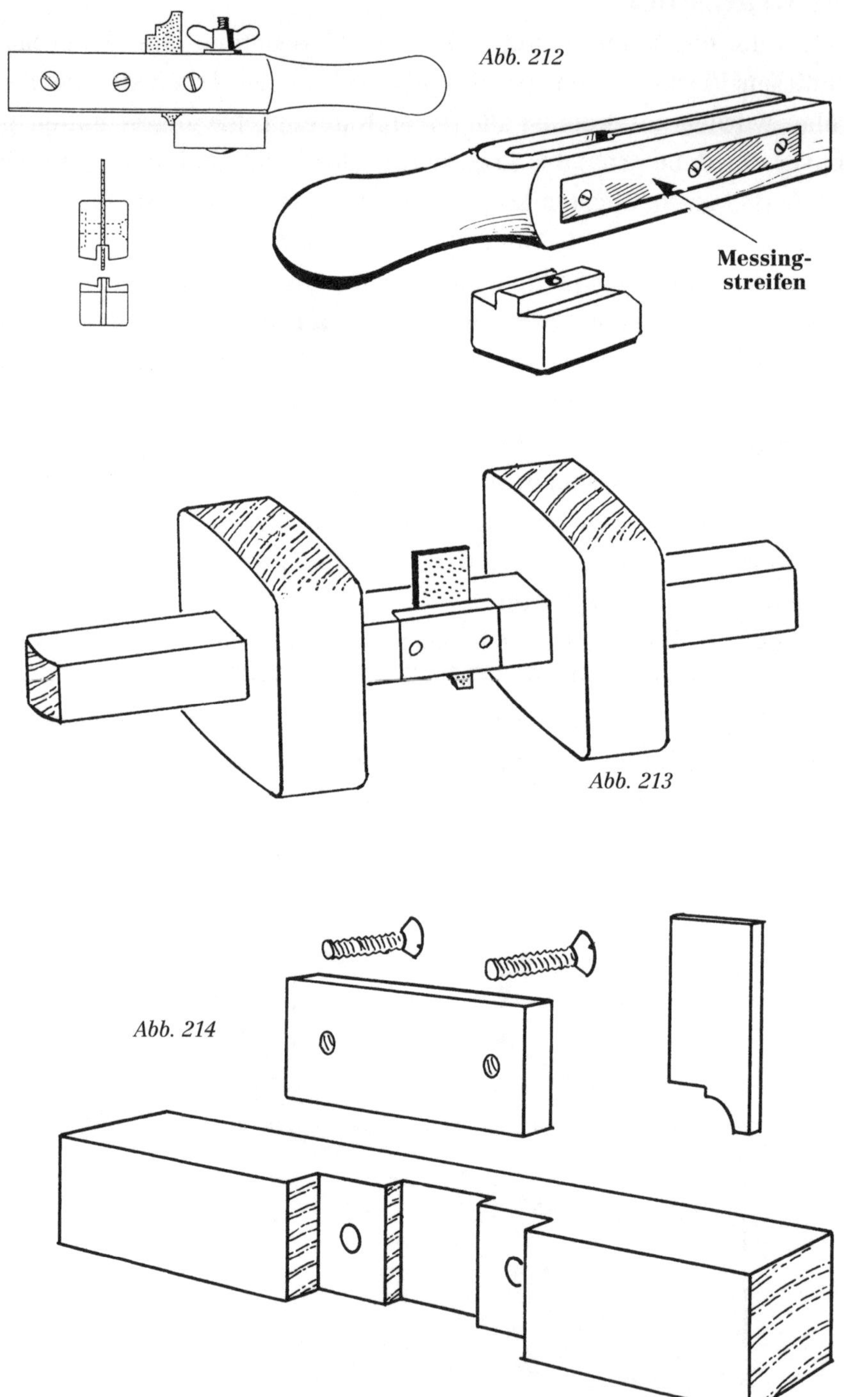

Abb. 212

Abb. 213

Abb. 214

den die Klingen gehärtet, indem man sie bis zur Rotglut erhitzt und dann in Wasser oder Öl abgeschreckt. Schleifen Sie eine Seite mit einem Korundschleifband, und erhitzen sie es nochmals, wenn es glänzt. Am besten wird die Klinge dazu auf ein größeres Metallstück gelegt, um den Vorgang zu verlangsamen. Beobachten Sie die Farbveränderung des Metalls: Wenn es hellbraun wird, schrecken Sie die Klinge wieder ab. Dadurch erhalten Sie eine Schneide, die hart genug ist, ihre Schärfe zu behalten, die aber dennoch durch Feilen geformt werden kann. Je heller die Farbe, desto härter wird das Metall, und umgekehrt: je dunkler die Farbe, desto weicher das Werkzeug. Falls sich die Farbe des Metalls zu schnell verändert, und Sie es nicht rechtzeitig abschrecken können, wiederholen Sie den Vorgang von Anfang an.

Nutklötze

Holz ist ein poröses Material und kann je nach Umgebungsluft Feuchtigkeit abgeben oder aufnehmen, wodurch es quillt oder schwindet (Abb. 215). Dieses Arbeiten des Holzes lässt sich nicht verhindern und muss bei der Befestigung der Tischplatte berücksichtigt werden. Das Arbeiten in Faserrichtung (Längsrichtung) ist so gering, dass es vernachlässigt werden kann.

Falls man die Tischplatte direkt am Gestell anschraubt, wird sie entweder beim Schwinden reißen oder sich beim Quellen werfen. Dies ist die häufigste Ursache von Rissen in Tischplatten. Man kann das Problem vermeiden, indem man die Tischplatte mit Nutklötzen befestigt. Die dafür notwendigen Nuten im Gestell wurden auf (Seite 83) erörtert. Nutklötze an den Längsseiten müssen Platz haben, sich nach innen und außen zu bewegen, die zugehörigen Nuten müssen deshalb nur geringfügig länger als die Nutklötze sein. Nutklötze an den kurzen Seiten des Tischs benötigen Raum, um sich seitlich in den Nuten zu bewegen. Diese müssen deshalb länger als die Nutklötze sein.

Es gibt zwei Möglichkeiten, Nutklötze herzustellen (Abb. 215b auf der folgenden Seite). Traditionell werden sie aus dem Hirnholz eines breiten Brettes geschnitten, Hobeln Sie das Brett auf die erforderliche Stärke aus, und schneiden Sie einen Falz in das Hirnholz. Sägen Sie dann den Nutklotz ab. Wiederholen Sie den Vorgang so oft wie nötig.

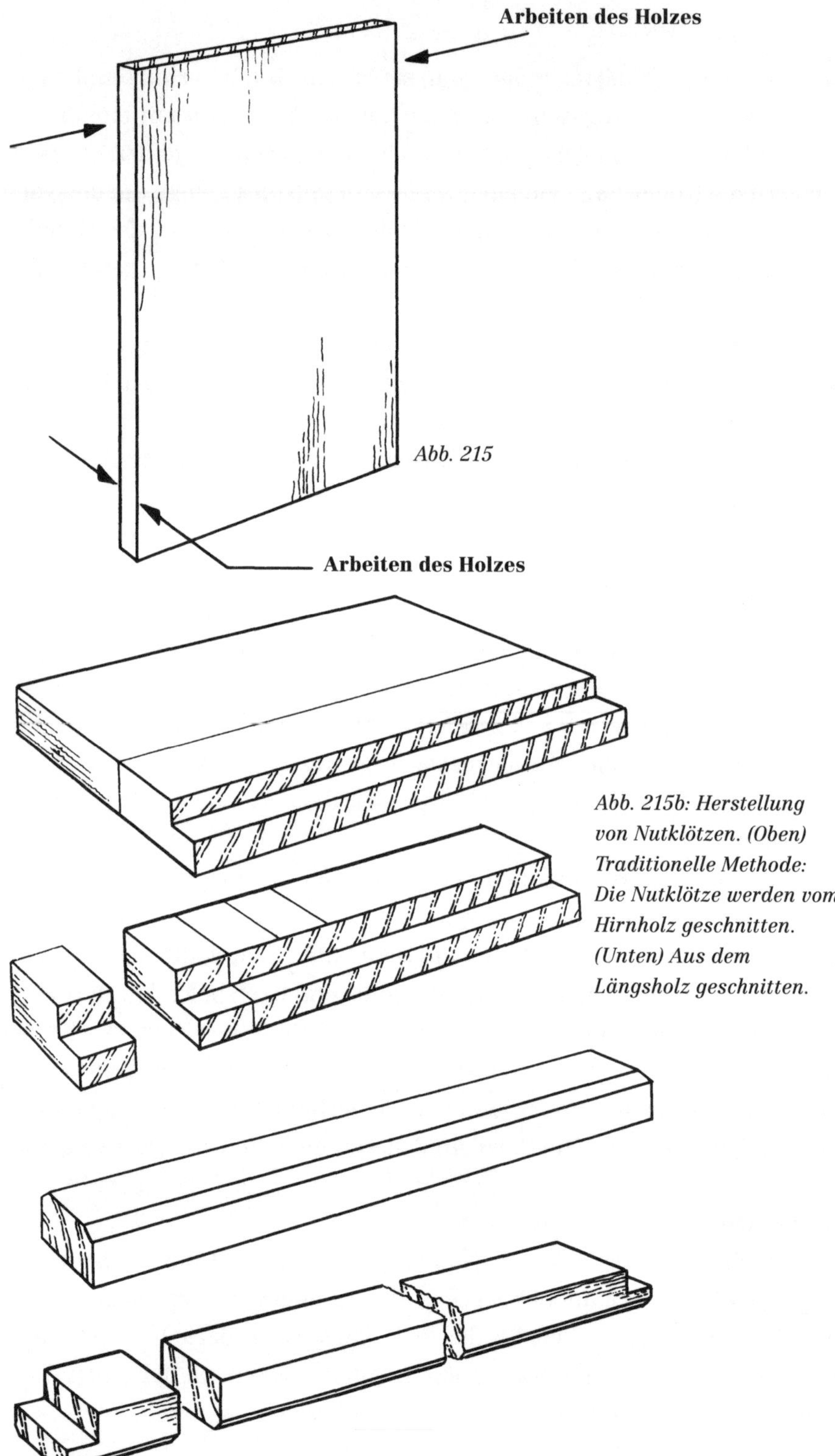

Abb. 215

Abb. 215b: Herstellung von Nutklötzen. (Oben) Traditionelle Methode: Die Nutklötze werden vom Hirnholz geschnitten. (Unten) Aus dem Längsholz geschnitten.

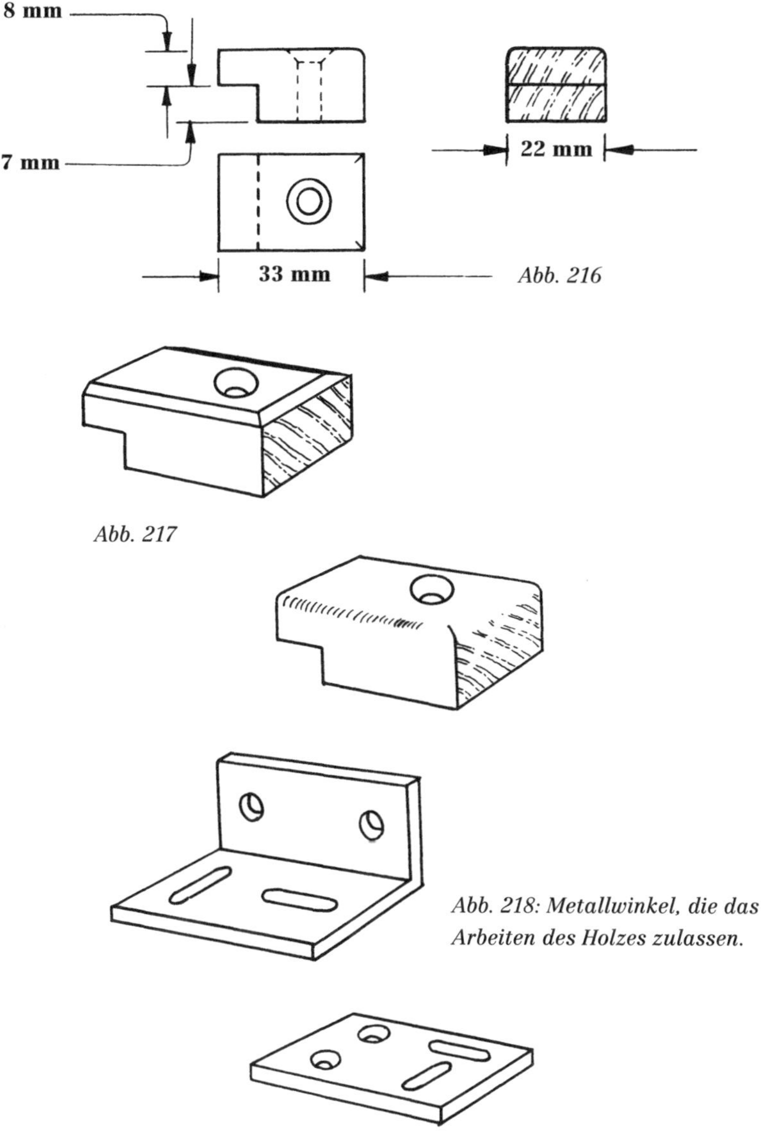

Abb. 216

Abb. 217

Abb. 218: Metallwinkel, die das Arbeiten des Holzes zulassen.

Bei der zweiten, häufigeren Methode verwendet man Längsholzabschnitte. Arbeiten Sie den Rohling auf Breite und Stärke, schneiden Sie an den Ecken eine Fase oder Rundung an, schneiden Sie eine Fase in das Hirnholz, und sägen Sie den Nutklotz ab.

Wenn Sie die erforderliche Anzahl von Nutklötzen hergestellt haben, legen Sie die Tischplatte flach auf eine Arbeitsfläche und spannen das Ge-

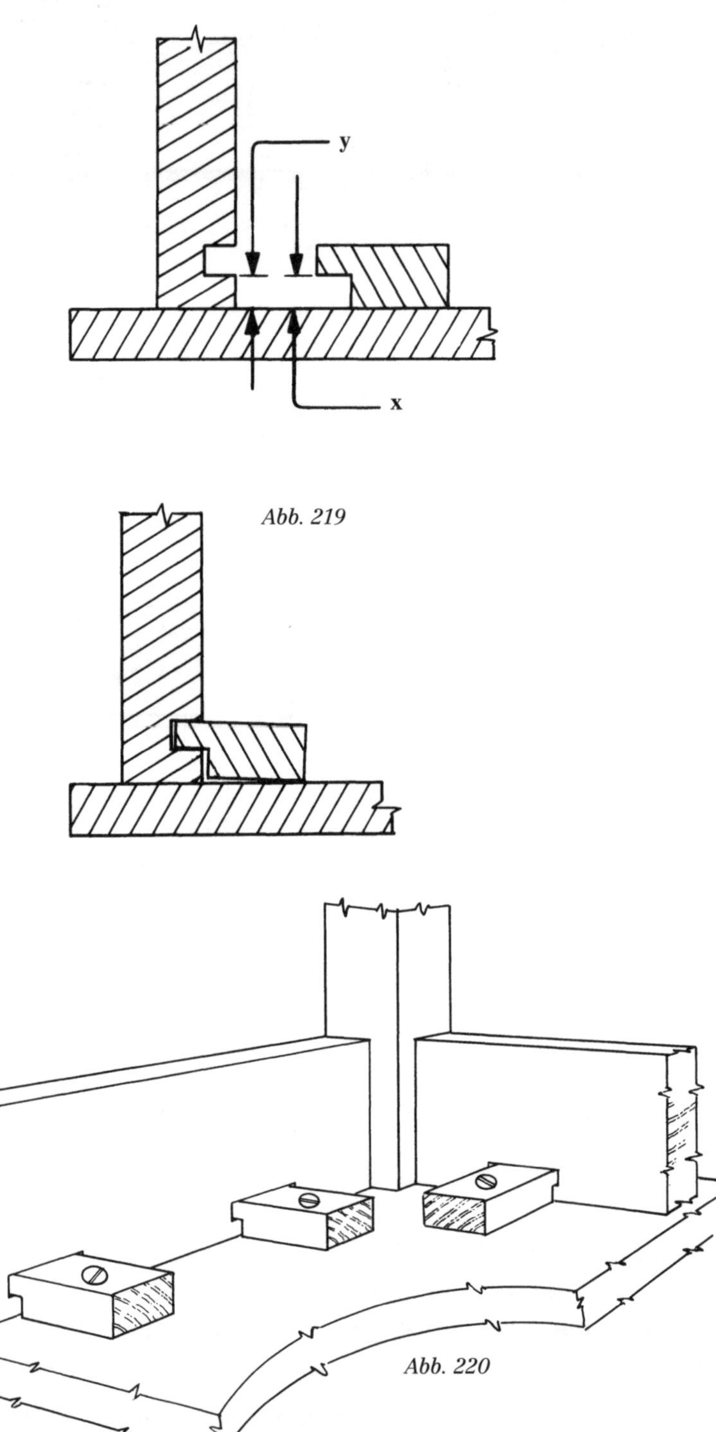

Abb. 219

Abb. 220

stell an ihr fest. Kontrollieren Sie, ob der Überstand an allen vier Seiten das richtige Maß hat. Fertigen Sie eine provisorische Tiefenlehre her, und bohren Sie vorsichtig in die Tischplatte.

Die Stärke der Nutklötze sollte so bemessen sein, dass sie auf die Tischplatte hinabschnellen, wenn man sie kräftig aus ihren Nuten herauszieht. Mit anderen Worten: Die Länge X am Nutklotz muss geringfügig kleiner sein als die Länge Y an der Zarge, damit die Tischplatte mit Spannung gehalten wird (Abb. 219). Die Befestigungsmethode ist aus Abbildung 220 zu ersehen.

Oberflächenmittel

Es gibt verschiedene Mittel, um die Oberfläche eines in Handarbeit hergestellten Werkstücks aus Holz zu behandeln. Oft denkt man zuerst an die Schellackpolitur. Allerdings ist dafür nicht nur beträchtliche Erfahrung notwendig, man muss auch über eine staubfreie Werkstatt mit reichlich Platz und einer guten Beleuchtung verfügen. Leser, die dieses Verfahren beherrschen möchten, werden nicht um die Lektüre einschlägiger Veröffentlichungen zum Thema herumkommen. Abgesehen von Reproduktionen und der Restaurierung werden die meisten handgefertigten Möbelstücke heutzutage nicht mehr mit Schellack behandelt.

Wachs

Das Wachsen ist die häufigste und einfachste Oberflächenhandlung von handgefertigten Holzarbeiten. Es ist die älteste Oberflächenbehandlung und wird allgemein auch als die schönste betrachtet. Da das Wachs in das Holz einzieht und nicht einfach auf der Oberfläche bleibt, erzielt man eine strahlende Patina. Man erhält schnell einen zurückhaltenden seidenmatten Glanz, der durch Polieren noch verstärkt werden kann. Leider schützt Wachs das Holz kaum vor Hitze oder Flüssigkeiten, sodass es für Tischplatten, Tabletts, Armlehnen von Stühlen und Ähnliches nicht so geeignet ist.

Nach dem vorbereitenden Schleifen mit immer feineren Körnungen wird üblicherweise eine dünne Schicht Grundierung aufgetragen, entweder Zellulosebasis oder aus Schellack. Schellack ist das beliebtere Mittel und leichter in kleinen Mengen zu erhalten. Falls man keine fertige

Grundierung zur Hand hat, kann man eine herstellen, indem man klare Schellackpolitur mit der gleichen Menge Spiritus verdünnt. Verwenden Sie nicht den lebhaft orange gefärbten ‚Knopflack'. Die Grundierung wird mit einem weichen Pinsel oder besser noch einem Tupfer aus Kamelhaar aufgetragen.

Die Grundierung soll die Poren schließen und so das Einziehen des Wachses in den ersten Arbeitsschritten reduzieren. Nach dem Trocknen wird die Grundierung mit dem feinstmöglichen Schleifpapier nass oder trocken abgeschliffen.

Man sollte reines Bienenwachs für die Oberflächenbehandlung verwenden. Der stolze Besitzer des Möbelstücks wird später vermutlich Polituren mit Paraffinwachs und Beimengungen von Silikon verwenden, aber solche Mittel sind für die ersten Schichten auf rohem Holz vollkommen ungeeignet. Eine Wachspolitur kann man herstellen, indem man 1 Pfund reines Bienenwachs zerkleinert und in ¼ Liter reinem Terpentin auflöst (nicht in Terpentinersatz oder Spiritus). Die Politur wird im Wasserbad erwärmt, bis sie zu einer weichen Paste wird. Falls die Politur noch zu zäh ist, verdünnt man sie mit zusätzlichem Terpentin. Sie wird mit einem weichen, fusselfreien Tuch auf das Holz aufgetragen und gründlich in die Fasern eingerieben. Lassen Sie den Auftrag eine Weile trocknen, und polieren Sie ihn abschließend mit trockenen, weichen Tüchern. Falls man kräftig mit dem Finger über die Oberfläche streicht und danach einer Spur sieht, muss weiter poliert werden.

Öl

Die Oberflächenbehandlung mit Öl war früher sehr beliebt, als es noch Hauspersonal gab, das mit dem häufigen Nachpolieren beauftragt werden konnte, das notwendig ist, um die Oberfläche instand zu halten und den Glanz zu verbessern. Es dauert sehr lange und erfordert Geduld, um mit Öl eine gute Oberfläche zu erhalten. Sie hat aber den Vorteil, dass sie sich leicht erneuern lässt. Inzwischen gibt es Leinöl in gebrauchsfertigen Mischungen.

Wenn man etwa zehn Prozent Spiritus hinzufügt, beschleunigt dies die Trocknung. Jede Schicht muss kräftig eingerieben werden und mindestens 24 Stunden trocknen. Danach wird die Oberfläche mit feinstem

Schleifpapier abgerieben, entstaubt und mit einem sauberen Tuch kräftig poliert. Die weiteren Schichten werden auf die gleiche Weise aufgetragen. Empfehlenswert ist es, zwischen den einzelnen Schichten mehrere Tage oder gar eine Woche zu warten. Es ist also ein langwieriger Prozess, der jedoch eine intensive und haltbare Oberfläche ergibt, die besonders für Theken und Esstischplatten geeignet ist.

Es gibt inzwischen fertige Ölmischungen wie Danish Oil und Teaköl, die den Vorgang beträchtlich verkürzen. Sie ergeben eine seidenmatte Oberfläche, die allerdings dem Vergleich mit der traditionellen Wachspolitur nicht standhält.

Hölzerne Küchenutensilien können mit flüssigem Paraffin für medizinische Verwendung geölt werden; manche Holzwerker empfehlen stattdessen Salatöl. Solche Gegenstände sollten mit klarem Wasser gereinigt werden, nicht mit heißem Wasser und Spülmittel. Ein regelmäßiges Nachölen ist sehr zu empfehlen.

Polyurethanlack

Polyurethanlacke sind ein Gottesgeschenk für den Amateur und den alleine arbeitenden Handwerker. Sie lassen sich einfach auftragen und sind sehr widerstandsfähig gegenüber Hitze, Flüssigkeiten und Abrieb. Es gibt sie in den Varianten hochglänzend, seidenmatt und matt. Inzwischen gibt es viele Marken verschiedener Hersteller, die jedoch deutliche Qualitätsunterschiede aufweisen. Wenn man also eine gute Marke gefunden hat, sollte man bei ihr bleiben.

Tragen Sie den Lack mit einem sauberen weichen Pinsel auf. Der Pinsel sollte nur für diesen Lack verwendet, nach Gebrauch gut gereinigt und in Küchenfolie gewickelt werden, damit er keine Staubkörnchen einsammelt. Die erste Schicht auf rohem Holz sollte im Verhältnis eins zu fünf leicht verdünnt werden. In der Regel trägt man drei Schichten auf; die Pinselspuren verschwinden während des Trocknens. Der Nachteil der Polyurethanlacke ist ihre lange Trocknungszeit von etwa sechs Stunden, während der sich Staub auf der Oberfläche absetzen und zur Bildung von ‚Stippen' führen kann.

Die beste Oberfläche bei verringerter Trocknungszeit erreicht man mit folgender Methode: Nach einem sorgfältigen Vorschliff wird mit dem

Pinsel oder dem Ballen die erste verdünnte Schicht aufgetragen. Nach dem Trocknen wird nass oder trocken mit Schleifpapier in mindestens 320er Körnung (oder feiner, falls erhältlich) gründlich nachgeschliffen. Das Schleifpapier wird dabei meist mit der Hand geführt. Ein Schleifklotz aus Kork neigt dazu, nur mit den Kanten zu schleifen. Man kann aber gute Ergebnisse erzielen, wenn man einen Holzklotz in der gleichen Größe wie der Korkklotz zuschneidet und ein Stück Teppichboden daran anklebt. Dadurch ist die Schleiffläche nachgiebig genug, um auf ganzer Fläche zu schleifen. Um das Schleifpapier zu säubern und den feinen Schleifstaub zu vermeiden, der beim trocknen Schleifen entsteht, sprüht man die Oberfläche ganz leicht mit Spiritus ein, den man in eine Pflanzenspritze gibt.

Tragen Sie dann weiteren Lack mit einem Stoffballen auf (der eine Füllung aus Watte haben kann). Beginnen Sie mit geringen Mengen Lack, den Sie kräftig einreiben, am Schluss in Faserrichtung. Hören Sie auf, wenn der Ballen beginnt, auf der Oberfläche zu haften. Mit dieser Methode erzielt man eine Oberfläche, die recht schnell berührungstrocken ist, sodass mehrere Schichten an einem Tag aufgetragen werden können. Als Faustregel gilt, dass man Rück- und Innenseiten mit drei Schichten lackiert und Außenseiten mit fünf Schichten. Zwischen den einzelnen Schichten muss immer sorgfältig geschliffen und entstaubt werden.

Zelluloselack

Als Anfänger sollte man Zelluloselacke meiden. Wenn man sie mit dem Pinsel aufträgt, trocknen sie zu schnell, und die Pinselspuren verschwinden nicht. Das Sprühen erfordert jedoch eine teure Geräteausstattung und im Idealfall auch eine eigene Lackierwerkstatt.

Farbig deckender Lack

Es gibt keine Abkürzungen, um eine gute farbige Lackierung zu erhalten. Unabdingbar sind hochwertige Lacke und eine erstklassige Vorbereitung. Die Pinsel müssen sauber sein; ein großer Teil der ‚Stippen' auf Lackflächen rührt von schmutzigen Pinseln her.

Bereiten Sie Fläche genauso aufwendig vor wie für eine Politur oder Klarlack. Schleifen Sie mit zunehmend feinerem Schleifpapier, und tragen

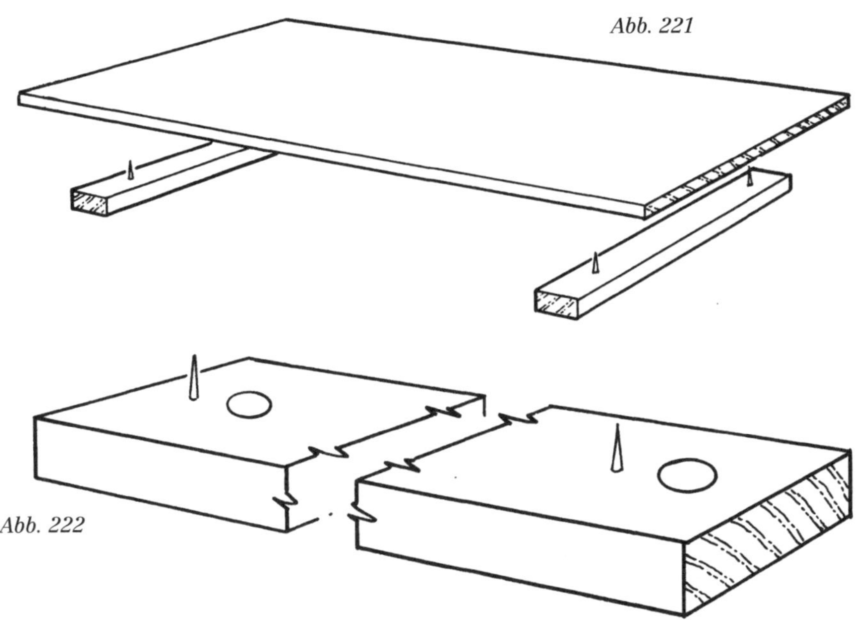

Abb. 221

Abb. 222

Sie eine Schicht Grundierung auf. Lassen Sie das Werkstück über Nacht trocknen, und schleifen Sie am nächsten Tag dann die ‚Stippen' ab, und tragen Sie die erste Lackschicht auf. Lassen Sie auch diese Schicht über Nacht trocknen, bevor Sie sie nachschleifen. Tragen Sie dann zwei Schichten Decklack auf. Wegen der langen Trocknungszeit farbiger Lacke sollte man in einer möglichst staubfreien Umgebung arbeiten und nach dem Lackieren Türen und Fenster schließen, damit kein Staub durch Zugluft eingetragen wird. Die Pinsel sollten sofort nach Gebrauch sorgfältig gereinigt und eingewickelt gelagert werden.

Bauteile wie etwa Platten, die auf beiden Seiten lackiert werden sollen können umgedreht und auf Lackierleisten gelagert werden (Abb. 221 und 222). Dadurch erübrigt sich die Notwendigkeit, zweimal Zeit für das Trocknen einzuplanen. Die Löcher ermöglichen es, die Lackierleisten zusammenzubinden und sicher aufzubewahren.

Tischbeine auf gleiche Länge bringen

Auch wenn man sich Mühe gegeben hat, kann es passieren, dass der Tisch auf einer ebenen Standfläche wackelt, nachdem man die Platte am Gestell befestigt hat. Dann müssen die Beine auf gleiche Länge gebracht werden. Geben Sie nicht der Versuchung nach, die Beine zu nivellieren, bevor die Tischplatte angebracht ist. Eine leicht geworfene Tischplatte kann man eben auf das Gestell ziehen. Dabei wird aber das Gestell verzogen.

Stellen Sie den fertigen Tisch auf eine vollkommen ebene Fläche. Ideal ist der Arbeitstisch einer großen Tischkreissäge, aber ein Stück starke Tischlerplatte oder Spanplatte tut es auch.

Stützen Sie den Tisch ab, und kontrollieren Sie ihn mit einem Paar Richtscheite auf Windschiefe. Stecken Sie kleine Keile unter die Beine, bis der Tisch steht, ohne zu kippeln. Kontrollieren Sie, ob der Tisch an jeder Ecke gleich hoch ist. Korrigieren Sie gegebenenfalls, indem Sie die Keile verschieben.

Reißen Sie mit einem kleinen Klotz mit parallelen Flächen und einem Anreißmesser (Abb. 223) eine Linie am unteren Ende jedes Beins an. Winkeln Sie diesen Messerriss mit dem Tischlerwinkel auf die anderen drei Seiten des Beins um, und sägen Sie den Verschnitt ab. Versuchen Sie, den

Abb. 223

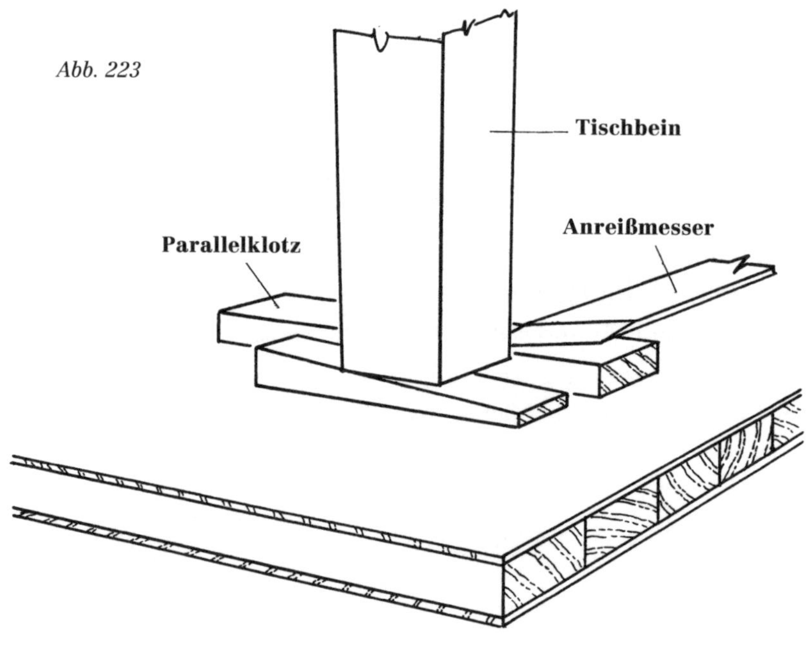

Verschnitt möglichst gering zu halten. Es sollte jedoch genug sein, um mit einer feinzahnigen Zapfensäge zu schneiden. Nach dem Sägen wird an jedem Fußende ringsum eine kleine Fase angeschnitten (Abb. 224). Sie verhindert, dass sich eine scharfe Ecke in einer Teppichschlinge verfängt und das Holz abreißt.

Als Alternative zum Messer und Anreißklotz können Sie auch ein kleines Anreißmaß anfertigen (Abb. 225). Es besteht lediglich aus einem rechtwinkligen Klotz, an dem ein scharfer Stift angebracht ist. Mit etwas Überlegung kann man eine Position für den Stift ermitteln, der Risse in vier verschiedenen Höhen ermöglicht.

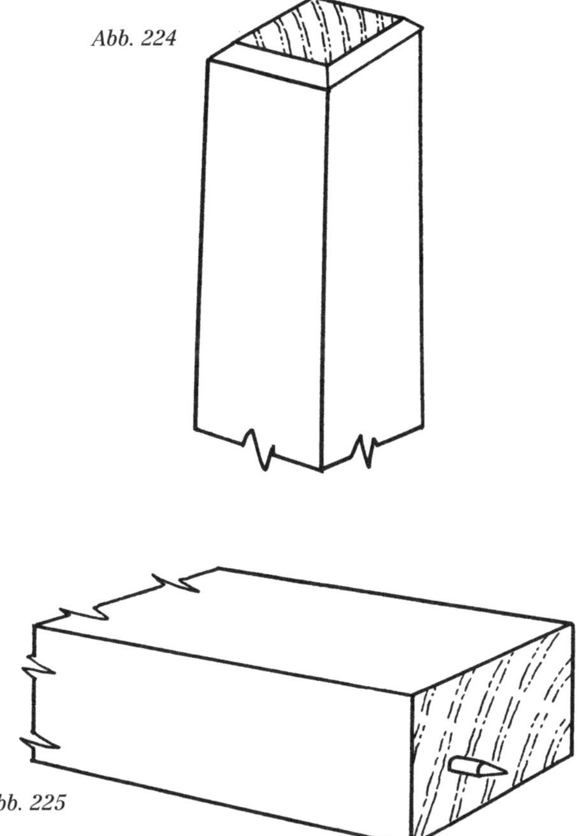

Abb. 224

Abb. 225

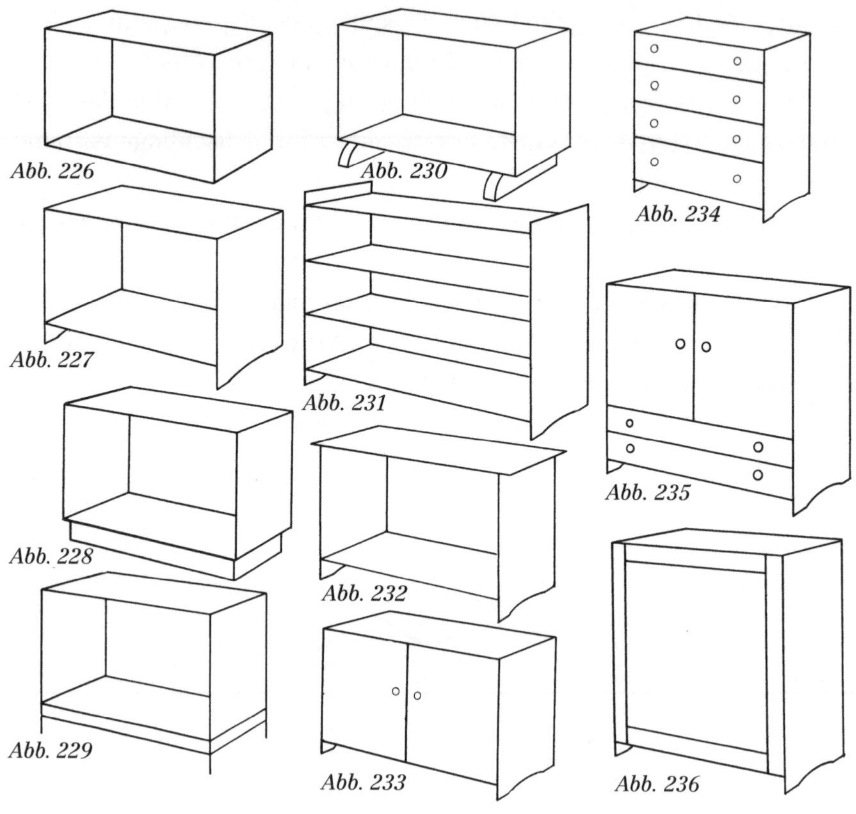

Abb. 226 Abb. 230 Abb. 234

Abb. 227 Abb. 231 Abb. 235

Abb. 228 Abb. 232 Abb. 236

Abb. 229 Abb. 233

„Literatur ist nichts anderes als Tischlerei …
Beides ist sehr harte Arbeit. In beiden Fällen arbeitet man
mit der Realität, einem Material, das genauso hart wie Holz ist …
Ich habe noch nie getischlert, aber die Tischlerei ist der Beruf,
den ich am meisten bewundere.“

Gabriel Garcia Marquez, kolumbianischer Romancier

Kapitel Drei

Der Bau eines Korpusmöbels

Konstruktion und Gestaltung

Ein Korpus ist eine kastenförmige Konstruktion, die im Wesentlichen aus Brettern besteht. Im Gegensatz dazu bestehen Rahmenkonstruktionen aus Pfosten, Zargen oder Friesen, die mit Schlitz-und-Zapfen-Verbindungen gebaut werden. Kleine Schränkchen, Bücherregale, Kommoden und Kleiderschränke sind alle Beispiele für Korpusmöbel. Außer bei einem schnell zusammengenagelten Korpus ist der wichtigste Bestandteil ein Eckverbindung, auf die später eingegangen wird.

Ein Korpusmöbel steht in der Regel nicht direkt auf dem Fußboden (Abb. 226), und seine Seitenwände können verlängert sein, um Füße zu bilden. Oft steht es auf einem kastenförmigen Sockel (Abb. 228), der vor- oder zurückspringen kann. Häufig findet man einen niedrigen Sockel mit Füßen (Abb. 229), der wie ein Tisch konstruiert ist. Bei rustikalen Eichenmöbeln können schwere Füße in Kufenform gut wirken (Abb. 230). Eckverbindungen lassen sich vermeiden, indem man die Seitenwände verlängert (Abb. 231) oder den Deckel überstehen lässt (Abb. 232). Meist sind (feste oder verstellbare) Regalböden erforderlich, oft kommen auch senkrechte Trennwände hinzu. Die Wahl der Gestaltungsmöglichkeiten wird durch Türen und Schubladen oder eine Kombination beider vervollständigt (Abb. 233, 234 und 235). Normalerweise gibt es auch irgendeine

Form von Rückwand, von recht aufwendige Konstruktionen bis hin zu einfachen Sperrholzplatten (Abb. 236). Bei den Möbeln in den Abbildungen 227-230 wird man an den Ecken zu einer Schwalbenschwanzzinkung in unterschiedlichen Ausprägungen greifen. In den Beispielen 231 und 232 wird diese Verbindung vermieden und durch eine Schlitz-und-Zapfen-Verbindung oder eine gedübelte Verbindung ersetzt.

Ein Möbelkorpus mit gedübelten Eckverbindungen

Es gibt ein Mittelding zwischen der Schwalbenschwanzzinkung und dem einfachen Zusammennageln: das Dübeln. Diese Konstruktion bietet sich an, wenn die tischlerischen Fähigkeiten noch nicht so fortgeschritten sind oder wenn der Preis entscheidend ist. Sie ist zum Beispiel bei Schränken für technische Geräte nützlich, bei denen eine aufwendige Verarbeitung nicht notwendig ist.

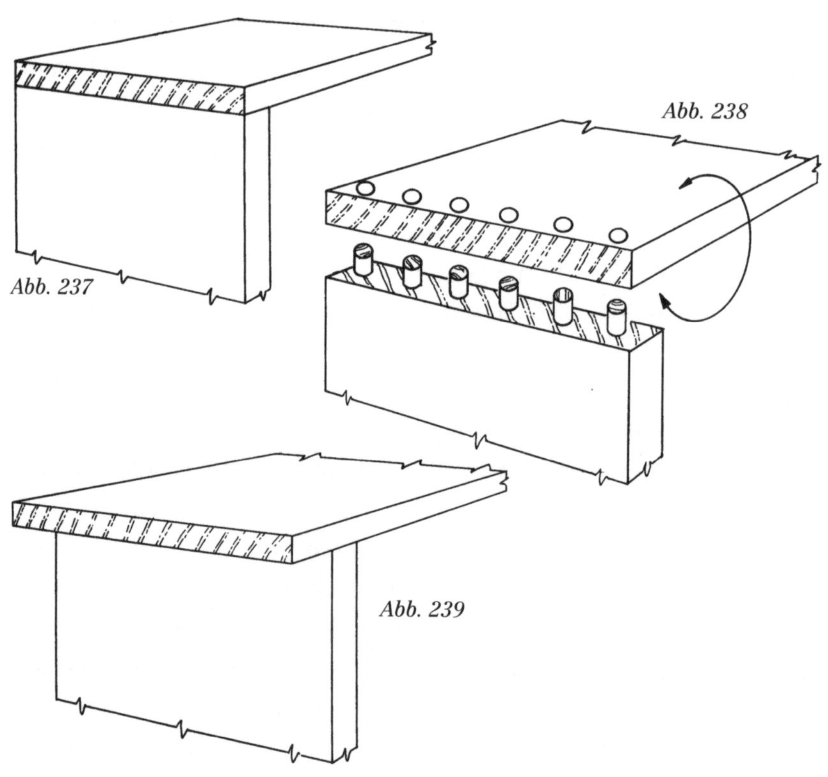
Abb. 237

Abb. 238

Abb. 239

Eine gedübelte Eckverbindung auf Stoß (Abb. 237) ist nicht sehr belastbar, weil die Dübellöcher zu dicht an der Kante liegen (Abb. 238). Das bedeutet, dass der Deckel über die Seitenwände auskragen muss (Abb. 239) oder die Seitenwände über den Deckel hinaufragen müssen (Abb. 240). Die zweite Möglichkeit ermöglicht auch den Einbau einer hinteren Brüstung (Abb. 241), die verhindert, dass Gegenstände hinter das Möbel fallen.

Eine einfache Dübelverbindung (Abb. 242) bietet nur geringen Schutz gegen Verziehen. Ein flache, an den Enden abgesetzte Nut (Abb. 243) ergibt eine deutlich belastbarer Verbindung und ist die Hauptverbindung eines gedübelten Korpusmöbels. Sie wird angeschnitten, indem man zuerst die Seitenteile zusammenspannt und an ihnen die Endlänge und die Posi-

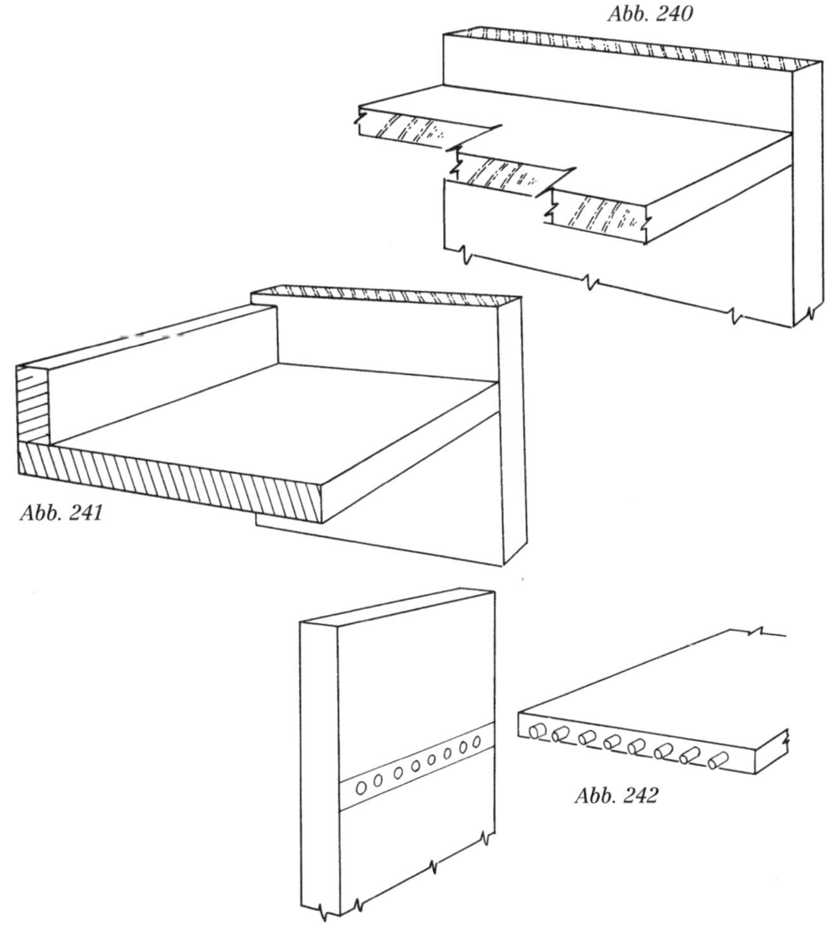

Abb. 240

Abb. 241

Abb. 242

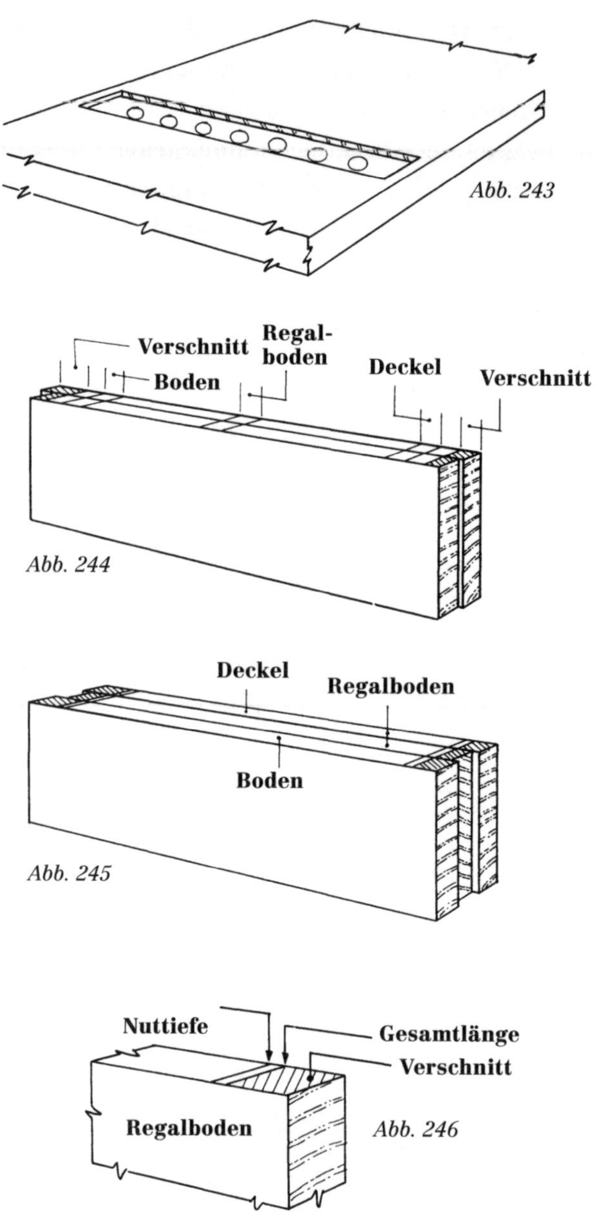

Abb. 243

Abb. 244

Abb. 245

Abb. 246

tion der Regalböden mit einem spitzen Bleistift anreißt (Abb. 244). Trennen Sie die Bauteile wieder, und winkeln Sie die Risse auf die Bezugsseite über, die bei einem Korpus immer auf der Innenseite liegt. Spannen Sie die Regalböden und andere waagerechte Bauteile zusammen (Abb. 245),

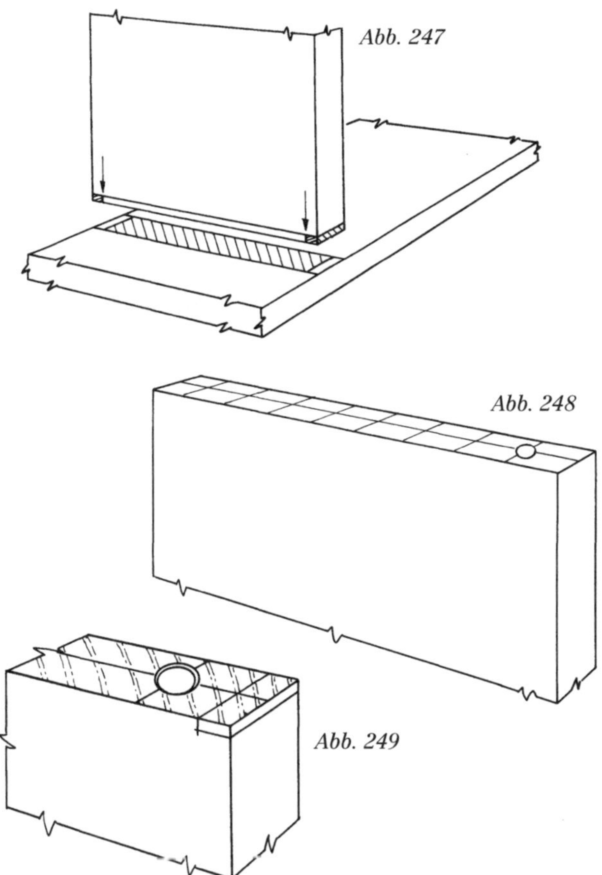
Abb. 247

Abb. 248

Abb. 249

und reißen Sie die Endlänge und die Tiefe der Nut an (Abb. 246). Trenne Sie die Bauteile, winkeln Sie die Risse auf alle vier Seiten über, sägen Sie den Verschnitt vorsichtig ab, und verputzen Sie die Enden nötigenfalls mit dem Hobel. Reißen Sie mit dem Streichmaß an allen Bauteilen das abgesetzte Ende der Nut an. 6 mm ist meist eine gute Länge (Abb. 247).

Reißen Sie die Position der Dübel an den Enden aller relevanten Bauteile an. Viele Leser werden dafür eine Dübellehre der einen oder anderen Art verwenden, in diesem Fall sollte man der Anleitung der Hersteller folgen. Falls man ohne Dübellehre arbeitet, markiert man die Position auf einer mit dem Streichmaß angerissenen Mittellinie; die Abstände müssen nicht genau gleich sein (Abb. 248). Bohren Sie die Löcher mit einer elektrischen Bohrmaschine mit Tiefenstopp, und versenken Sie sie geringfügig (Abb. 249). Setzen Sie Dübelspitzen in die Bohrlöcher ein, oder übertragen Sie die Markierungen aus Abbildung 248 auf das Gegenstück der Verbindung.

Spannen Sie ein Kantholz an der Verbindungslinie an (Abb. 250), und halten Sie das Gegenstück der Verbindung dagegen (eventuell auch mit Zwingen). Klopfen Sie kräftig darauf, um die Lage der Dübelspitzen als Position der Dübellöcher zu übertragen (Abb. 251). Bohren Sie an diesen Positionen, am besten mit der Ständerbohrmaschine. Falls die Bretter für die Ständerbohrmaschine zu breit sind, erweist sich ein Bohrständer (wie in Foto 21 zu sehen) als nützlich. Bei diesen Bohrungen ist ein Tiefenstopp unabdingbar.

Verwenden Sie gekaufte Dübel, oder stellen Sie wie auf (Seite 110) beschrieben ihre eigenen her.

Leimen Sie zwei Dübel in jede Verbindung (Abb. 252). Stellen Sie eine kleine Höhenlehre wie in der Abbildung her, stecken Sie sie über jeden Dübel, und treiben Sie den Dübel bis zur Oberkante der Lehre ein. Schon ein einziger überlanger Dübel kann später beim Verleimen große Probleme bereiten.

Stecken Sie jede Verbindung fest zusammen, und reißen Sie die Breite der Nut sorgfältig mit einem scharfen Messer an (Abb. 253). Achten Sie darauf, das Messer genau in der Ecke zu führen. Der Verschnitt wird entweder mit der Handoberfräse entfernt, oder man verwendet Stechbeitel und Grundhobel. Die Brüstungen sollten mit einem breiten Stechbeitel im Messerriss eingeschnitten werden. Nehmen Sie die Ausklinkungen an den Gegenstücken ab, um die abgesetzten Nuten zu erhalten. Sägen Sie dicht am Riss, und stechen Sie dann mit einem scharfen Beitel nach, der breiter ist als die Stärke des Holzes.

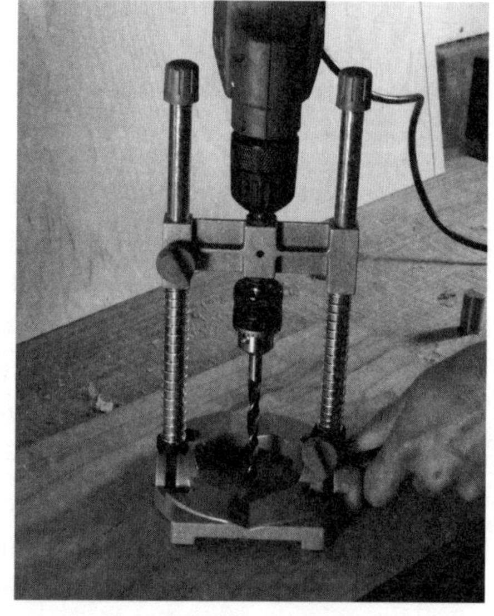

Foto 21: Der Bohrständer stellt sicher, dass die Dübellöcher senkrecht stehen und alle gleich tief sind.

Spannen Sie den Korpus trocken zusammen, und kontrollieren

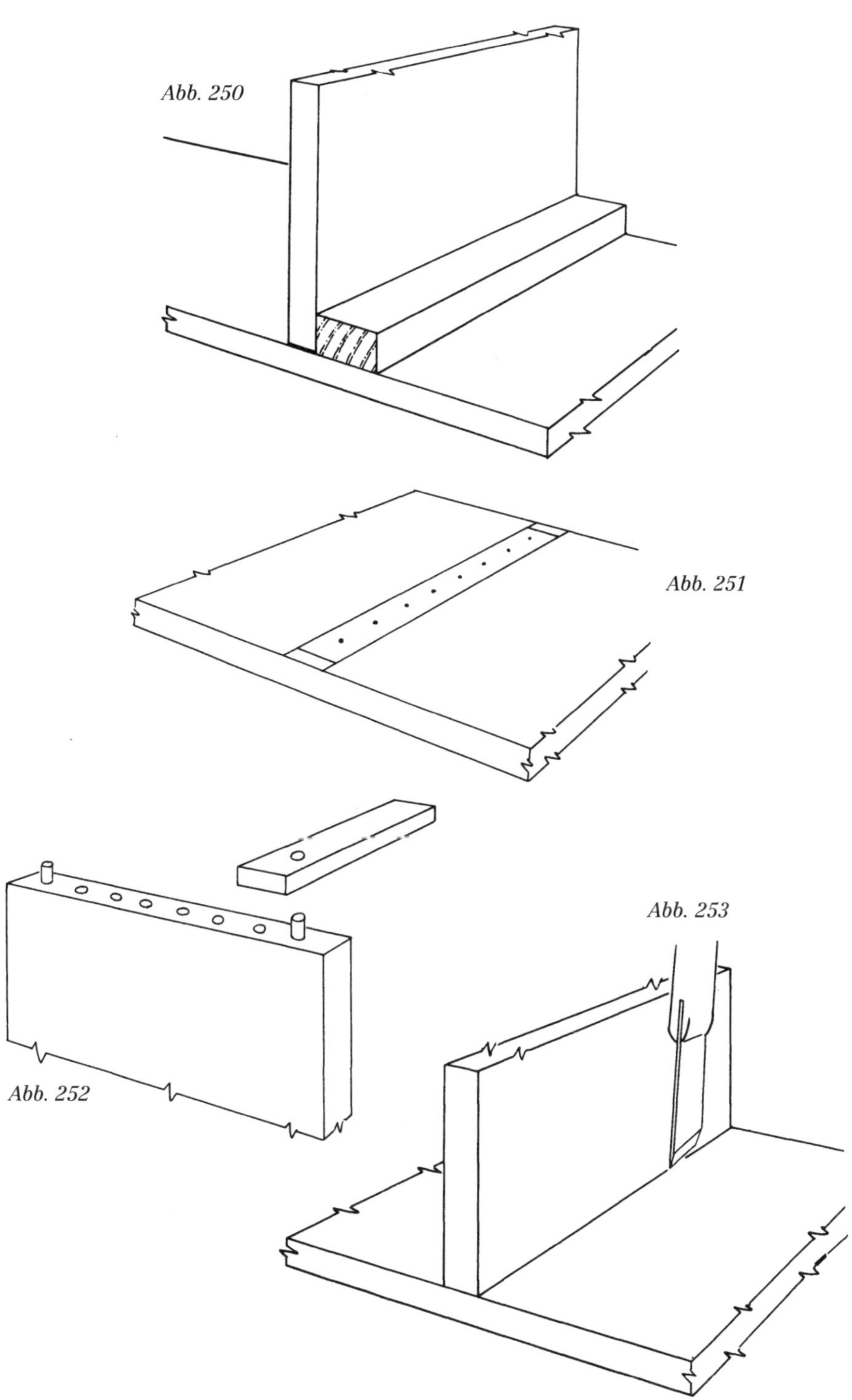

Abb. 250

Abb. 251

Abb. 252

Abb. 253

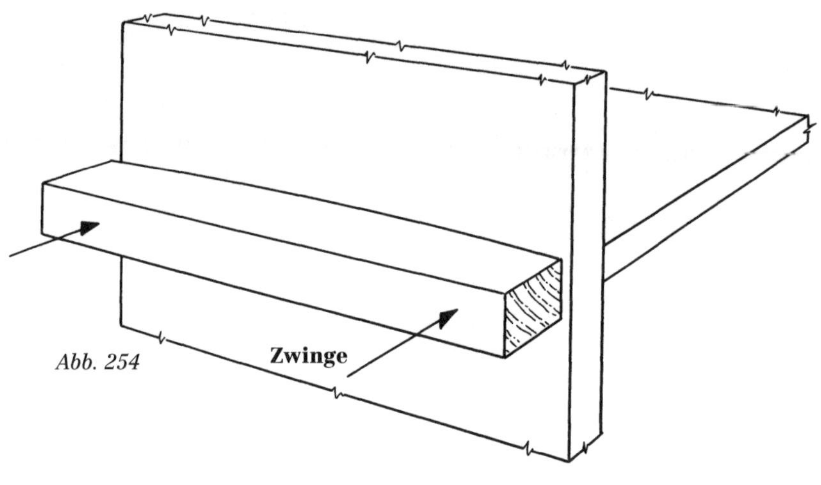

Abb. 254

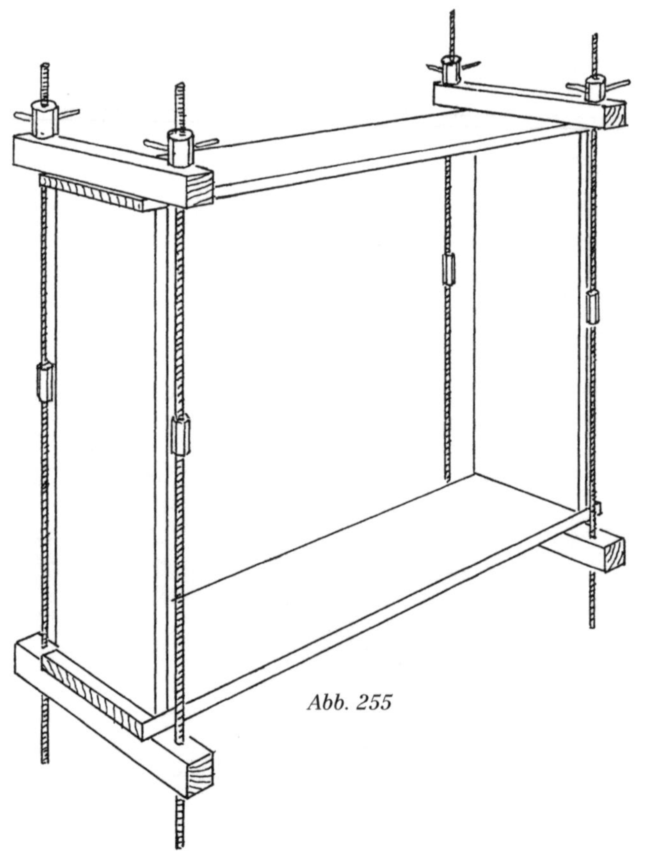
Abb. 255

Sie auf gute Passung der Verbindungen. Nehmen Sie ihn wieder auseinander, verputzen Sie alle Innenflächen, und tragen Sie das Oberflächenmittel Ihrer Wahl dort auf. Achten Sie darauf, dass die Regalböden beim Verputzen nicht zu dünn werden. Leimen Sie die anderen Dübel ein, und entfernen Sie den überschüssigen Leim.

Bei der Herstellung der Zulagen für das Verleimen sollte man sorgfältig arbeiten. Greifen Sie nicht zu zufälligen Reststücken, die irgendwo herumliegen. Die Zulagen müssen leicht ballig sein (Abb. 254), damit die Zwingen auch in der Mitte des Korpus Druck ausüben, weil sich die Seitenteile sonst beim Verleimen wölben können. Falls Sie nicht über hinreichend viele Türspanner verfügen, können Sie auch Löcher in die Zulagen bohren und Druck ausüben, indem Sie die Zulagen mit Gewindestangen, Muttern und Unterlegscheiben gegeneinander führen. Die Gewindestangen sollten einen Durchmesser von 12 mm haben und in Löchern mit 14 mm Durchmesser geführt werden (Abb. 255).

Die Anbringung einer Rückwand wird auf Seite 169 erörtert.

Ein Möbelkorpus mit gezinkten Eckverbindungen

Die Schwalbenschwanzzinkung ist die traditionelle und die belastbarste Eckverbindung. Einige der verschiedenen Formen sind in Abbildung 256 zu sehen, allerdings können davon nur die offene und die halbverdeckte Zinkung als Grundfertigkeiten des Holzwerkers gelten. Der große Vorteil

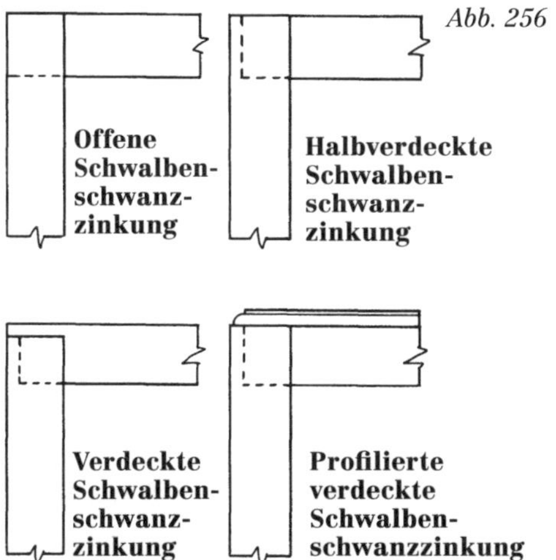

Abb. 256

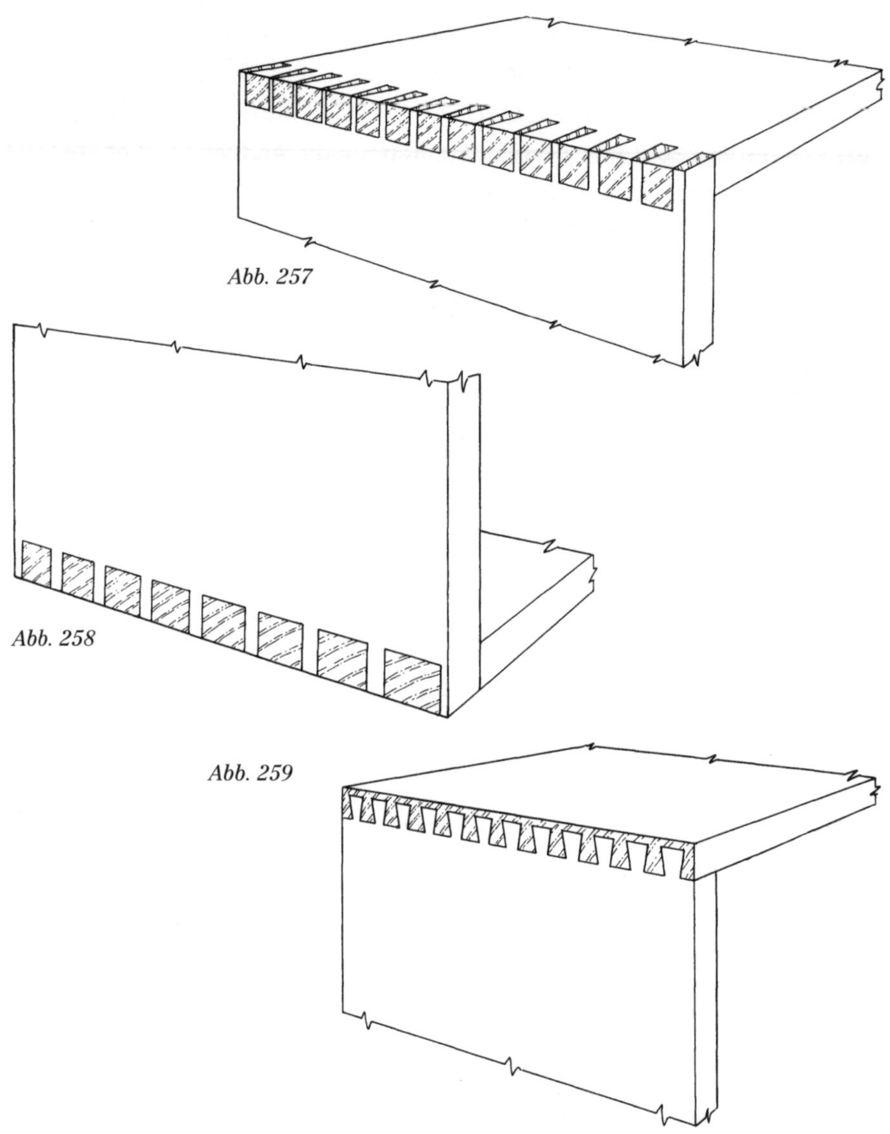

Abb. 257

Abb. 258

Abb. 259

der Schwalbenschwanz-Konstruktion liegt darin, dass sie keine überstehenden Ecken aufweist. Das Wesen der offenen Zinkung ist ihre ‚Eckigkeit', was bedeutet, dass sie an der oberen Ecke eines Schranks gut zur Geltung komme (Abb. 257), dass aber die Reihe von Rechtecken, die man sieht, wenn sie an der unteren Ecke (Abb. 258) eingesetzt wird, langweilig und nicht sehr ansprechend wirkt. Deshalb wird die offene Schwalbenschwanzzinkung für obere Ecken und die halbverdeckte Schwalben-

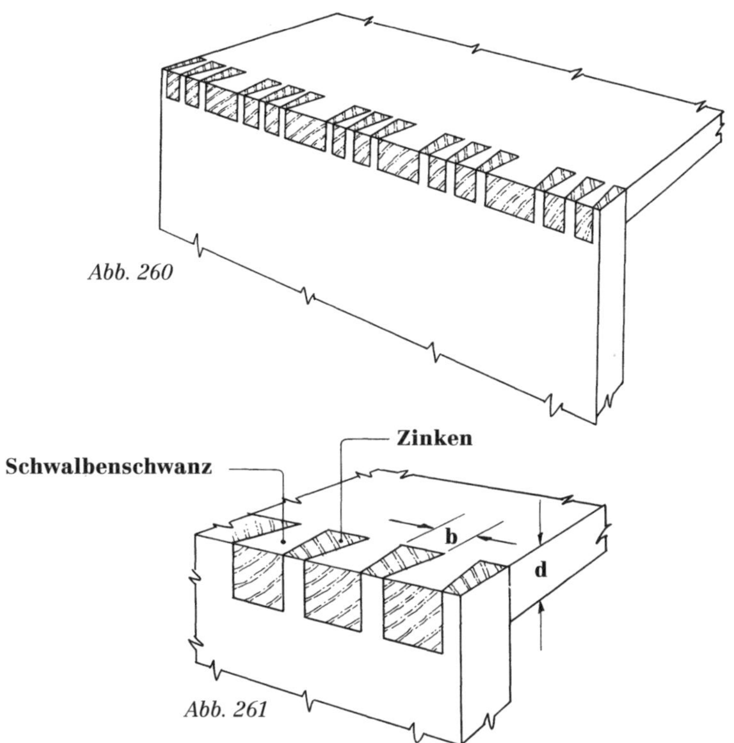

Abb. 260

Abb. 261

schwanzzinkung für untere Eckverbindungen verwendet. Es gibt nichts, was für die Verwendung einer halbverdeckten Zinkung an der oberen Ecke (Abb. 259) spricht, zudem kann man sie leicht mit der minderwertigen maschinell hergestellten halbverdeckten Schwalbenschwanzzinkung verwechseln.

Es gibt eine Reihe von Varianten der offenen Zinkung, von der die einfachste und zugleich eine de wirkungsvollsten die Anordnung in Gruppen ist (Abb. 260). Am besten funktionieren Gruppen von zwei oder höchstens drei Zinken und Schwalben. Bei einem breiten Bauteil ist vier vielleicht die Grenze, bis zu der man die Gruppierung noch leicht als solche erkennen kann. Es ist sehr wichtig, dass man das Muster auf den ersten Blick klar erkennen kann.

Neben dem Abstand sind auch die Proportionen der Zinkung eine wichtige und in gewissen Grenzen auch eine persönliche Angelegenheit. Als Faustregel kann gelten, dass die breiteste Stelle der Zinken schmaler sein sollte als die Stärke des verwendeten Holzes (Abb. 261). Sehr große

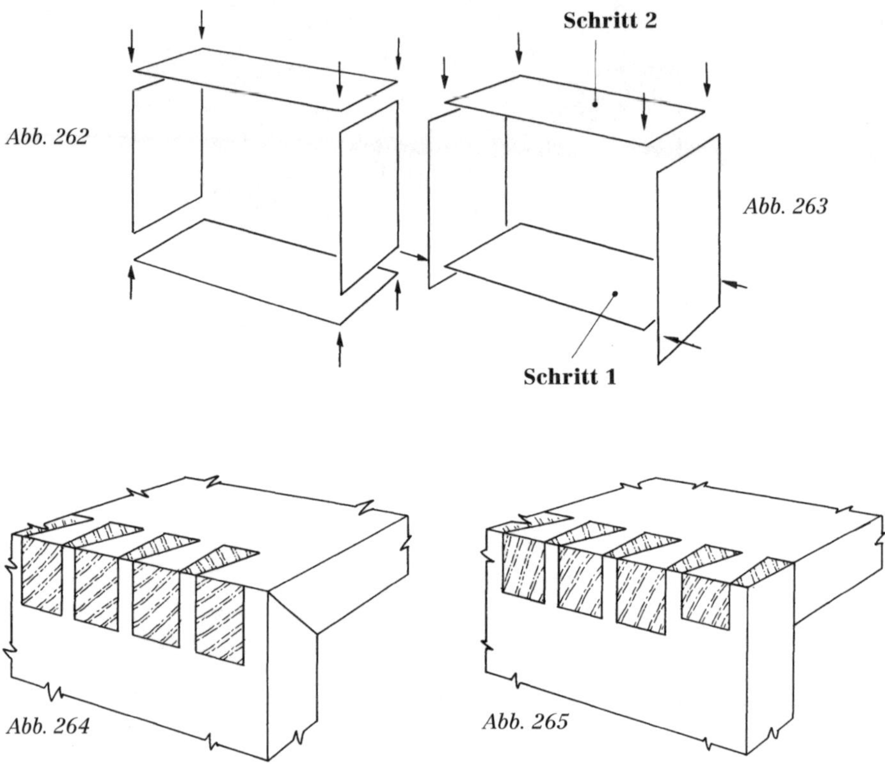

Abb. 262

Abb. 263

Abb. 264

Abb. 265

Zinken wirken im Gegensatz zu großen Schwalbenschwänzen hässlich. Bei der Planung einer Schwalbenschwanzzinkung sollte man schon an das abschließende Verleimen denken. Eine Verleimung wie in Abbildung 262 ist unproblematisch, aber die Variante in Abbildung 263 erfordert schon ein aufwendigeres Vorgehen, eventuell sogar zwei aufeinanderfolgende Verleimungsschritte.

Wenn eine Zinkung mit einer Nut, einem Falz, einem Profil oder einer Einlage versehen werden soll, wird die Ecke normalerweise auf Gehrung gearbeitet (Abb. 264). Als Alternative zu einer solchen Gehrung wird (meist nur am hinteren Ende der Eckverbindung, wo eine Rückwand eingenutet oder eingefälzt werden soll) die Stärke eines Schwalbenschwanzes vermindert und die zugehörige Brüstung am Zinkenstück nach oben versetzt (Abb. 265).

Schwalbenschwanzinkungen anreißen und schneiden

Die offene Schwalbenschwanzzinkung: Diese Variante ist in Abbildung 266 dargestellt. Das Material für die Verbindung sollte mit geringer Überstärke ausgehobelt werden, damit die Verbindung später verputzt werden kann. Die Enden sollten ganz geringe Überlänge (1 mm) aufweisen. Am besten sollte das Hirnholz der Enden mit dem Hobel abgerichtet werden, um eine gute Oberfläche für Markierungen und als Anlage für das Streichmaß zu erhalten. (Manche Holzwerker ziehen es vor, nur mit der Säge auf Länge zu schneiden und dann mit dem Tischlerwinkel anzureißen, nicht mit dem Streichmaß.)

Reißen Sie mit dem Streichmaß eine Linie an jedem Ende beider Bauteile an, die knapp 1 mm weiter vom Ende liegt als die Stärke des Gegenstücks (Abb. 267). Der Endzinken muss etwas breiter als die halbe Breite

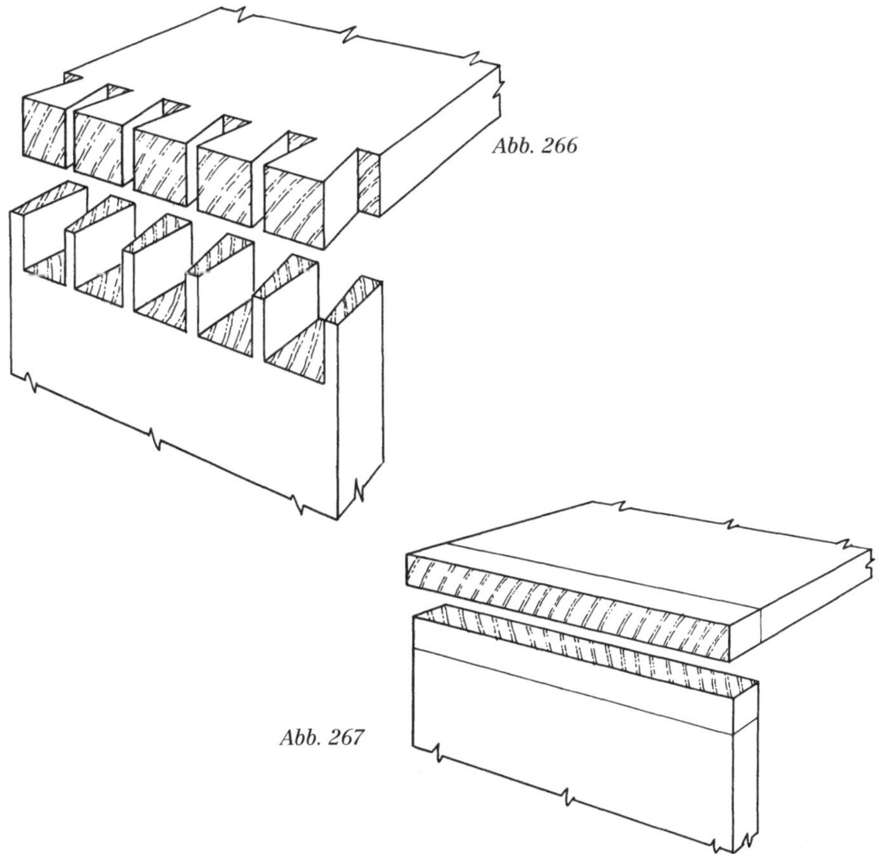

Abb. 266

Abb. 267

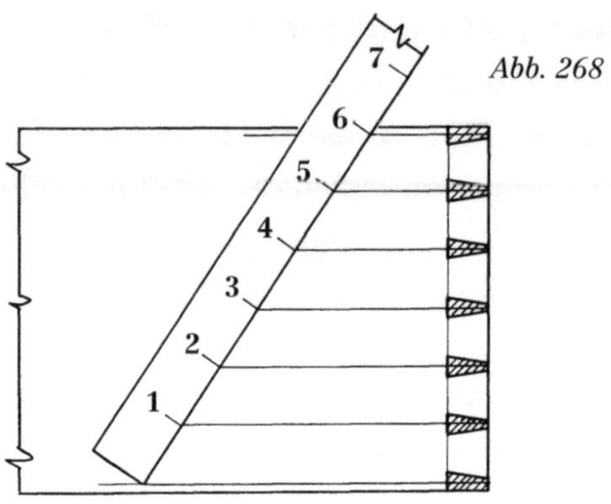

Abb. 268

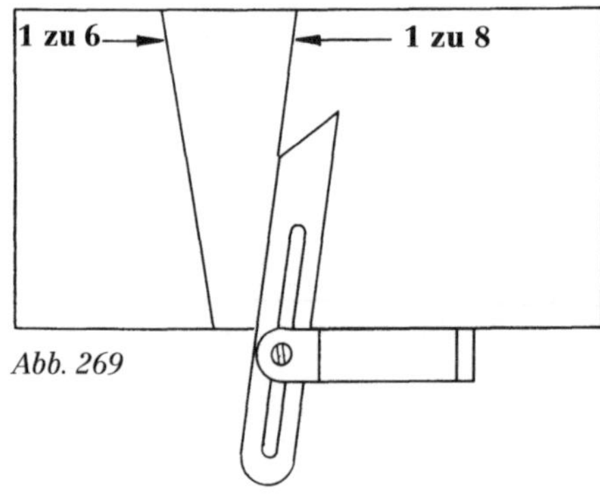

Abb. 269

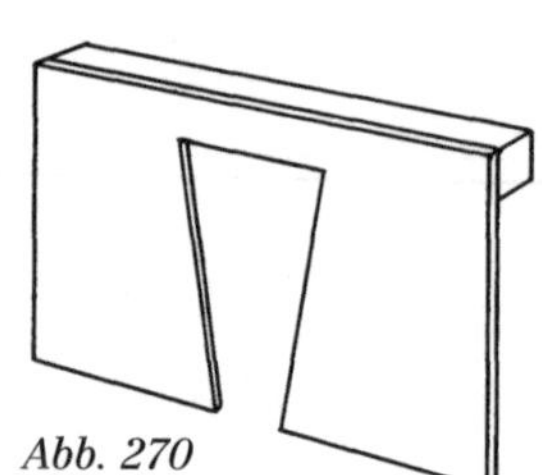
Abb. 270

der anderen Zinken sein (Abb. 268), ziehen Sie also im Abstand von etwa 3 mm von der Kante eine Bleistiftlinie. Bei einer sehr breiten Verbindung wird dieses Maß etwas erhöht. Legen Sie die Zahl der Zinken nach Ihren Vorstellungen fest, und unterteilen Sie das Bauteil wie gezeigt durch parallele Linien, die durch die Mitte der Zinken verlaufen. Stellen Sie eine Schmiege auf die Schräge der Zinkung ein (Abb. 269): Bei Nadelholz verwendet man meist eine Steigung von 1 zu 6, bei Laubholz 1 zu 8. Man kann sich auf einem kleinen Stück Sperrholz diese beiden Maße markieren. Stattdessen kann man auch aus Metallblech, Kunststoff oder durchsichtigem Acrylglas eine Zinkenlehre herstellen (Abb. 270). Die Enden dieser Lehre dienen zusätzlich auch als kleine Lehre für rechtwinklige Risse.

Reißen Sie wie in Abbildung 268 zu sehen die Zinken an. Die Zinken werden mittig auf den Bleistiftlinien angerissen. Falls möglich, sollte ihre

Breite etwas größer als die des Stechbeitels sein. Bei Holzarten, die sich ‚seifig' anfühlen und deshalb Bleistiftstriche nicht sehr gut annehmen, kann man mit dem Pinsel, den man für Grundierungen verwendet, einmal über die Oberfläche streichen, um diese etwas griffiger zu machen. Winkeln Sie die Risse auf das Hirnholz über, und schraffieren Sie den Verschnitt. In diesem Fall ist das wichtig, damit man nicht den falschen Teil aussägt oder die Säge auf der falschen Seite des Risses führt. Die angerissenen Schwalben sollten jetzt so aussehen wie in Abbildung 271.

Sägen Sie Schwalbenschwänze an dem Riss frei, aber nicht direkt auf ihm (Abb. 272 A). Sägen Sie nicht neben dem Riss, um danach mit dem Stechbeitel bis zum Riss abzustechen. Das ist nicht so präzise wie gute Arbeit mit der Säge und kostet unnötig viel Zeit. Man benötigt eine scharfe Säge, allerdings ist nicht immer eine Zinkensäge notwendig. Angesichts der Schwierigkeit, sehr feine Sägen zu schärfen, sollten Sie die Zinkensäge für sehr feine Zinkungen reservieren und für größere die Zapfensäge verwenden. Der Großteil des Verschnitts wird mit einer Laubsäge entfernt. Sägen Sie dabei von der Mitte zu den Ecken (Abb. 272 B und C), um die

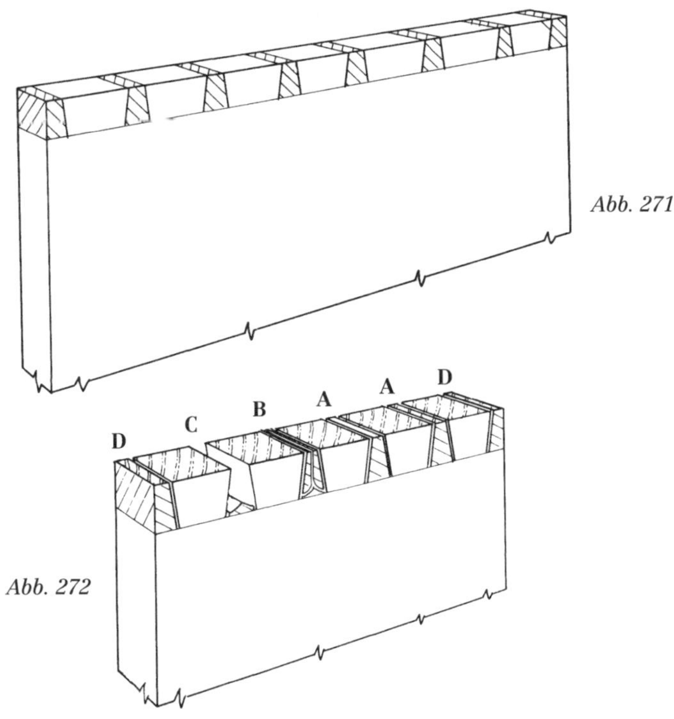

Abb. 271

Abb. 272

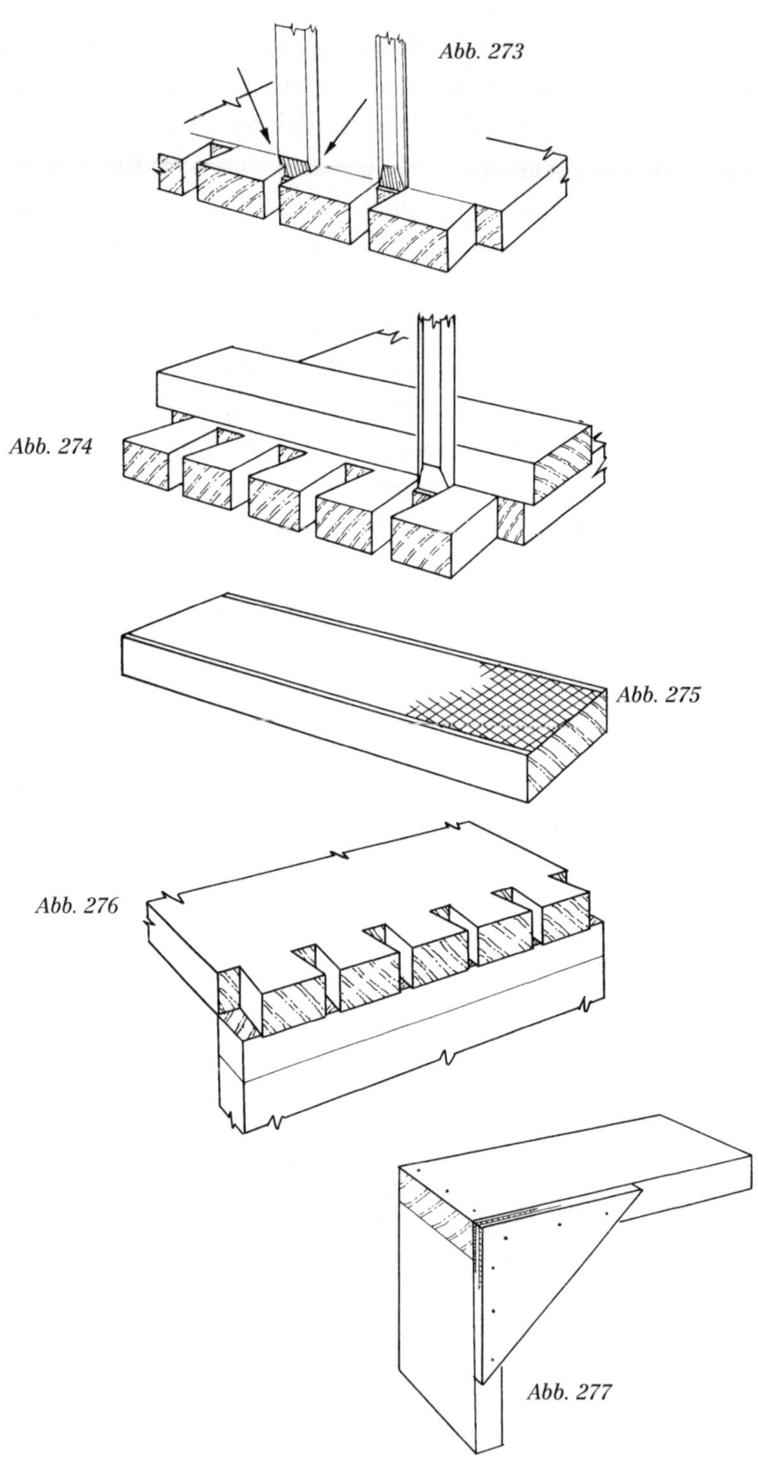

Abb. 273

Abb. 274

Abb. 275

Abb. 276

Abb. 277

Ecken nicht mit der Rückseite des Sägeblatts zu zerdrücken, wie es geschehen würde, wenn man der ersten Sägefuge folgte. Achten Sie darauf, nicht in den Schwalbenschwanz zu sägen. Die Endzinken (Abb. 272 D) werden entfernt, indem man sehr dicht an der Brüstung sägt und dann mit einem Beitel absticht, der breiter ist als die Stärke des Holzes.

Beim Abstechen der Zinken an der Brüstung muss man einen Beitel mit Seitenfase verwenden. Ein (Loch-) Beitel mit rechtwinkligen Seiten (Abb. 273) würde die Schwalben beschädigen. Der letzte feine Schnitt wird mit dem Beitel am Streichmaßriss ausgeführt. Stechen Sie von beiden Seiten bis zur Hälfte ein. Für Genauigkeit sorgt ein Führungsklotz, der am Riss angespannt wird (Abb. 274). Es lohnt sich, für diesen Zweck einen besonderen Klotz anzufertigen, indem man ein Stück feines Schleifpapier aufklebt, das nicht ganz bis zu den Kanten reicht (Abb. 275).

Halten Sie die beiden Bauteile aneinander, um die Zinken anzureißen (Abb. 276). Kennzeichnen Sie die Verbindungen mit Buchstaben oder Ziffern, bevor Sie mit dem Anreißen beginnen. In Abbildung 277 ist ein nützliches Hilfsmittel für das Zusammenspannen der Bauteile während des Anreißens zu sehen; bei einer breiten Verbindung benötigt man davon zwei Stück. Reißen Sie mit einer spitzen Ahle an, oder improvisieren Sie, indem Sie eine alte Stricknadel aus Stahl oder eine sehr große Stopfnadel verwenden. Eine abgewinkelte Version ist hilfreich, um in sehr kleine Ausklinkungen zu gelangen (Abb. 278). Manche Holzwerker tragen Kreide auf das Hirnholz auf, um die Markierungen besser erkennen zu können. Winkeln Sie diese Markierungen auf beiden Seiten bis zu den Streichmaßrissen über, und kennzeichnen Sie den Verschnitt sorgfältig (Abb. 279). Sägen Sie senkrecht ein, und entfernen Sie den Verschnitt wie

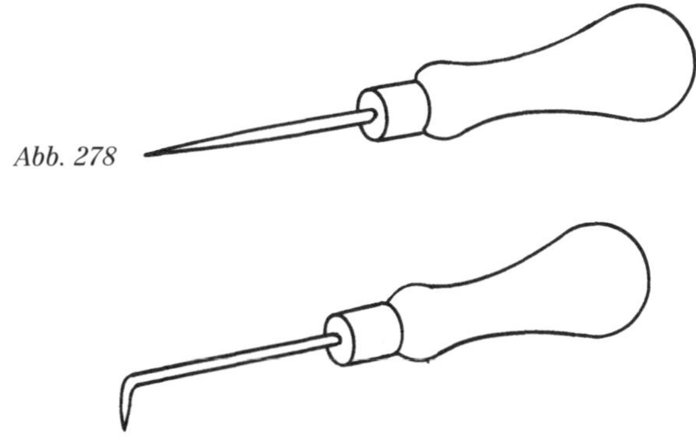

Abb. 278

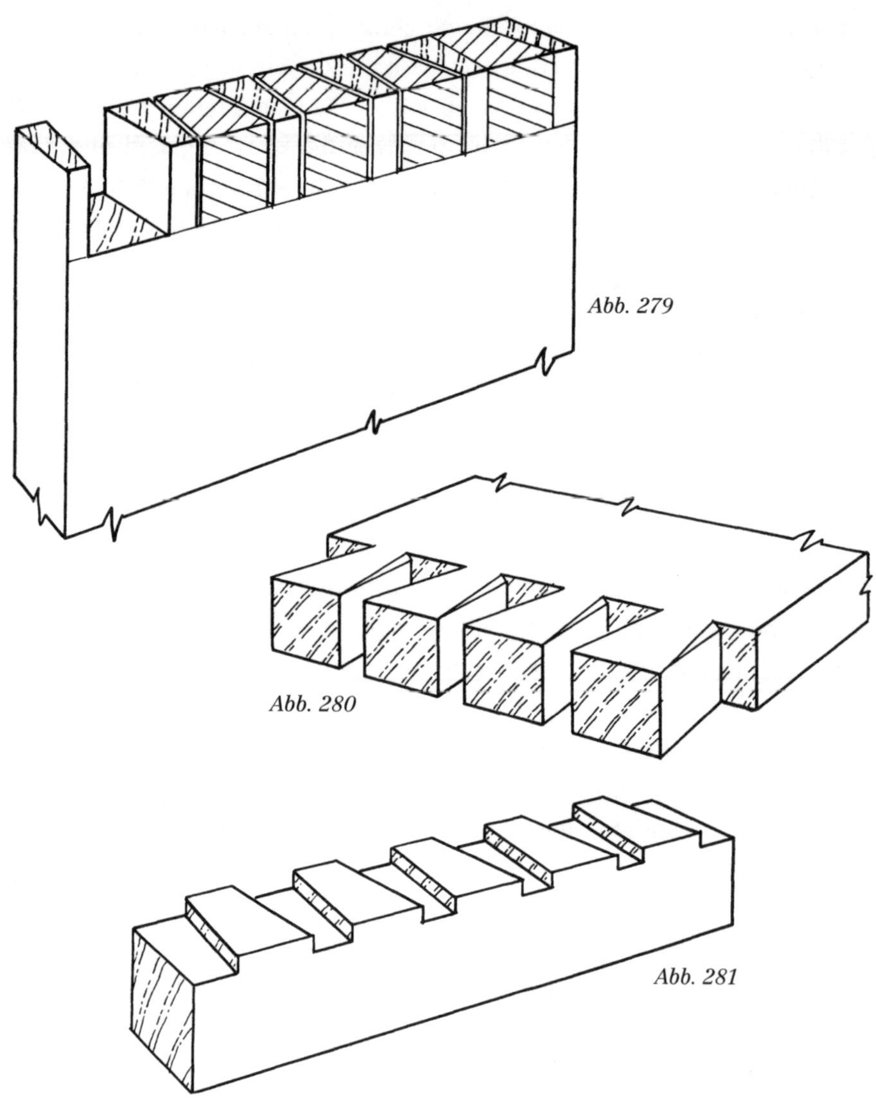

Abb. 279

Abb. 280

Abb. 281

bei den Schwalbenschwänzen. Man kann das Zusammenstecken der Verbindung erleichtern, indem man die Eintrittsecken leicht anfast (Abb. 280).

In der Theorie sollte es genügen, Leim an die Schwalbenschwanzzinkung zu geben und sie mit einer Zulage und dem Hammer zusammenzuklopfen. In der Praxis wird man meist Zwingen verwenden müssen. Zulagen für das Einspannen mit Zwingen (Abb. 281) stellt man her, indem man die Umrisse der Schwalben überträgt und dann auf der ‚falschen‘

Foto 22: Sägen des Schwalbenschwanzes

Foto 23: Der Verschnitt wird mit der Laubsäge entfernt. Wenn man in dieser Position arbeitet, sollte die Säge aus Stoß schneiden.

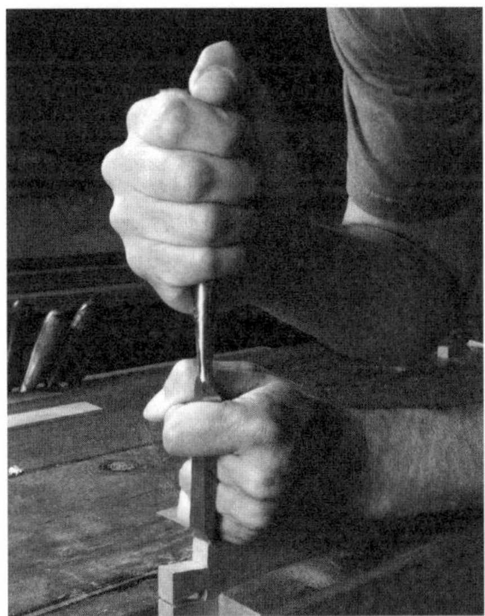

Foto 24: Die Brüstung wird bis zum Riss abgestochen. Der Stechbeitel muss etwas breiter als die Stärke des Holzes sein.

Foto 25: Die maschinell hergestellte Schwalbenschwanzzinkung wird mit teuren Geräten oder Zusatzvorrichtungen hergestellt. Die Wirkung ist etwas monoton.

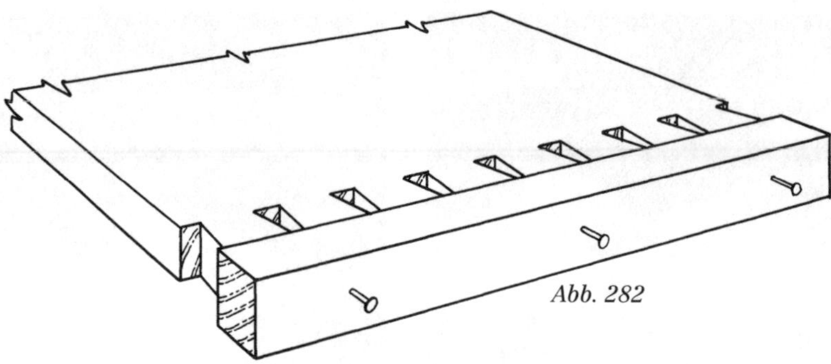
Abb. 282

Seite der Risse sägt, sodass man eine Reihe von Druckflächen erhält, die geringfügig kleiner sind als die Schwalbenschwänze. Die Zulagen sollten gründlich gewachst werden, damit sie nicht haften bleiben.

Nach dem Verleimen werden die Zinkungen mit dem Hobel verputzt. Dabei arbeitet man immer nach innen und nimmt zuvor die Ecken der Zinken und Schwalben mit einem Stechbeitel ab, damit sie nicht ausreißen.

Eine Alternative zu dieser Methode, Schwalbenschwanzzinkungen herzustellen, besteht darin, die Zinken und Schwalben eine Haaresbreite dünner als die Stärke des Holzes zuzuschneiden, Leim anzugeben, mit normalen Zulagen einzuspannen, und den Korpus nach dem Trocknen bis zu den Verbindungen hinab zu verputzen. Dem Anfänger sei aber die hier angeführte Methode empfohlen, obwohl sie etwas arbeitsaufwendiger ist.

Vor dem Zusammenbau sollte man die Zinken, Schwalben und Ausklinkungen abkleben, um sie vor dem Oberflächenmittel zu schützen. Falls die Oberflächen nicht behandelt werden sollen, bringt man Klebestreifen neben der Brüstungslinie an, damit der Leim nicht auf dem Holz haftet. Falls eine Zinkung nicht sofort zusammengebaut werden soll, kann man sie vor Beschädigungen (besonders an den empfindlichen Ecken) schützen, indem man eine Leiste auf das Hirnholz heftet, wobei die Drahtstifte zwischen den Schwalbenschwänzen eingetrieben werden (Abb. 282).

Halbverdeckte Schwalbenschwanzinkungen anreißen und schneiden

Die halbverdeckte Schwalbenschwanzzinkung wird vor allem in drei Fällen verwendet: die untere Verbindung an einem Korpus, die obere Verbindung an einem Korpus mit separatem Deckel und die Verbindungen an einem Schubladenvorderstück.

Das Anreißen und Schneiden ist in jedem Fall sehr ähnlich. Die untere Verbindung an einem Korpus verstärkt man in der Regel, indem man die Schwalbenschwänze an den beiden Enden etwas kleiner gestaltet (Abb. 283). Die übrigen Schwalben können recht groß sein, und auch die Zinken sind recht breit.

Separate Deckel, also solche, die nicht mit dem Korpus verbunden sind, können einspringen oder auskragen. Sie werden an einer vorderen und hinteren Traverse und in seltenen Fällen auch einem Mittelfries angeschraubt. Meist werden die Traversen mit einer großen Schwalbe in die Seitenstücke eingezinkt (Abb. 284). Manchmal werden auch zwei Schwal-

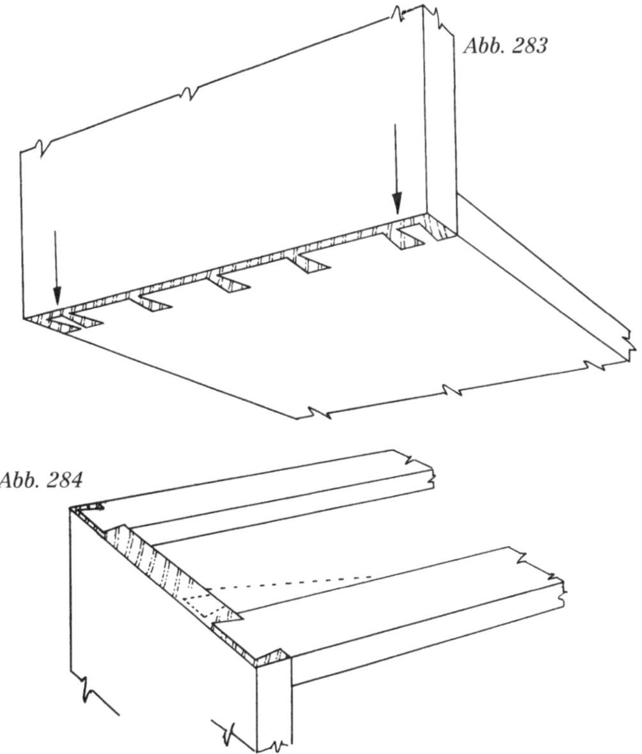

Abb. 283

Abb. 284

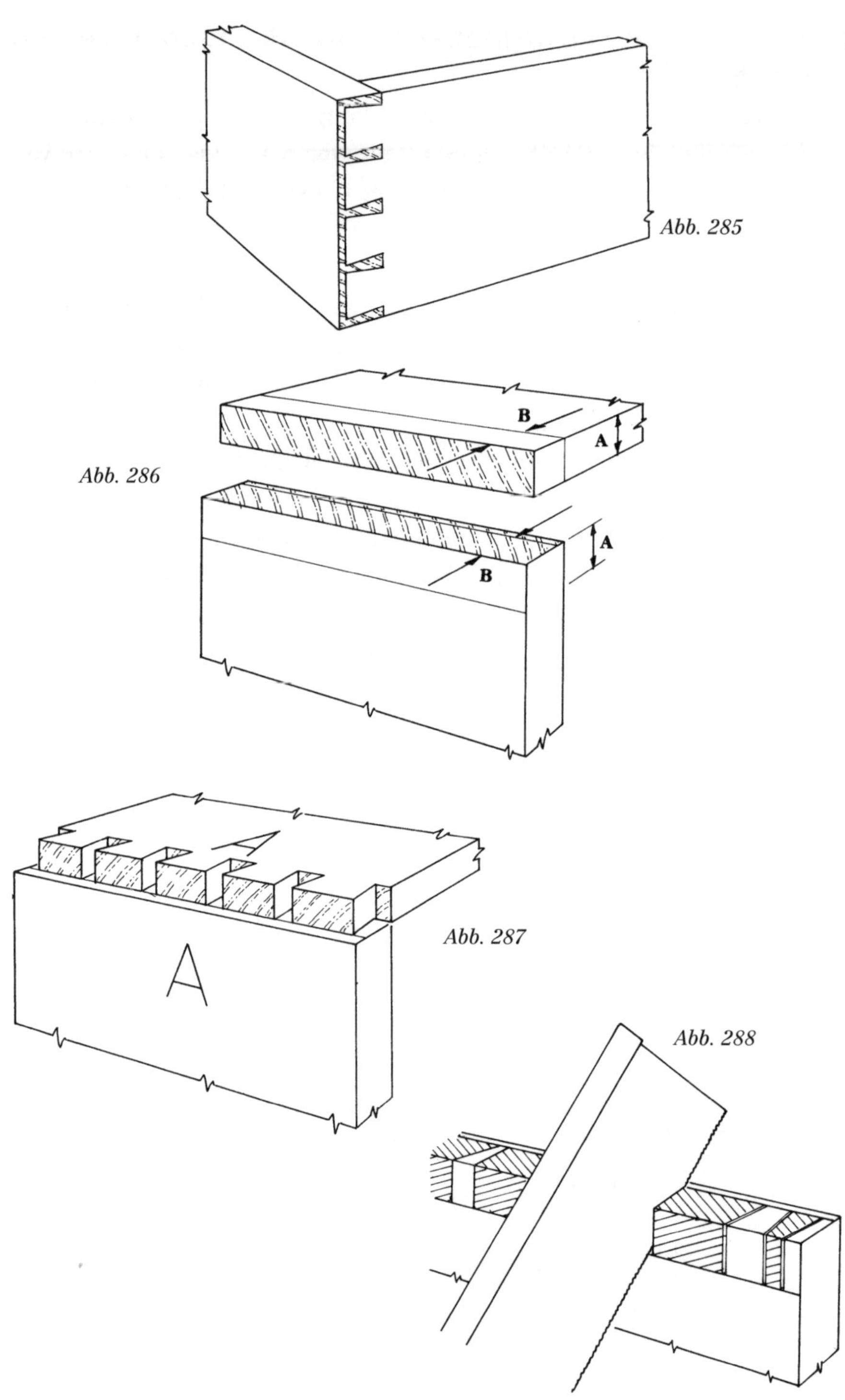

Abb. 285

Abb. 286

Abb. 287

Abb. 288

ben verwendet. Oft wird die Breite der Traverse an der Verbindung erhöht, indem man eine dreieckige Verbreiterung anarbeitet. Dadurch kann man mehrere Schwalbenschwänze anbringen.

Foto 26: Eine gute Schwalbenschwanzlehre

Die Zinkungen an einer Schublade (Abb. 285) werden später behandelt. Die Zinken sind in der Regel sehr viel feiner als bei Verbindungen am Korpus. Im 19. Jahrhundert waren angelsächsische Möbelbauer bestrebt, überaus feine Zinken zu schneiden. Das war zwar ein Beweis meisterhafter Tischlerei, schwächte aber die Verbindung ganz beträchtlich.

Um eine halbverdeckte Zinkung herzustellen, werden zuerst beide Enden gehobelt, vorzugsweise an einer Stoßlade. Reißen Sie am Zinkenstück mit dem Streichmaß an (Abb. 286 A), das geringfügig breiter eingestellt ist als die Stärke des Schwalbenstücks A. Reißen Sie dann mit dem Streichmaß die Stärke der Decke der halbverdeckten Zinkung an. Schneiden Sie die Schwalben auf die beschriebene Weise an, und halten Sie sie dann an das Zinkenstück. Bevor weiter angerissen wird, sollten beide Teile jeweils einer Verbindung mit den gleichen Buchstaben oder Ziffern gekennzeichnet werden (Abb. 287). Spannen Sie beide Stücke zusammen, und reißen Sie mit einer spitzen Ahle an. Schraffieren Sie den Verschnitt, und beginnen Sie mit dem Sägen. Wenn die Zinken gesägt worden sind, kann der Großteil des Verschnitts auf verschiedene Weise entfernt werden: mit der Handoberfräse und Parallelanschlag, mit einem Forstner- oder Kunstbohrer in der Ständerbohrmaschine, mit der Laubsäge von einer Ecke zur anderen oder durch einschneiden mit der Zapfensäge (Abb. 288).

Schneiden Sie dann die Zinken mit dem Stechbeitel frei. Stechen Sie zuerst in das Hirnholz ein (Abb. 289 A), und schneiden Sie dann wie bei (a) frei. Fahren Sie auf diese Weise bis zum letzten Schnitt (B) fort, und folgen Sie dann mit (b). Früher wurde der gesamte Verschnitt nur mit dem Stechbeitel entfernt und die Wandungen der Schwalben wurden nur etwas nachgestochen. Diese Methode wird immer noch bei Zinkungen an-

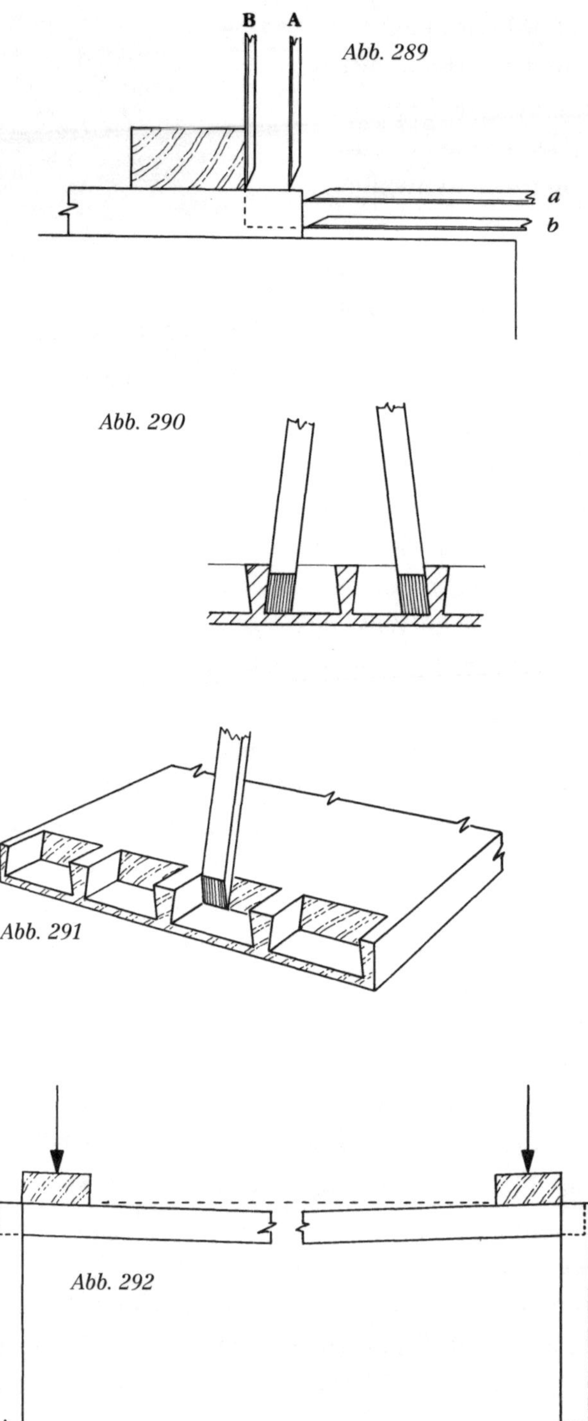

Abb. 289

Abb. 290

Abb. 291

Abb. 292

gewendet, die zu klein sind, um den Verschnitt auf mechanische Weise zu entfernen. Wenn das Werkstück wie in der Abbildung etwas von der Kante der Hobelbank zurückgesetzt angespannt wird, dient die Arbeitsfläche der Bank zur Orientierung, um mit dem Beitel bei (a) und (b) waagerecht einzustechen. Der letzte Schnitt (B) wird wieder an einem angespannten Führungsklotz ausgeführt.

Das Verputzen der Innenecken ist, vor allem bei sehr kleinen Zinkungen, etwas schwierig. Dafür kann man ein Paar Stechbeitel in einem Winkel zuschleifen, der etwas geringer ist als die Schräge der Schwalben (Abb. 290). Damit kann man sehr sauber in den Ecken einstechen (Abb. 291). Die Schwalbenschwänze können leicht angefast werden, um das Zusammenstecken zu erleichtern. Die Verleimung erfolgt auf die gleiche Weise wie bei der offenen Zinkung. In den meisten Fällen wird man Zulagen und Zwingen verwenden müssen. Wenn man es sich leichter machen möchte und eine einfache Zulage verwendet, die kurz vor der Zinkung angesetzt wird (Abb. 292), kann das dazu führen, dass sich das Schwalbenstück nach unten durchbiegt und die Verbindung in diesem Zustand trocknet.

Regalböden

Regalböden können fest angebracht sein – dann steifen sie oft den Korpus zusätzlich aus – oder sie können verstellbar sein. Wir erörtern hier zuerst die fest installierte Version. Ein einfach oder abgesetzt eingenuteter Regalboden (Abb. 293) ist nicht belastbar, da hier nur Hirnholz verleimt wird. Aber diese Verbindung hindert zumindest das Brett daran, sich zu werfen. Die stärkere Gratnutverbindung gehört nicht zu den grundlegenden Techniken. Die für den Anfänger empfehlenswerteste Methode ist das Einzapfen der Regalböden in die Seitenwände. Durchgestemmte Zapfen sind besonders für eher grobfaserige Hölzer wie Eiche, Esche, Rüster und Kastanie geeignet, aber nicht so sehr für die feineren wie Mahagoni und ähnliche.

In Abbildung 294 ist ein schlechtes Beispiel für durchstemmte Zapfen zu sehen. Die sehr breiten Schlitze durchtrennen so viele Holzfasern, dass das Bauteil extrem geschwächt wird. Leider sieht man solche Verbindungen recht häufig. Die Verbindung in Abbildung 295 ist sowohl konstruk-

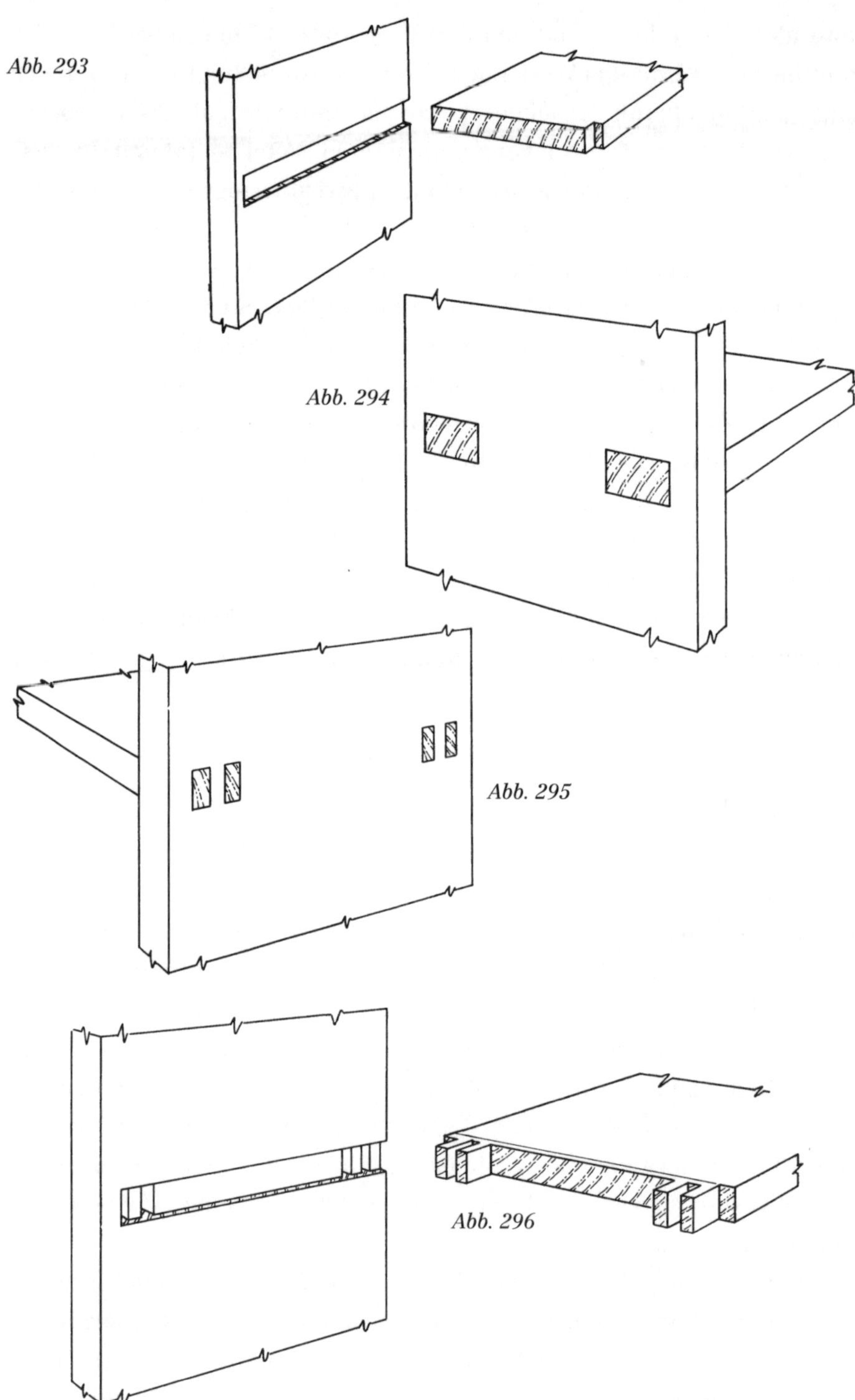

Abb. 293

Abb. 294

Abb. 295

Abb. 296

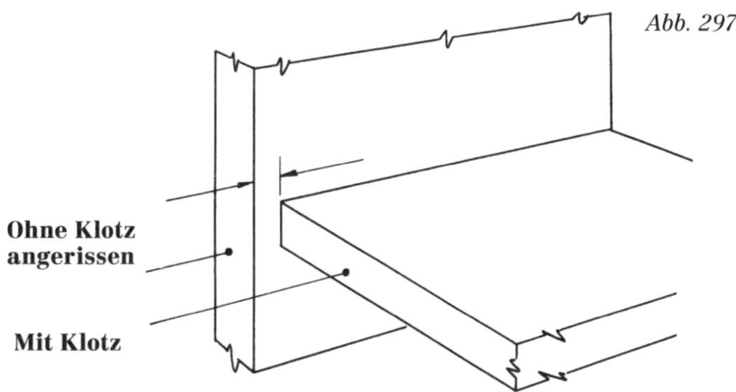

Abb. 297

tiv besser gelöst als auch ästhetisch ansprechender. Abbildung 296 zeigt die effektivste Gestaltung dieser Verbindung, es werden hier sowohl eine Nut als auch Zapfen eingesetzt. Das vordere Ende sollte abgesetzt werden, um die Verbindung zu verbergen. Am hinteren Ende kann die Nut abgesetzt werden oder nicht, je nach Vorliebe und der gewählten Konstruktion.

In der Abbildung 297 ist eine häufige gewählte Variante zu sehen, bei welcher der Regalboden hinter die Vorderseite des Korpus zurückspringt. Sie erlaubt auch eine Profilierung der Vorderkante am Regalboden, falls der Korpus selbst eher schlicht ist. Das Zurückspringen ist zwingend notwendig, wenn eine Tür im Korpus einschlägt oder wenn man Glasschiebetüren verwendet. Das Anreißen der Verbindung ist leicht. Man schneidet einen Holzklotz (Abb. 298) in der Stärke an, die dem Rücksprung des Regalbodens entspricht. Dieser Klotz wird über das Streichmaß geschoben. Dann reißt man den Regalboden mit dem Klotz und die Korpusseiten ohne ihn an.

Wenn die Zapfen durchgestemmt werden, was einen sehr stabilen Korpus ergibt, werden sie meist verkeilt (Abb. 299). Abbildung 300 zeigt, wie man eine größere Zahl von Zapfen aus einem kleinen Holzstück schneidet, das auf die Stärke der Zapfen zugeschnitten ist. Sägen Sie mit einer feinen Säge, und sägen Sie dann den ganzen Streifen ab. Die Keile einzeln mit den Stechbeitel herzustellen, ist sehr zeitaufwendig und birgt auch Verletzungsgefahren. Beachten Sie, dass die Keile in Sägefugen im Zapfen eingesetzt werden, nicht zwischen diesen und die Schlitzwandungen. Der Schlitz wird etwas erweitert, um Raum für die Keile zu schaffen.

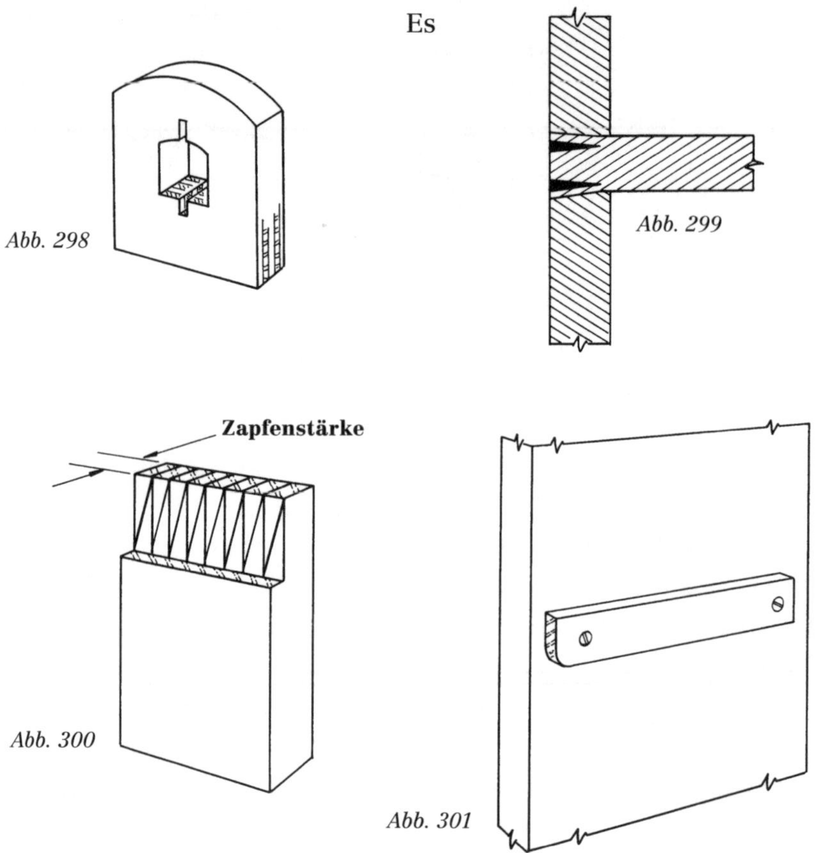

Abb. 298

Abb. 299

Abb. 300

Abb. 301

Es gibt viele Methoden, um verstellbare und entnehmbare Regalböden zu tragen, darunter auch eine ansehnliche Zahl kommerzieller Systeme. Eine der einfachsten ist in Abbildung 301 zu sehen. Allerdings wird so der Regalboden nicht darin gehindert, sich im Korpus zu verschieben. Dieser Nachteil wird vermieden, wen man eine schmale Leiste an die Rückseite des Regalbodens leimt, die in eine Lücke hinter der Trageleiste greift (Abb. 302). Bei einem Korpus ohne Rückwand benötigt man an der Vorderkante eine ähnliche Leiste (Abb. 303). Diese Lösung bietet den zusätzlichen Vorteil, dass man dünneres Material für den Regalboden verwenden kann, aber dennoch den Anschein eines dicken Bretts erweckt. Diese verstärkte Kante muss eventuell profiliert werden.

Für hochwertigere Arbeiten ist eine aufwendigere Methode zu empfehlen. Abbildung 304 zeigt Ausklinkungen an der Unterseite des Regal-

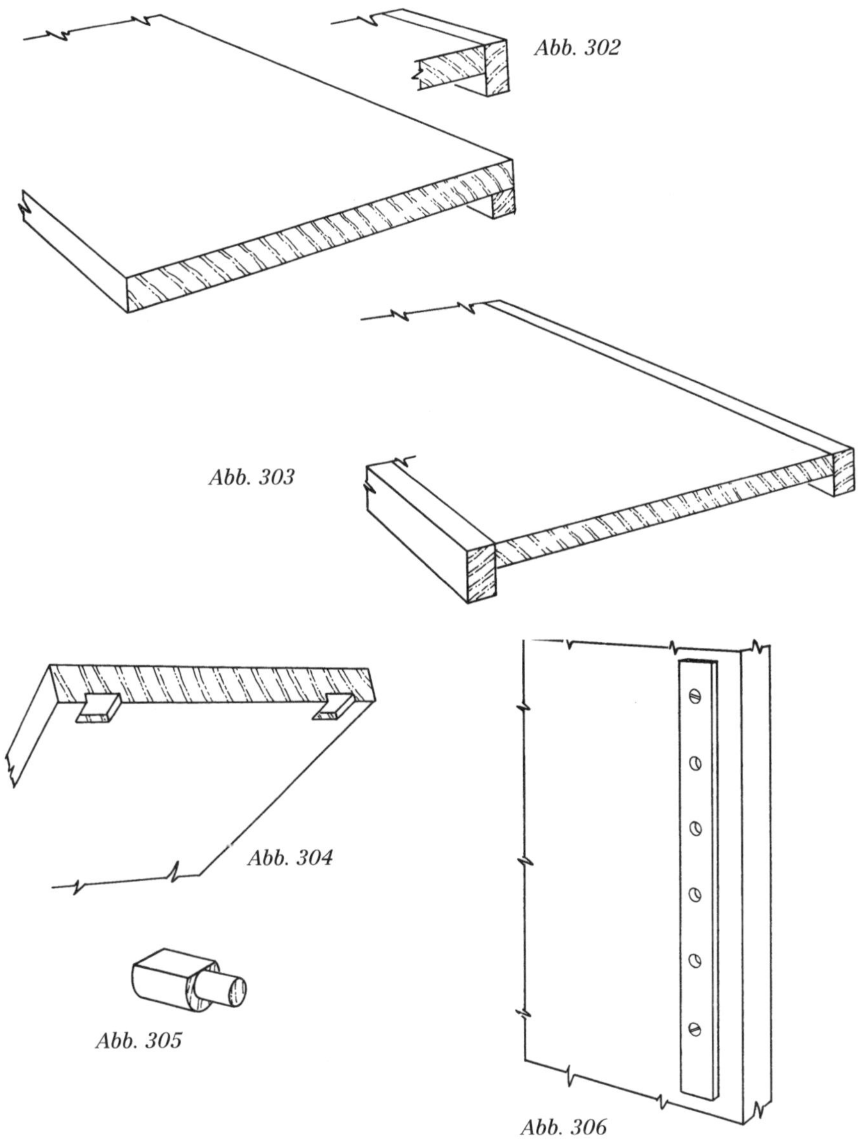

Abb. 302

Abb. 303

Abb. 304

Abb. 305

Abb. 306

bodens, die als Aufnahme für gedrechselte Regalträger dienen (Abb. 305). Die Träger haben meist einen Durchmesser von 13 mm, während der Zapfen 6 mm stark ist. Meist greift man zu Palisander oder einem anderen exotischen Holz.

Es lohnt sich, eine Bohrlehre aus Metall herzustellen, wenn man verstellbare Bretter verwenden möchte (Abb. 306). Man wird sie sicher immer wieder gebrauchen können. Markieren Sie das obere Ende, und befestigen Sie die Lehre dann mit Schrauben. Bohren Sie alle Löcher mit einem Elektrobohrer mit Bohrtiefenanschlag. Stecken Sie zwei Zapfen aus Metall oder Holz in die Löcher neben den Schrauben, um die Lehre zu fixieren, drehen Sie die Schrauben heraus, und bohren Sie die letzten beiden Löcher.

Es gibt eine Reihe anderer Regalvarianten, die der Anfänger vielleicht in der Praxis nützlich finden wird, etwa wenn es darum geht, Zierteller auf einer Anrichte aufzustellen. In diesem Fall wird eine Nut in den Regalboden geschnitten (Abb. 307), die zwischen 5 mm und 25 mm breit sein kann. Alternativ kann man auch eine kleine Leiste mit Halbstabprofilierung in das Brett einleimen (Abb. 308). Regale ohne Rückwand können mit Regalböden ausgestattet werden, die an der Hinterkante eine Halteleiste aufweisen, damit Bücher und andere Gegenstände nicht herabfallen (Abb. 309). Tiefe Regalböden können mit verstellbaren Halteleisten (Abb. 310) ausgestattet werden, um kleine Bücher bündig an der Vorderkante auszurichten.

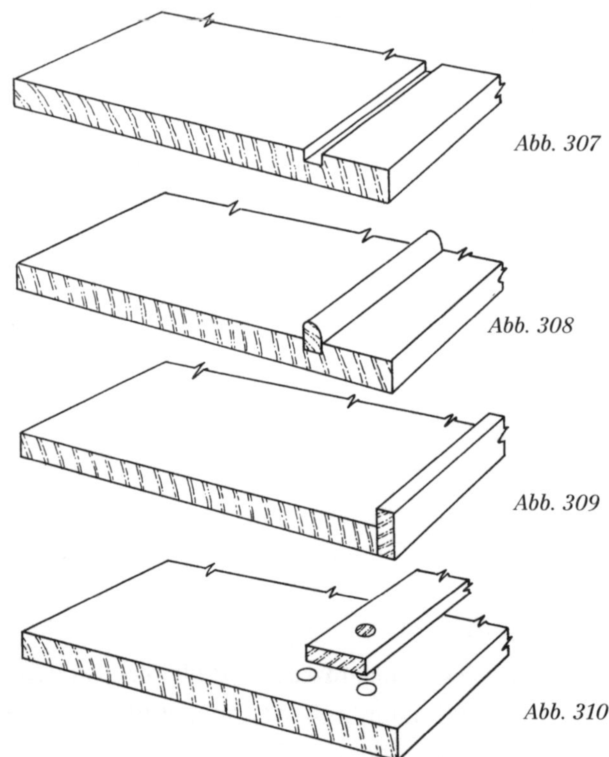

Abb. 307

Abb. 308

Abb. 309

Abb. 310

Rückwände

Ein Buch über den Möbelbau aus dem 19. Jahrhundert stellt fest, dass die Rückwand eines Schrankes oder anderen Korpusmöbels aus Rahmen und Füllungen gefertigt werden solle: „bei minderwertigen Arbeiten kann man auch eine gespundete Rückwand anbringen." Seit jenen Zeiten ist das Ansehen der gespundeten Rückwand gestiegen, man zieht sie der Rückwand aus furniertem Sperrholz, rohem Sperrholz, Spanplatte, Hartfaserplatte oder dem vollkommenen Verzicht auf eine Rückwand vor. Die Vielzahl der Rückwandkonstruktionen und der Methoden ihrer Anbringung lohnt deshalb die Beschäftigung. Wir gehen davon aus, dass der Korpus selbst aus Vollholz besteht und dass die Arbeiten alle mit Handwerkzeugen oder einfachen Elektrowerkzeugen ausgeführt werden können. In keinem der folgenden Beispiele wird die Rückwand in den Korpus oder eine Füllung in den Rahmen eingeleimt.

Abbildung 311 zeigt einen relativ typischen Bücherschrank ohne die Regalböden. Die Rückwand besteht aus einem Rahmen mit einem mittleren Längsfries und vier Querfriesen. In diesen Rahmen sind sechs Füllungen eingenutet. Eine solche Rückwand in Rahmenkonstruktion ist eine überaus effektive Methode, um einen Korpus auszusteifen. Abbildung 312 zeigt einen Ausschnitt aus einem genuteten Rahmen mit bündigen Füllungen. Dies ist die anspruchsvollste und hochwertigste Konstruktion, da sie auf der Innenseite des Schranks eine glatte Fläche ergibt. Bei der Anfertigung einer solchen bündigen Füllung mit Viertelstab empfiehlt es sich, die Stärke der Füllung geringfügig zu erhöhen, damit man sie nach dem Verleimen ganz genau mit dem Rahmen bündig verputzen kann. Der Viertelstab sollte geringfügig unterhalb der fertigen Fläche ein-

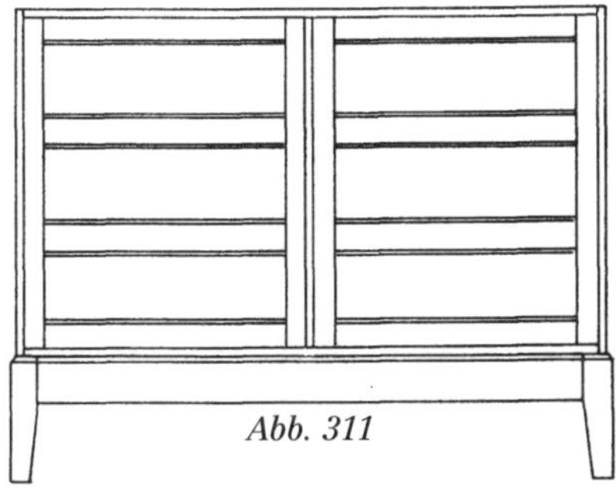

Abb. 311

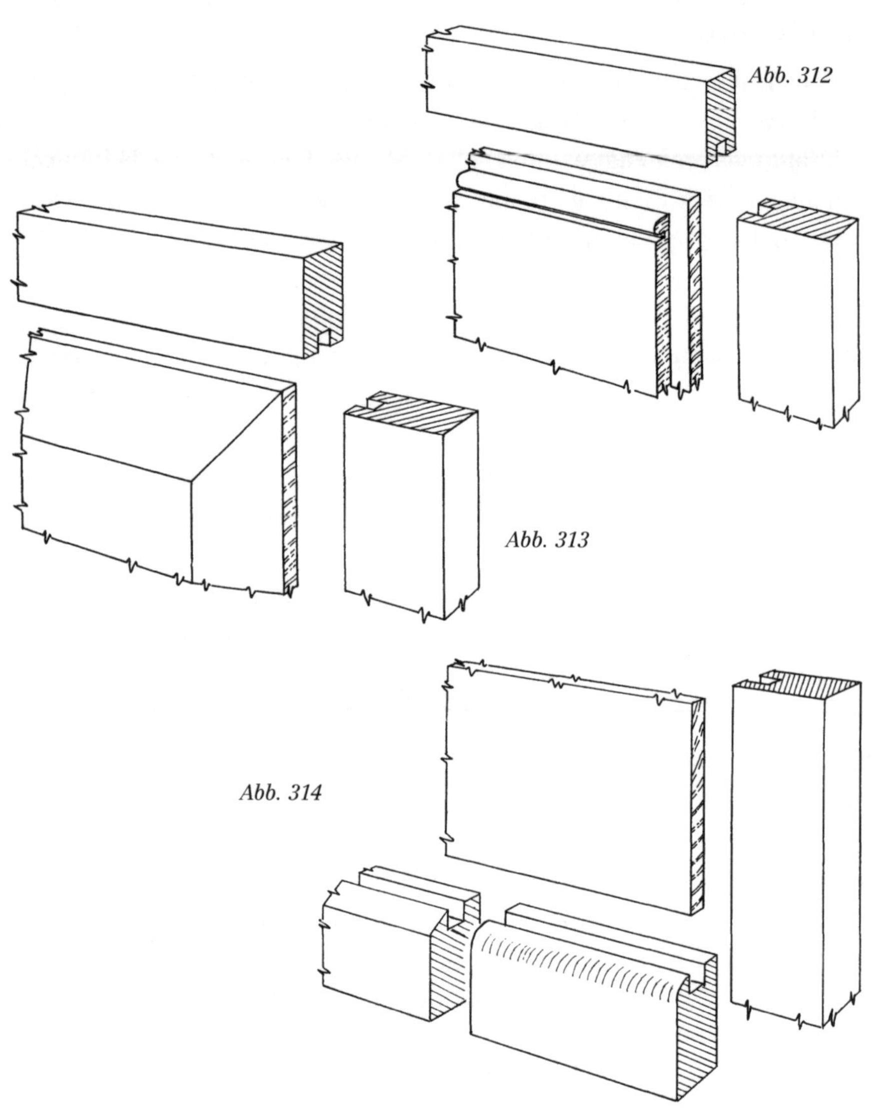

Abb. 312

Abb. 313

Abb. 314

geschnitten oder geschabt werden, um das Risiko zu verringern, dass er beim Verputzen der Fläche eben gehobelt wird.

Die Füllung in Abbildung 313 besteht aus Vollholz und ist an den Kanten mit der Kurzraubank abgeplattet, um sie in die Nut einstecken zu können. Das erhabene Mittelfeld kann in den Korpus oder nach außen weisen. Eine einfachere Konstruktion (Abb. 314) besteht aus rohem Vollholz oder furniertem Sperrholz. In beiden Fällen verläuft die Maserung waagerecht. Bei einer einfachen oder abgeplatteten Füllung sollte die Quer-

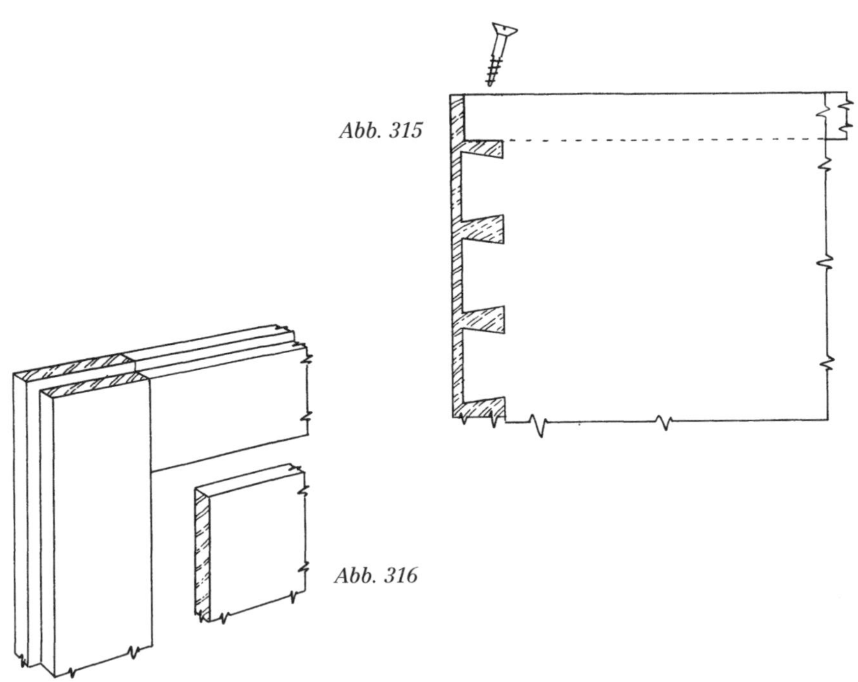

Abb. 315

Abb. 316

friese wie in Abbildung 314 angefast oder mit einem Viertelstab profiliert werden. Das verleiht ein weniger aggressives Aussehen, sammelt weniger Staub ein und ist leichter zu reinigen.

Der Rahmen kann auf unterschiedliche Weisen am Korpus befestigt werden. Am einfachsten ist es, den einfachen Rahmen in den Korpus einzufälzen (Abb. 315) und mit leicht schräg eingesetzten, versenkten Schrauben zu befestigen. Bei hochwertigen Arbeiten verwendet man Messingschrauben. Allerdings wird der erste Schwalbenschwanz dadurch etwas weit von der Kante angeordnet, was die Verbindung schwächt. Besser ist es (Abb. 316 und 317), den Rahmen ebenfalls zu fälzen, sodass die Endschwalbe näher an der Kante platziert werden kann, um eine belastbarere Verbindung zu erhalten. Abbildung 318 zeigt, wie der Falz es erlaubt, die Aufnahmenut für einen Regalboden nach hinten durchgehend zu schneiden, ohne sie absetzen zu müssen, wodurch das Anschneiden der Nut mit der Handoberfräse oder dem Grundhobel erleichtert wird.

Abbildung 319 zeigt eine eingenutete Rückwand. Die Außenkante des Rahmens wird gefälzt, sodass eine Feder entsteht, die in die Nut im Korpus eingeschoben wird. Dies ist eine elegante Anordnung, macht jedoch das

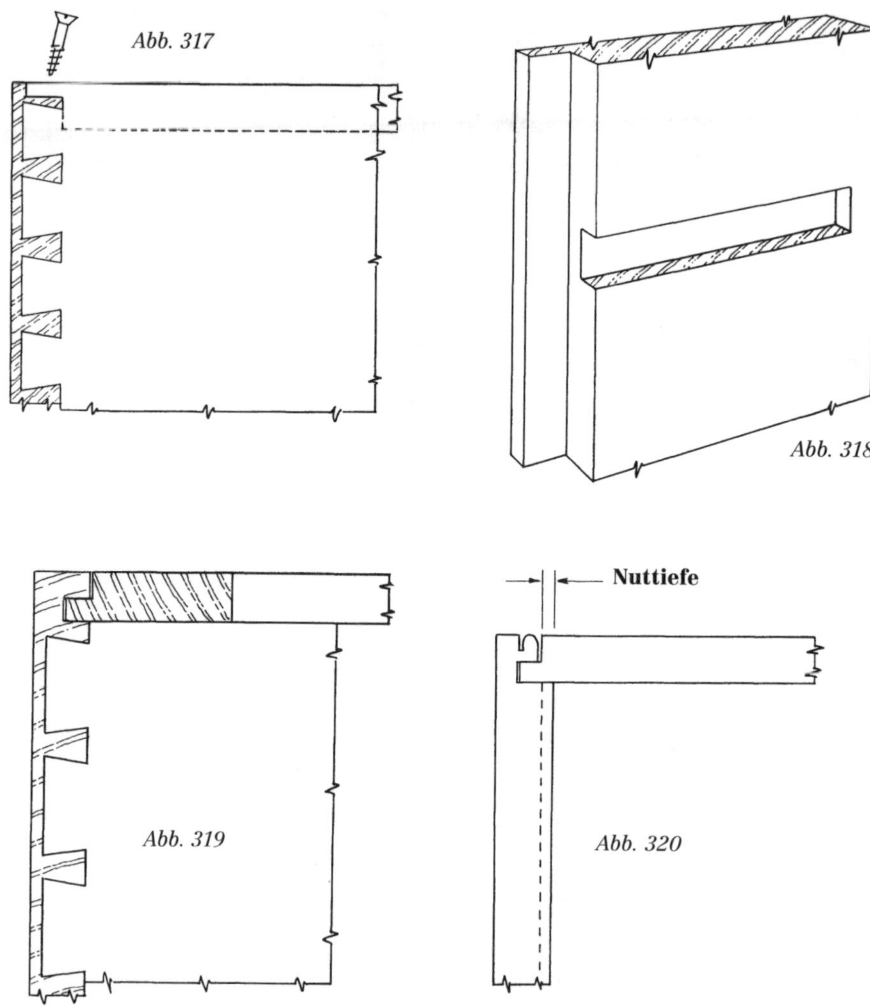

Abb. 317

Abb. 318

Abb. 319

Abb. 320

Anschneiden der Aufnahmenuten für die Regalböden komplizierter. Dieses Problem lässt sich durch eine Kombination aus Nut und Falz (Abb. 320) umgehen. Manchmal wird ein kleiner Viertelstab am Korpus angeschnitten. Dieser muss dann unterhalb der Linie der Aufnahmenut liegen.

Der unterste Regalboden oder der Boden des Korpus schließt normalerweise bündig mit der Innenkante des Falzes oder der Nut ab (Abb. 321). Die Rückwand wird direkt daran angeschraubt. Dies vereinfacht das Verleimen des Möbels. Nur der Korpus wird verleimt, die Rückwand wird später angebracht.

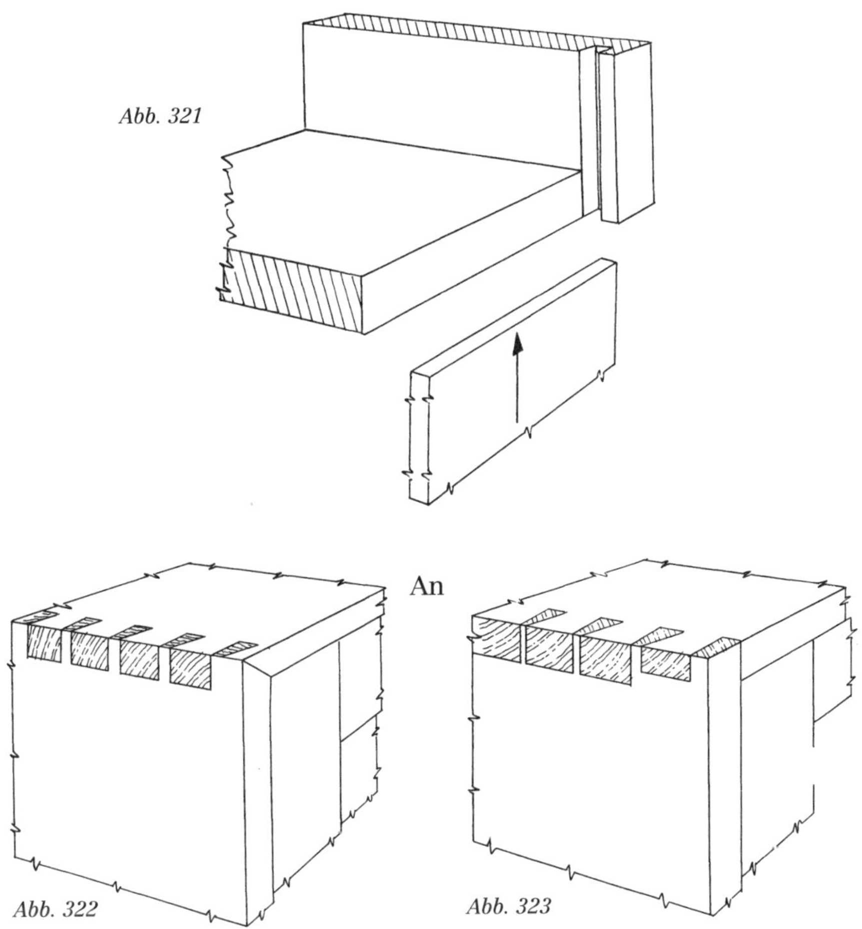

Abb. 321

Abb. 322

Abb. 323

An den Eckverbindungen des Korpus muss die Nut oder die Aufnahme für die Rückwand berücksichtigt werden. Abbildung 322 zeigt eine auf Gehrung gearbeitete hintere Ecke, wie man sie oft bei offenen Schwalbenschwanzzinkung oder Fingerzinken findet. Alternativ kann man einen Schwalbenschwanz (manchmal auch einen Zinken) verkürzen, um eine Nut abzudecken (Abb. 323); halbverdeckte Schwalbenschwanzzinkungen wie bei Schubladenvorderstücken werden ähnlich gestaltet. Bei einer verdeckten Zinkung ist das Nuten etwas einfacher, weil die Nut durch beide Verbindungsteile laufen kann, da sie in der zusammengesetzten Verbindung vollkommen versteckt ist (Abb. 324). Ein Falz lässt sich bei dieser Verbindung nur verwenden, wenn die Ecke auf Gehrung gearbeitet wird.

Abb. 324

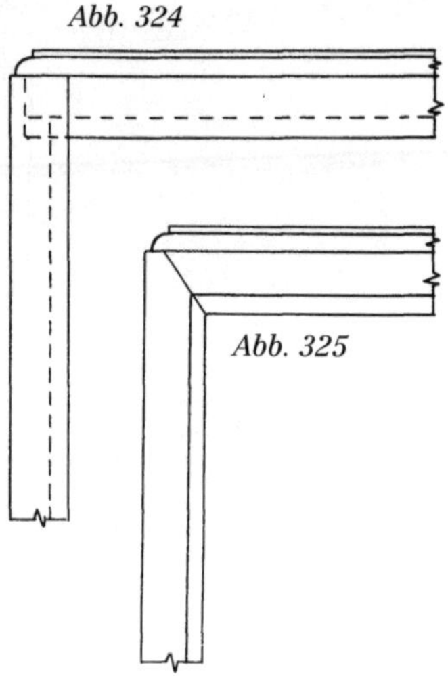

Abb. 325

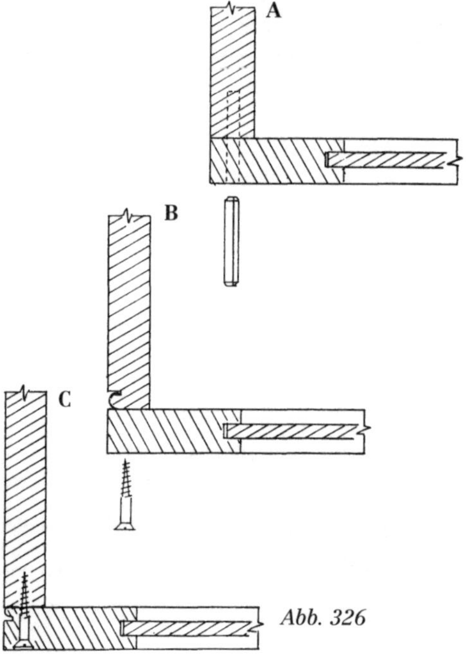

Abb. 326

Abb. 327

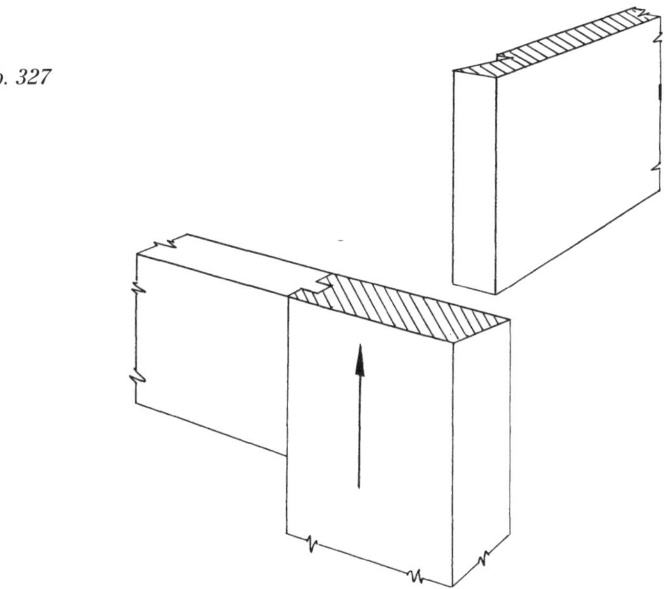

Je nach der relativen Stärke der Korpusseite und des -deckels kann der Gehrungswinkel 45° oder ein anderes Maß haben (Abb. 325). Die unteren Ecken können auf die gleiche Weise gestaltet werden, häufiger lässt man den Korpusboden jedoch wie bereits beschrieben zurückspringen.

Eine aus Rahmen und Füllung konstruierte Rückwand kann auch einfach auf dem Korpus befestigt werden. Im 19. Jahrhundert wurde diese Lösung häufig verwendet, heutzutage findet man sie außer bei demontierbaren Kleiderschränken nur noch selten. Die einfachste Version ist in Abbildung 326 A zu sehen, aber 326 B und 326 C zeigen elegantere Lösungen.

Als Alternative zur Nut kann man auch einen Falz mit schräger Wandung am Korpus anschneiden (Abb. 327). Der Rahmen wird im gleichen Winkel angeschnitten. Das Ergebnis erinnert an eine halbierte Gratnutverbindung. Eine Handoberfräse mit Zinkenfräser liefert einen sehr genau geschnittenen Winkel am Korpus. Mit einem sehr fein eingestellten Putzhobel kann man den Rahmen dann genau einpassen (Abb. 328). Die Verbindung wird nicht häufig verwendet, ist jedoch sehr effektiv.

Eine Rückwand aus gespundeten Brettern (Abb. 329) kann aus dem gleichen Material wie der Korpus oder aus einem kontrastierenden Holz hergestellt werden. Zedernholz ist ein besonders ansprechendes Holz für Korpusrückwände und riecht angenehm. In Abbildung 330 ist die Befes-

Abb. 328

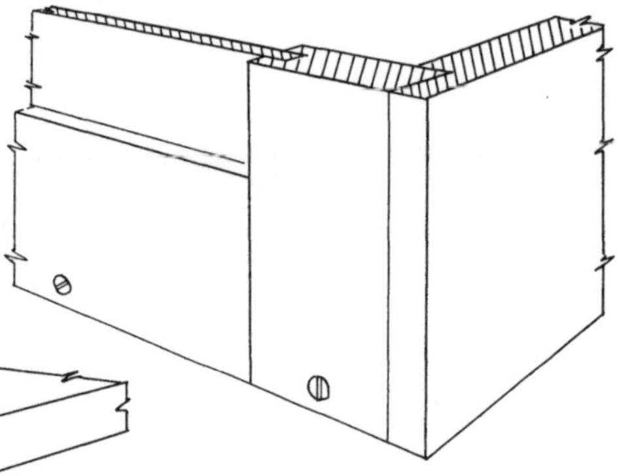

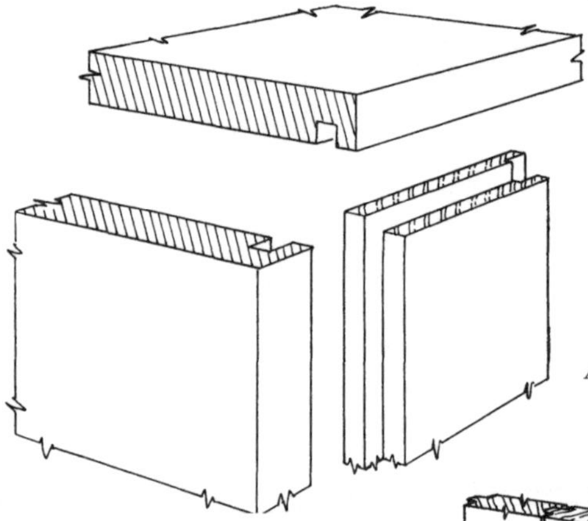

Abb. 329

Abb. 330

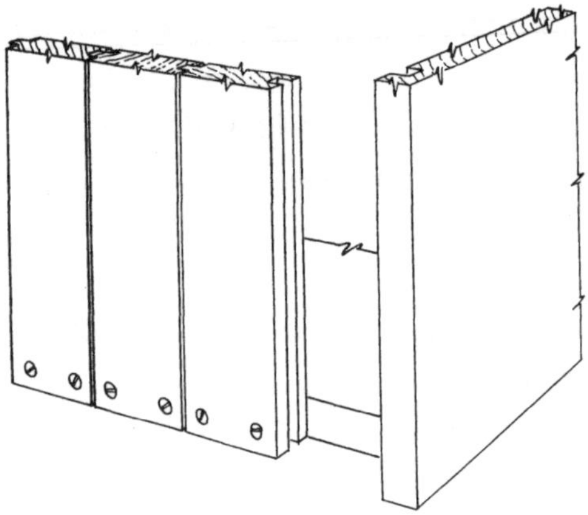

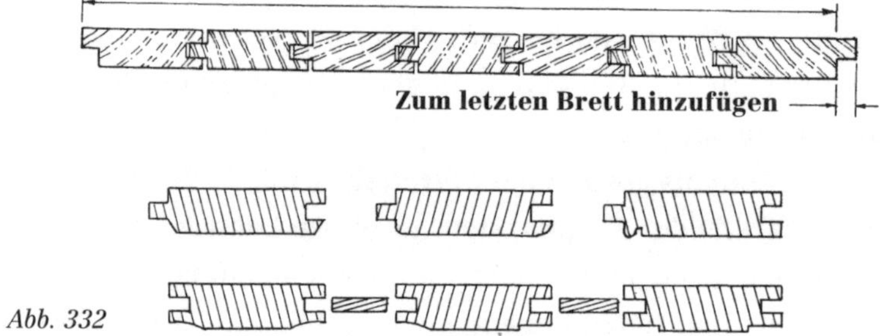

Abb. 331

Abb. 332

tigung an der Unterkante zu sehen, die der Lösung bei einer Rückwand aus Rahmen und Füllung ähnelt. Eine Rückwand aus gespundeten Brettern muss sorgfältig geplant werden, bei hochwertigen Arbeiten möglichst mit einer Arbeitszeichnung in Originalgröße. Die beiden Endbretter unterscheiden sich von den Mittelbrettern und voneinander. Abbildung 331 verdeutlicht dies und zeigt, wie die Maße der Bauteile berechnet werden. Das mögliche Quellen des Holzes muss berücksichtigt werden. Das Schwinden lässt sich durch die Wahl der Dekoration kaschieren. Abbildung 332 zeigt einige alternative Gestaltungsmöglichkeiten.

Keine dieser Lösungen ist ideal für einen Korpus, bei dem der Deckel und manchmal auch der Boden des Korpus über die Seitenteile hinausstehen. Dies Situation ergibt sich häufig bei gedübelten Konstruktionen. Man kann zwar mit der Handoberfräse eine abgesetzte Nut in den Deckel schneiden, aber wenn man auf die traditionellen Methoden mit einem Nuthobel oder gar mit einer kleinen Kreissäge zurückgreift, wird es etwas umständlich. Es ist immer vorzuziehen, wenn man eine durchgehende Nut schneiden kann. Eine elegante Alternative ist eine schmale genutete Querleiste, die man am Deckel und Boden anbringt (Abb. 333). Bei Hängeschränken kann man sie zugleich zum Aufhängen verwenden. Diese Lösung bietet sich für alle bisher vorgestellten Rückwände an. Die Abbildungen 334 und 335 zeigen ähnliche Querleisten, die an jedem Regalboden angebracht sind. Man kann in ihnen einzelne Füllungen anbringen oder eine Rückwand aus sehr kurzen gespundeten Brettern konstruieren.

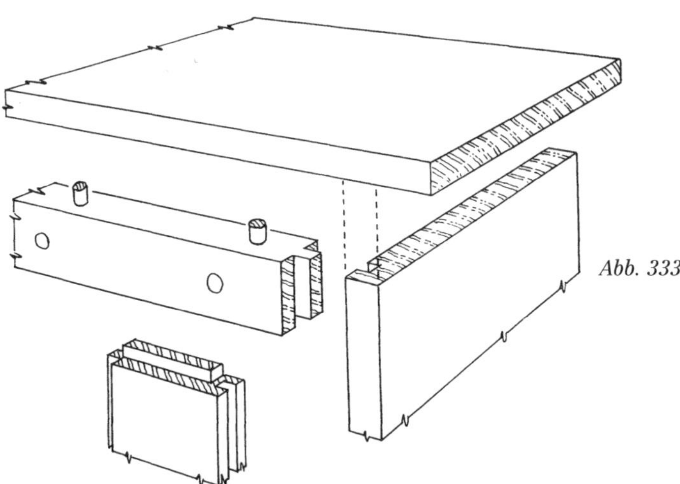

Abb. 333

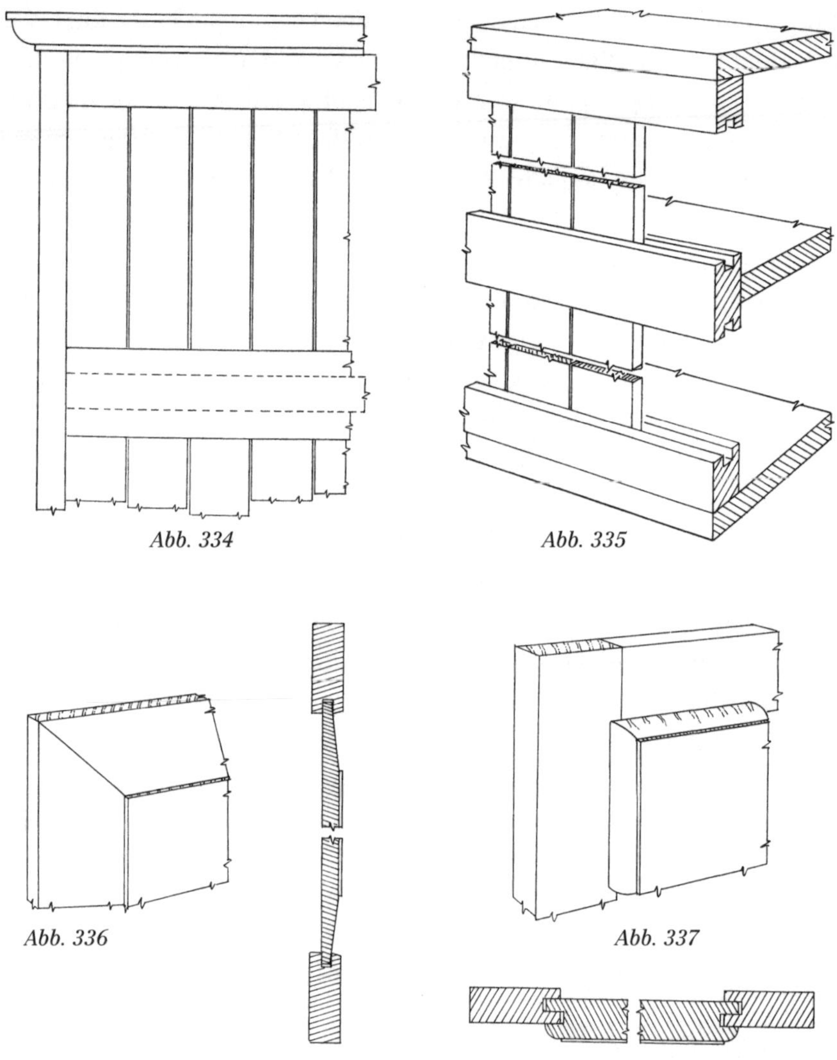

Abb. 334

Abb. 335

Abb. 336

Abb. 337

Dekorative Füllungen kommen bei Möbeln vor, die man von allen Seiten betrachten kann, wie etwa freistehenden Schreibtischen mit Unterschränken. In diesem Fall werden fast immer Rückwände aus Rahmen und Füllungen eingesetzt. Die Füllungen sind meist abgeplattet (Abb. 336), aber bündige Füllungen und solche mit profilierten Kanten sind ebenso geeignet. Überschobene Füllungen (Abb. 338) sind eine weitere Möglichkeit; sie sind dick, schwer und materialaufwendig, können aber preiswert auch aus einzelnen Lagen dünneren Materials hergestellt werden (Abb. 338). Bündige Füllungen mit Nut-und-Feder-Verbindungen (auch in anderen

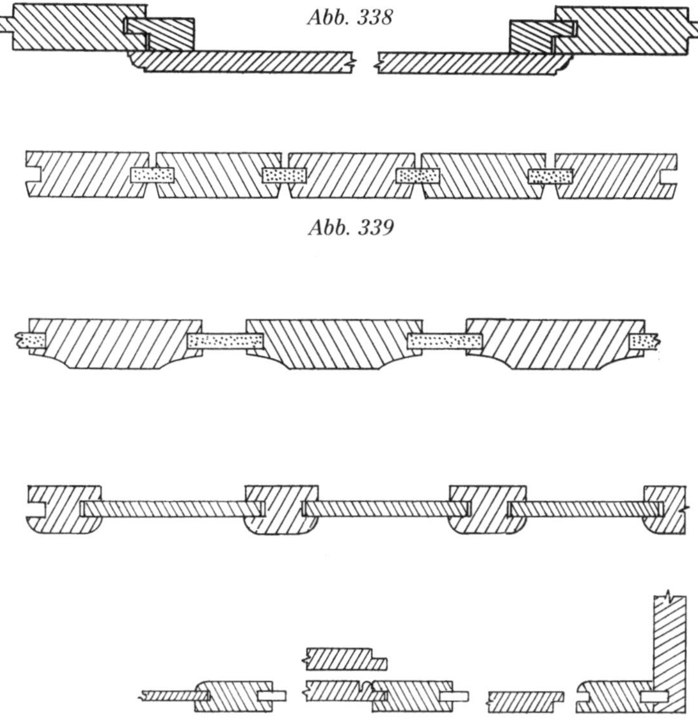

als den üblichen Gestaltungen, Abb. 339) sind eine andere. Lose Federn, die in identische genutete Bretter eingesteckt werden, machen den Bau einer solchen Rückwand deutlich einfacher als die gespundete Variante.

Rückwände aus Sperrholz sind natürlich sehr viel leichter anzufertigen (Abb. 340), aber für wirklich hochwertige Arbeiten muss man gute Sperrholzqualitäten und Furniere verwenden. Außer bei sehr kleinen Korpusmöbeln sollte das Sperrholz mindesten 6 mm stark sein. Das Anbringen einer Sperrholzrückwand ist einfacher: Sie wird lediglich eingenutet oder eingefälzt. Da Sperrholz biegsamer ist als eine Konstruktion aus Rahmen und Füllungen oder gespundeten Brettern, empfiehlt es sich, die Rückwand auch an den Regalböden oder einer mittleren Trennwand anzuschrauben. Sperrholz eignet sich nicht sehr für versenkte Schraubenlöcher, deshalb sollte man Schrauben mit Senkkopf oder Linsensenkkopf in Verbindung mit Senkscheiben (sogenannte Rosetten) verwenden.

Wenn eine oberflächenbehandelte Rückwand (oder auch eine Rückwand mit bündigen Füllungen) in die Nuten eingeschoben wird, kann die

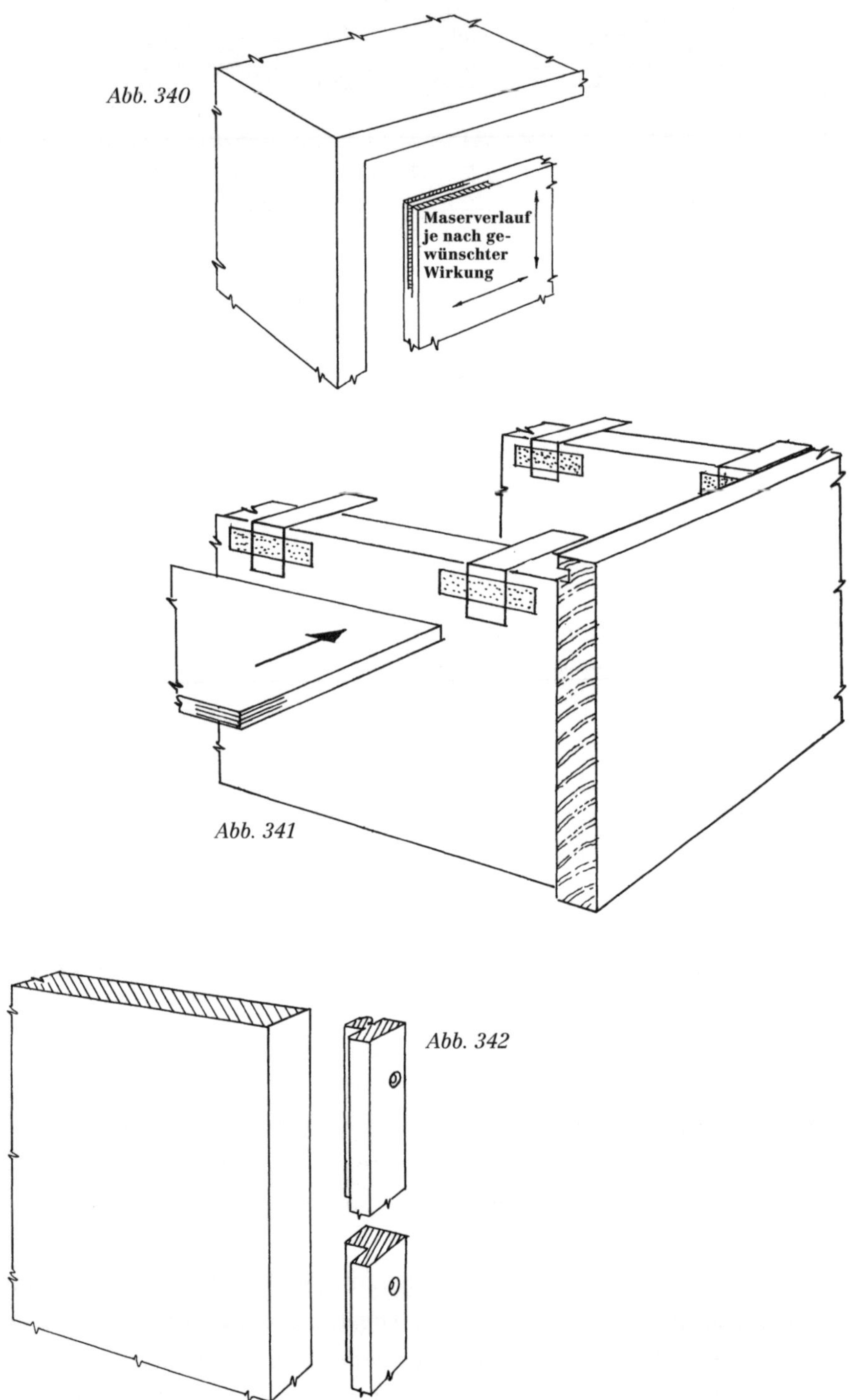

Abb. 340

Abb. 341

Abb. 342

hintere Kante eines Regalbodens die Rückwand zerkratzen. Das lässt sich vermeiden, indem man die Regalböden leicht von der Nut zurückspringen lässt. Falls sich das Sperrholz jedoch durchbiegt, kann es trotzdem zu Beschädigungen kommen. Eine bessere Lösung besteht darin, kleine Kartonstücke mit Klebeband an der hinteren Kante des Regalbodens zu befestigen (Abb. 341). Sie dienen als Abstandshalter und können abgenommen werden, wenn die Rückwand eingeschoben worden ist.

Abbildung 342 zeigt, wie man eine Nut erzeugen kann, indem man eine Leiste am Korpus anschraubt. Dadurch wird es möglich, eine Rückwand ‚einzunuten', nachdem der Korpus verleimt worden ist. Die Leiste kann ganz schlicht sein und nach dem Anbringen bündig verputzt werden, oder sie kann mit einem kleinen Rundstab profiliert werden, der die Fuge verbirgt. Diese Verfahren ist nützlich, wenn ein bisher rückwandloses Möbelstück nachträglich mit einer Rückwand versehen werden soll.

Das Verleimen des Korpus

Wenn man nicht viele Zwingen und mehrere Helfer zur Hand hat, sollte das Verleimen so einfach wie möglich gehalten werden. Mehrere kleine Schritte mit zum Beispiel vier Türspannern sind leichter und weniger umständlich als eine große Verleimaktion mit Unmengen von Zwingen. Alle Innenseiten sollten verputzt und abschließend mit der Ziehklinge und immer feineren Körnungen von Schleifpapier behandelt worden sein. Die Oberflächenbehandlung sollte abgeschlossen sein, bei der die Schwalbenschwanzinkungen, Schlitze und Zapfen, Nuten und Fälze mit Klebeband abgedeckt waren.

Dann führt man eine komplette trockene Montage durch, bei der man sich vergewissert, dass alle Werkzeuge, Verleimzulagen (leicht ballig) und andere Hilfsmittel, die man vermutlich benötigen wird, zur Hand sind, darunter auch Richtscheite und eine Leiste zur Kontrolle der Diagonallängen. Man sollte mehr Keile anfertigen als man zu benötigen glaubt. Sie sollten zusammen mit einem Hammer in einem sicheren Behälter in der Nähe des Montageplatzes aufbewahrt werden. Beim Verleimen eines großen Korpus ist Geschwindigkeit von überragender Wichtigkeit. Ein Hersteller gibt für seinen Klebstoff eine Offenzeit von zehn Minuten an; falls die Passung der Verbindungen nach dieser Zeit korrigiert wird, kann das

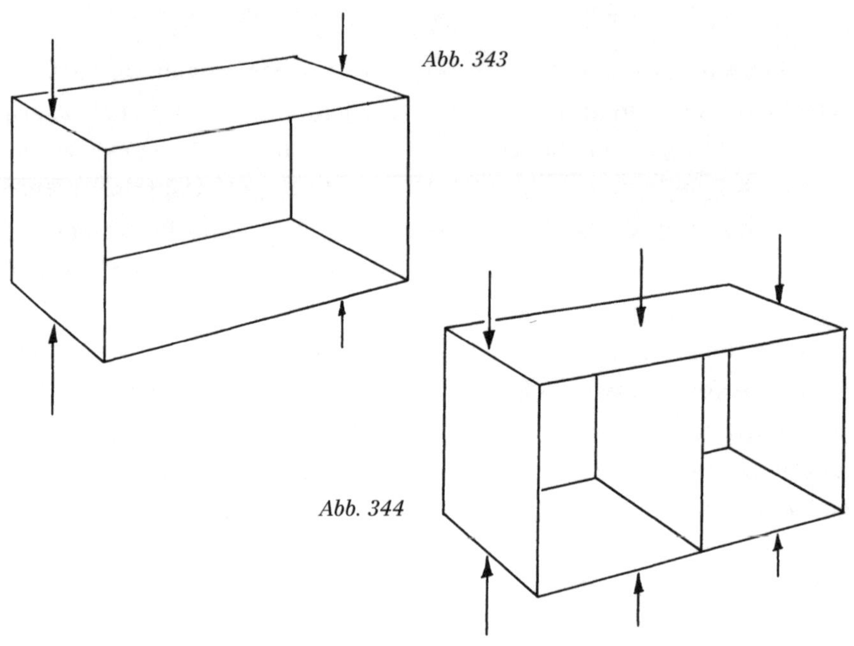

Abb. 343

Abb. 344

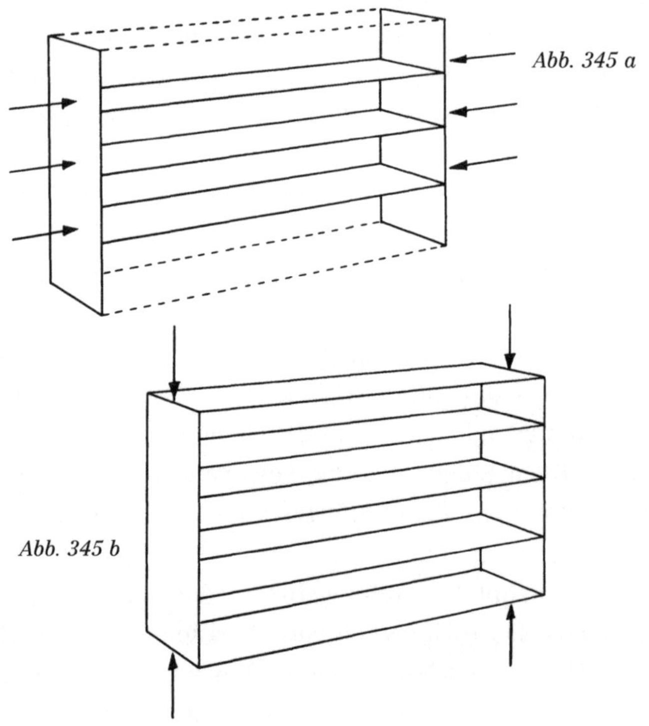

Abb. 345 a

Abb. 345 b

die Adhäsion beeinflussen. Glutinleime müssen in einer warmen, zugluftfreien Werkstatt verarbeitet werden, die auch die Möglichkeit bieten muss, die Leimflächen zu erwärmen (manche Holzwerker verwenden dazu heutzutage elektrische Geräte wie Heißluftlackentferner oder Haartrockner). Unter den Korpus werden zwei Sägeböcke, mobile Werkbänke oder Ähnliches gestellt, um die Türspanner anbringen zu können und von allen Seiten leichten Zugang zum Werkstück zu erhalten.

Bevor Sie den trocken zusammengesteckten Korpus wieder auseinander nehmen, tragen Sie in allen Ecken Wachspolitur auf. Überschüssiger Leim, der aus den Verbindungen austritt, haftet dann nicht am Holz. Falls das Korpusinnere lackiert worden ist, kann man das Wachs später leicht mit Spiritus entfernen, da eine Säuberung mit heißem Wasser oft Spuren hinterlässt. Es ist offensichtlich besser, wenn man sich für eine eingefälzte oder eingenutete Rückwand anstatt einer eingeleimten entschieden hat, weil dadurch das Verleimen des Korpus vereinfacht wird.

Ein einfacher kastenförmiger Korpus (Abb. 343) stellt kein Problem dar. Er wird auf Böcke oder Ähnliches gestellt, dann können Deckel und

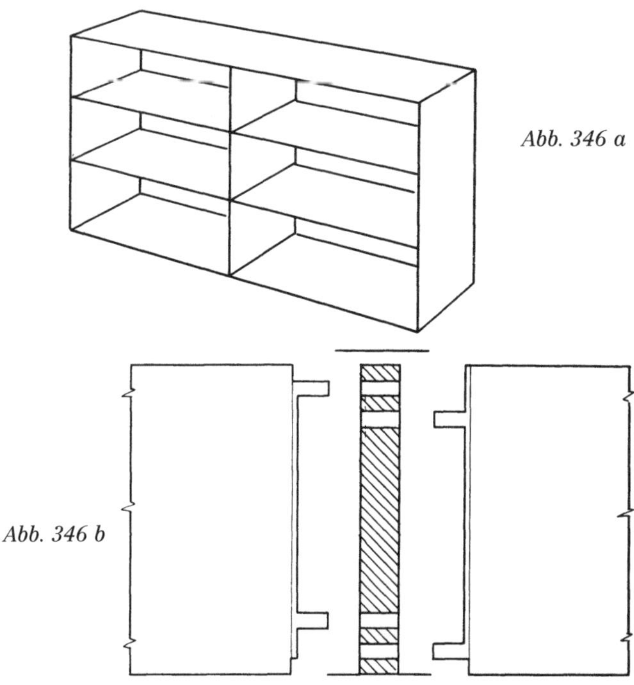

Abb. 346 a

Abb. 346 b

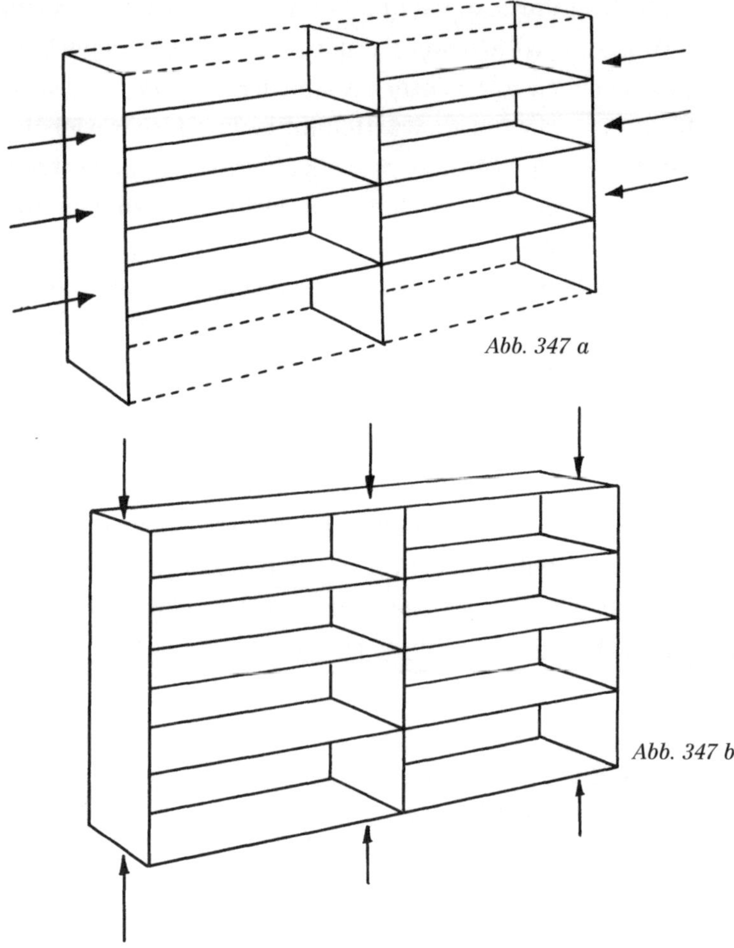

Abb. 347 a

Abb. 347 b

Boden mit senkrecht angesetzten Zwingen angeleimt werden. Ein oder zwei senkrechte Trennwände (Abb. 344) werden auf die gleiche Weise behandelt.

Wenn feste Regalböden hinzukommen, wird es komplizierter. In einem ersten Schritt werden die Böden mit waagerecht angesetzten Zwingen an den Korpusseiten angeleimt. Der Deckel und Boden werden dabei trocken aufgesteckt (Abb. 345 a). Im zweiten Schritt (Abb. 345 b) werden Deckel und Boden dann mit senkrechten Zwingen angeleimt.

Abbildung 346 a zeigt eine Kombination beider Elemente. Die Verbindungen an der senkrechten Trennwand müssen sorgfältig geplant werden. Die Zapfen an jedem Paar von Regalböden müssen versetzt gegen-

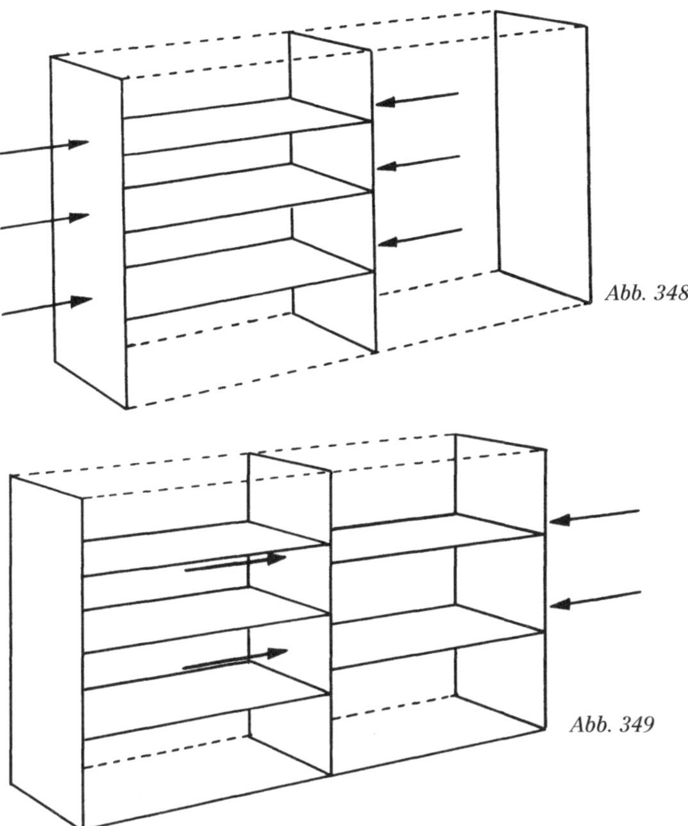

Abb. 348

Abb. 349

einander geschnitten werden (Abb. 346 b). Im ersten Schritt werden die Regalböden, Korpusseitenteile und Trennwand verleimt, Boden und Deckel werden dabei trocken aufgesteckt (Abb. 347 a). Im zweiten Schritt werden Boden und Deckel angeleimt (Abb. 347 b). Das Verleimen ist einfacher, wenn die Regalböden in der Höhe gegeneinander versetzt sind. In diesem Fall werden zuerst die Böden zwischen einem Korpusseitenteil und der Trennwand eingeleimt (Abb. 348), dann folgt das andere Seitenteil mit den restlichen Böden (Abb. 349); bei beiden Schritten werden Boden und Deckel trocken aufgesteckt. Boden und Deckel werden dann in einem dritten Schritt aufgeleimt, wie in Abbildung 347 b zu sehen.

Wenn man verstellbare Regalböden verwendet, gestaltet sich das Verleimen wesentlich einfacher. Bei großen Korpusmöbeln wie etwa hohen Bücherregalen sorgen ein oder zwei feste Regalböden für die Aussteifung des Korpus, während die anderen verstellbar angebracht werden.

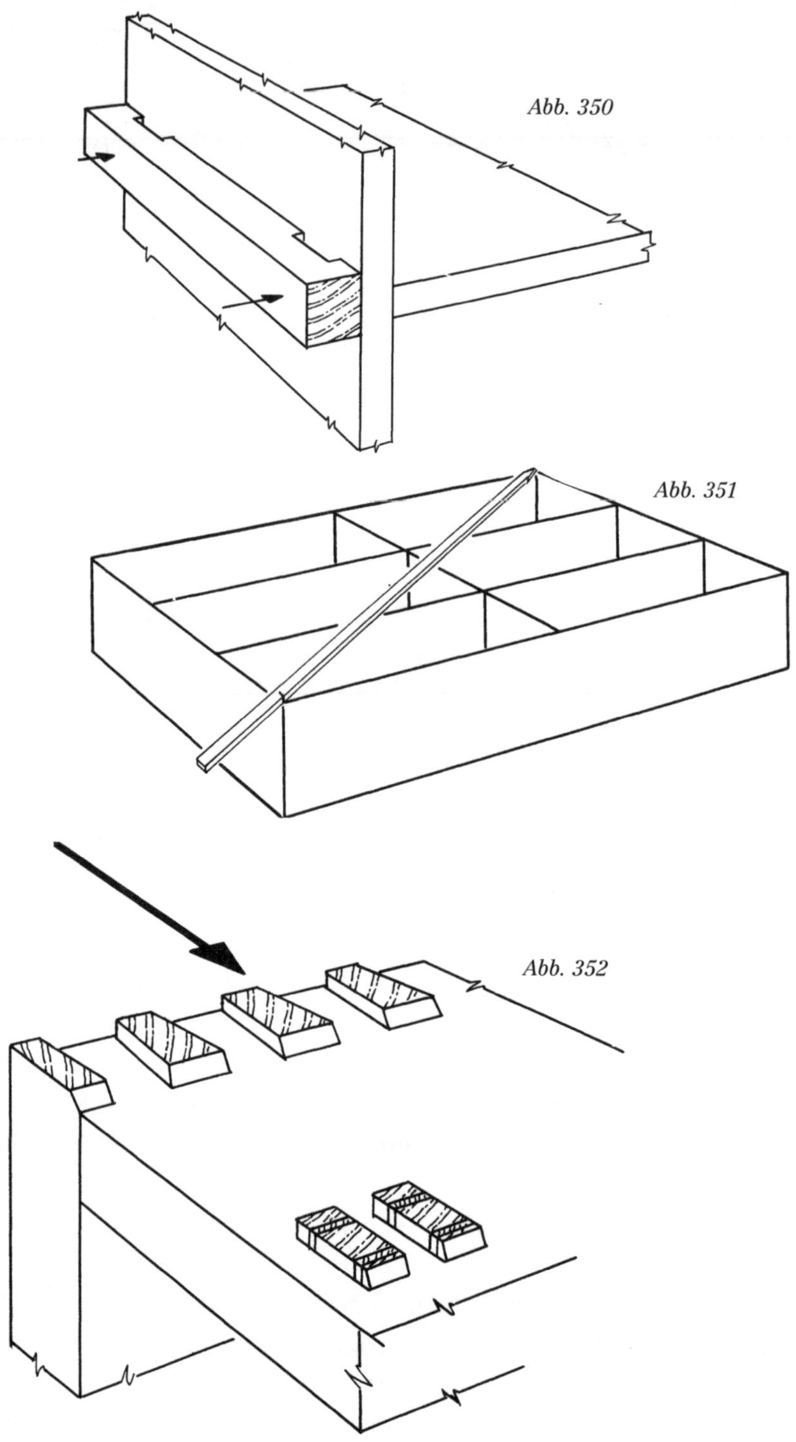

Abb. 350

Abb. 351

Abb. 352

Wenn man Keile verwendet, müssen die Verleimzulagen ausgeklinkt werden (Abb. 350). Der Korpus wird ohne die Keile verleimt, auf Rechtwinkligkeit und Windschiefe kontrolliert, und dann werden die Verleimzulagen eine nach der anderen seitlich so weit verschoben, dass man die Keile eintreiben kann, und dann wieder zurück geschoben.

Es muss nicht nur die Passung jeder Verbindung geprüft werden, sondern auch der Korpus als Ganzes auf Rechtwinkligkeit und eine fluchtende Vorderseite (Windschiefe). Verwenden Sie lange Richtscheite, um auf Windschiefe zu prüfen, und achten Sie darauf, diese nicht mit Leim zu verschmutzen. Ein Tischlerwinkel ist nicht genau genug, um den Korpus auf Rechtwinkligkeit zu prüfen. Verwenden Sie stattdessen eine angespitzte Leiste und einen Bleistift (Abb. 351). Wenn man die gemessenen Diagonalen beide am nicht-spitzen Ende der Leiste markiert, liegt die wirklich Diagonalenlänge zwischen diesen beiden Markierungen. Man erreicht sie, indem man die Verleimzulagen geringfügig verschiebt.

Eine Vorrichtung aus schweren Kanthölzern, 12-mm-Gewindestangen, Muttern und Unterlegscheiben (siehe Abb. 255) ist ein nützlicher Ersatz für Türspanner oder kann sie ergänzen. Die Vorrichtung ist vor allem dann hilfreich, wenn man alleine arbeitet.

Das Verputzen folgt der üblichen Methode: gut geschärfter Putzhobel, vielleicht Ziehklinge oder Furnierschabhobel, dann immer feiner werdende Schleifpapierkörnungen. An den Schwalbenschwanzzinkungen wird nach innen gehobelt. Die entfernte Ecke (Abb. 352) sollte mit dem Stechbeitel angefast werden, damit die Fasern dort nicht unterhalb der verputzten Fläche ausreißen. Das Gleiche gilt für durchgestemmte Zapfen.

An den gewachsten Innenecken des Korpus sollte sich der getrocknete Leim mit ganz leichter Hebelwirkung der Schneidenecke eines Stechbeitels entfernen lassen. Die Oberflächen der Außenseiten werden normalerweise nicht behandelt, bis man alle anderen Arbeiten (wie das Einpassen von Türen und Schubladen) ausgeführt hat.

Türarten

Bei der Herstellung einer einfachen einschlagenden Tür scheint die Wahl eines guten Vollholzbretts naheliegend zu sein (Abb. 353). Allerdings ist dies keine Lösung, da das Holz schwinden oder quellen kann, wodurch die Passung beeinträchtigt wird, oder sich werfen kann, was das Einpassen vollkommen unmöglich macht. Eine stabile, aber leichte Tür, die angemalt werden oder nicht so hohen Ansprüchen genügen soll, kann man aus einem auf Gehrung gearbeiteten Rahmen herstellen, auf den beidseitig dünne Sperrholzplatten aufgeleimt werden (Abb. 354).

Abbildung 355 zeigt eine schwerere und robustere Tür. Hierbei wird ein belastbarerer Rahmen mit Dübeln oder Zapfenverbindungen hergestellt und mit zwei Sperrholzplatten bedeckt. Die Tür wird durch zusätzlich Friese im Rahmen ausgesteift. In diese Friese und in das untere Querfries werden Löcher gebohrt, um einen Druckausgleich zwischen Außen- und Innenatmosphäre zu ermöglichen. Der Abstand zwischen den Innenfriesen sollte nicht zu groß und die Sperrholzplatten sollten nicht zu dünn (Mindeststärke 6 mm) sein, weil sich die Friese sonst durch das Sperrholz durchzeichnen würden.

Eine Tür aus Multiplex oder Tischlerplatte ist sehr dimensionsstabil, aber die Kanten sind nicht sehr ansprechend und halten die Schrauben für Scharniere nicht sehr gut. Solche Türen werden deshalb meist

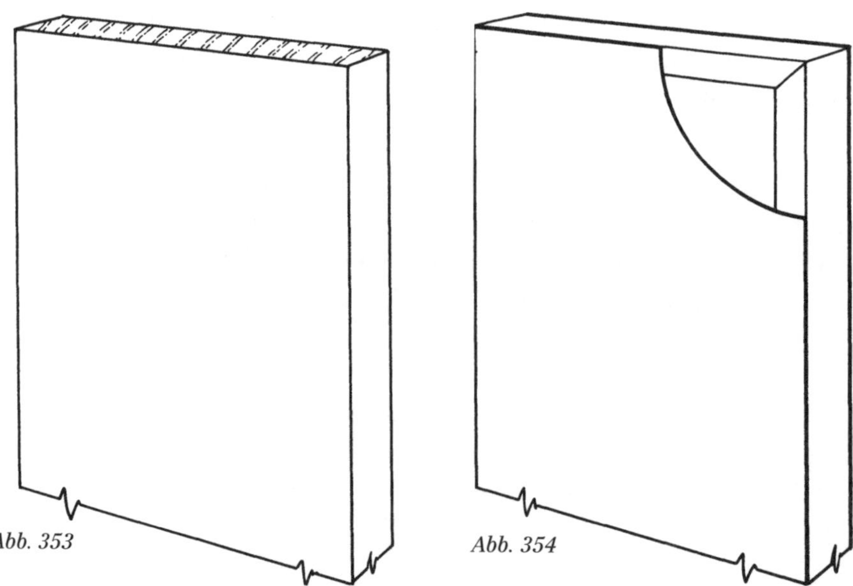

Abb. 353 *Abb. 354*

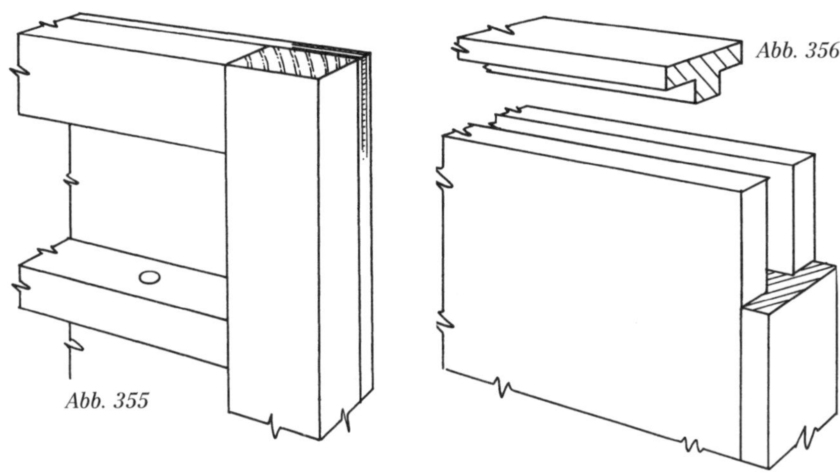
Abb. 355

Abb. 356

mit Umleimern versehen (Abb. 356). Die Umleimer können an den Ecken stumpf auf Stoß oder auf Gehrung gearbeitet werden. Die angeschnittene Feder ist wichtig, damit die Verleimung des Umleimers, vor allem im Hirnholz einer Tischlerplatte, belastbar ist. Der Umleimer kann an einer furnierten Platte angebracht werden, aber bei hochwertigen Arbeiten wird sie verdeckt, indem man die ganze Fläche erst dann furniert, nachdem der Umleimer angebracht und bündig verputzt worden ist. Umleimer müssen aus gut getrocknetem Material geschnitten werden, weil es sonst zum Schwinden kommen und der Umleimer durch das Furnier durchscheinen kann.

Abb. 357

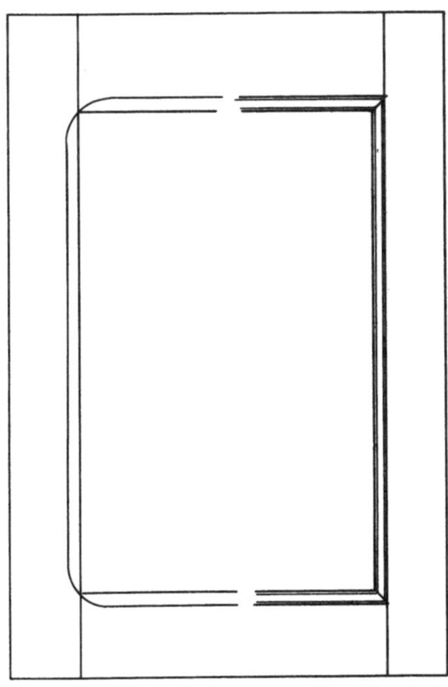

In guten, handwerklich hergestellten Möbeln werden Türen oft als Rahmen-und-Füllung (Abb. 357) gestaltet. Der Rahmen wird dann an der Innenkante profiliert oder angefast. Die folgenden Abbildungen zeigen einige der möglichen Kombinationen aus Rahmen und Füllung.

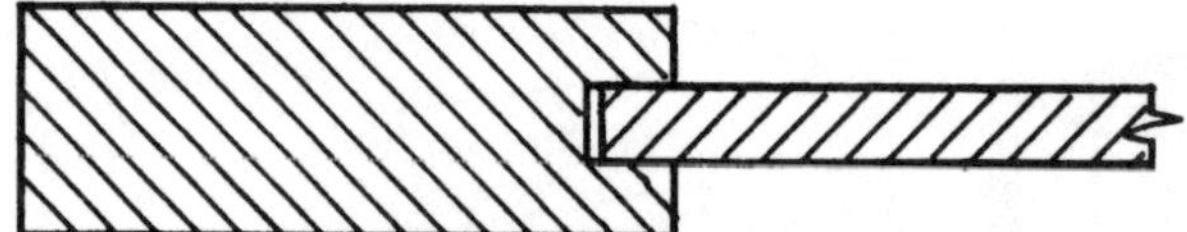

Abb. 358: Die einfachste Form. Eine Füllung als Vollholz oder aus furniertem Sperrholz in einem genuteten Rahmen.

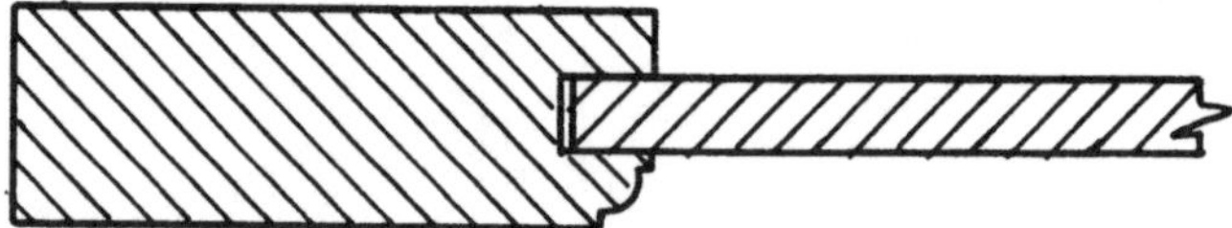

Abb. 359: Mit profilierter Vorderkante

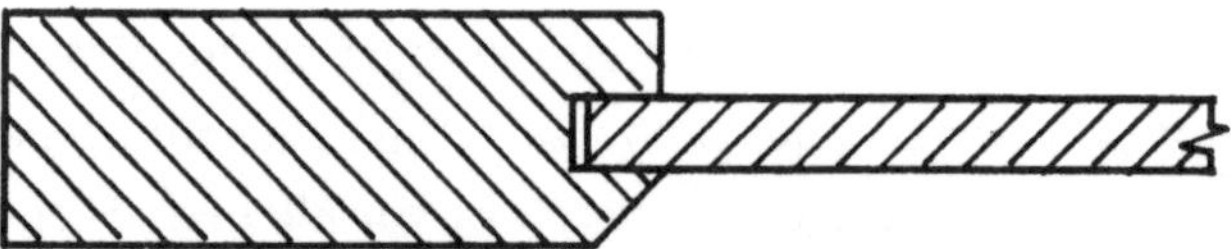

Abb. 360: Mit angefaster Vorderkante

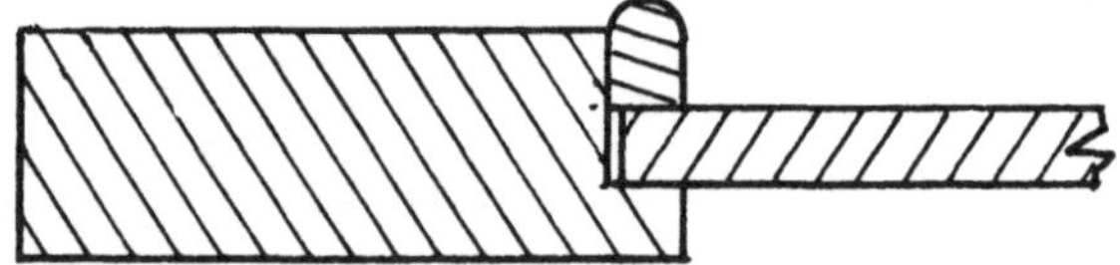

Abb. 361: Füllung in einen Falz eingelegt und mit Leiste fixiert. Diese Methode ist im gewerblichen Möbelbau beliebt, da man die Oberfläche der Füllung vor dem Zusammenbau bearbeiten kann. Sie wird auch verwendet, um Rahmen zu verglasen.

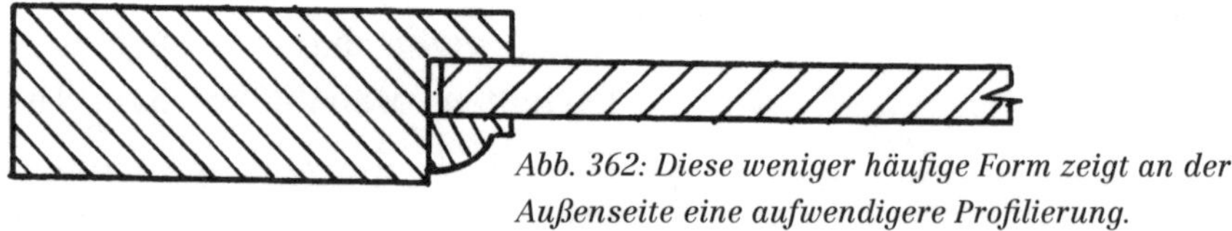

Abb. 362: Diese weniger häufige Form zeigt an der Außenseite eine aufwendigere Profilierung.

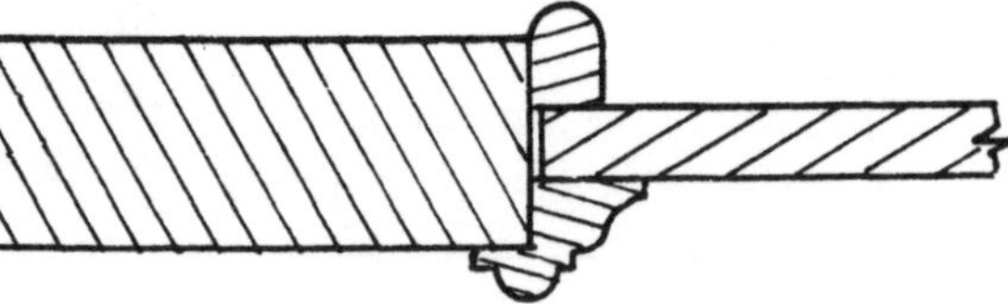

Abb. 363: Ein unprofilierter Rahmen mit Karniesprofilleiste an der Vorder- und Halbstableiste an der Innenseite.

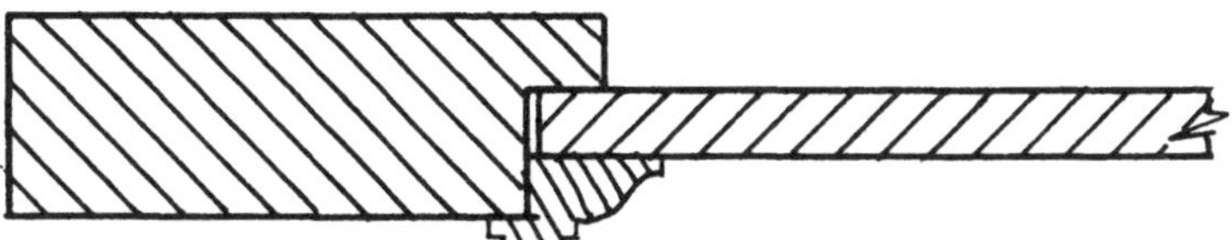

Abb. 364: Das Karniesprofil in Verbindung mit einem Falz. Profilleisten mit Karniesprofil werden meist zugekauft. Sie sind nicht mehr so leicht zu erhalten wie einst, aber Fachhandlungen für Laubholzprofilleisten bieten meistens mehrere Varianten für Möbelrestauratoren an.

Abb. 365: Eine einfach mit dem Hobel abgeplattete Füllung sieht man nicht sehr häufig. Sie ist aber bei manchen Holzwerkern wegen der schnellen und wirtschaftlichen Herstellung noch beliebt. Die Abplattung wird oft an der Innenseite einer Tür angebracht, sodass die Füllung von Außen schlicht aussieht.

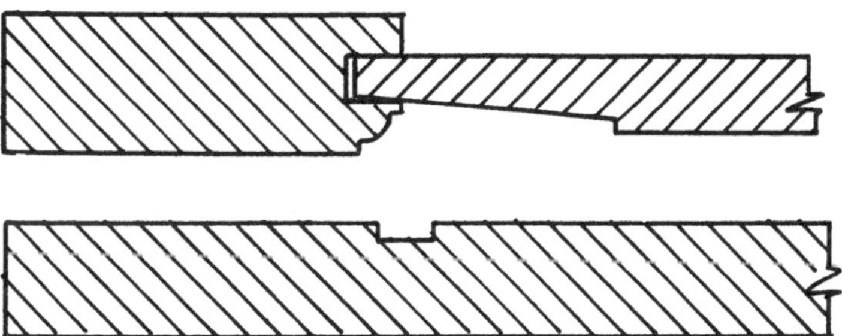

Abb. 366-367: Die abgeplattete Füllung mit Steg (manchmal auch mit zwei Stegen) erfreut sich ebenfalls anhaltender Beliebtheit bei handwerklich arbeitenden Möbelbauern. Man spannt eine Leiste an der Füllung an, die als Anschlag dient, und nimmt den Verschnitt ab – bei kleineren Füllungen mit dem Simshobel, bei größeren mit dem Falzhobel. Die Stärke wird an den Kanten angerissen, und der Steg wird deutlich mit dem Streichmaß angerissen. Alternativ kann man auch zuerst eine schmale Nut mit dem Grundhobel, der Handoberfräse oder Tischkreissäge schneiden und dann den Verschnitt abhobeln (Abb. 367 und 368).

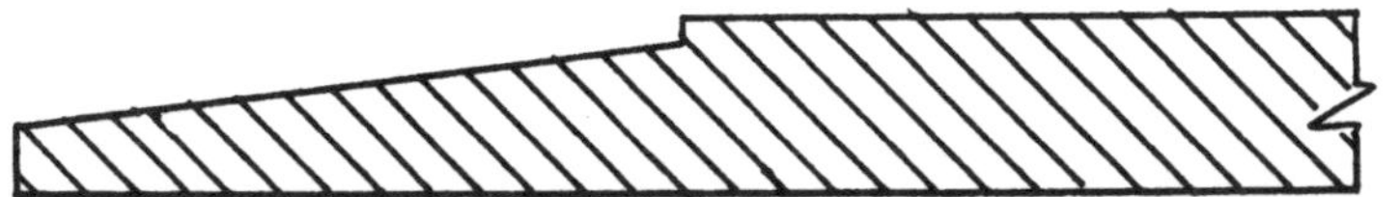

Abb. 368

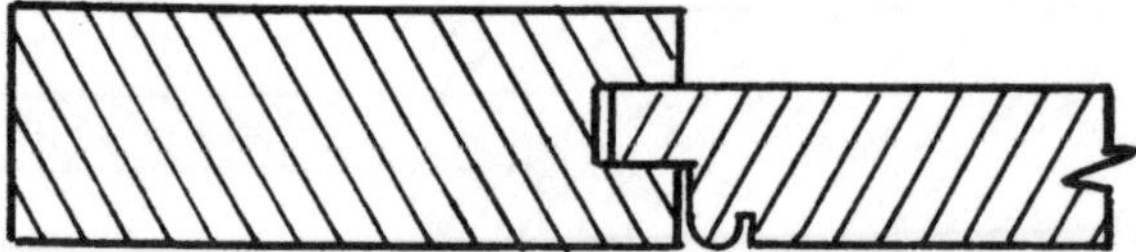

Abb. 369: Die hier abgebildete Füllung ist bereits im Abschnitt „Rückwände" beschrieben worden.

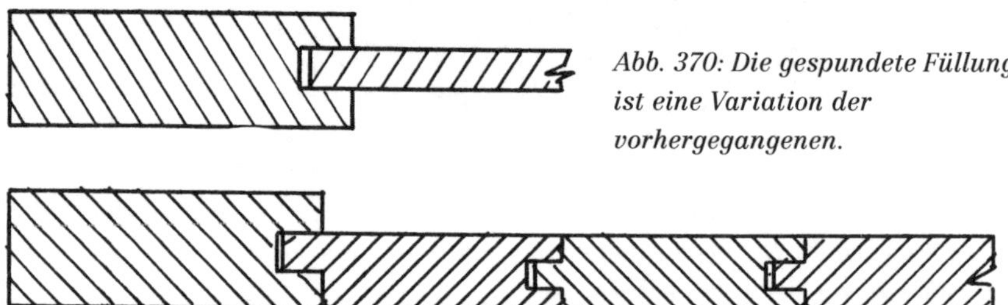

Abb. 370: Die gespundete Füllung ist eine Variation der vorhergegangenen.

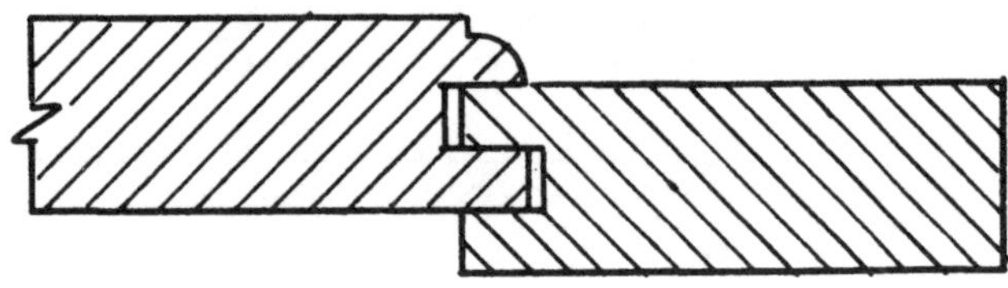

Abb. 371: Die überschobene Füllung mit profilierter oder angefaster Kante erfordert stärkeres Material, sodass sie unter Umständen trotz des guten Aussehens aus Gründen des Gewichts oder der Kosten nicht eingesetzt wird. Der Rahmen muss bei der trockenen Probemontage gut passen und eben sein, da es sehr mühselig ist, ihn nach dem Verleimen, wenn die Füllung eingesetzt ist, noch zu bearbeiten. Man sollte den Rahmen trocken zusammenstecken, einspannen, auf Rechtwinkligkeit kontrollieren und die Eckverbindungen verputzen. Dann wird die Vorderseite als Bezugsfläche verwendet, um die Nuten zu schneiden.

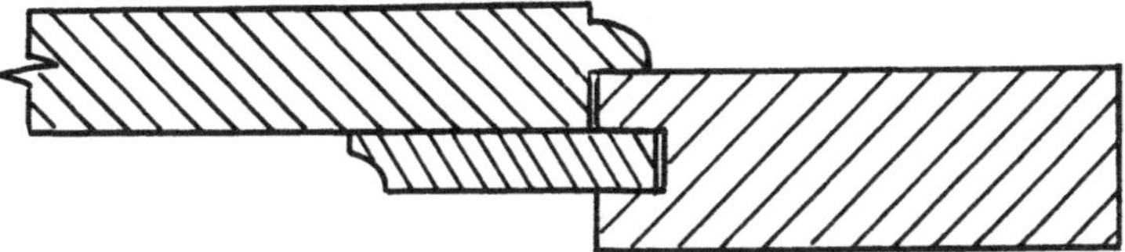

Abb. 372: Die Füllung kann wesentlich dünner gestaltet werden, wenn man eine Feder anleimt.

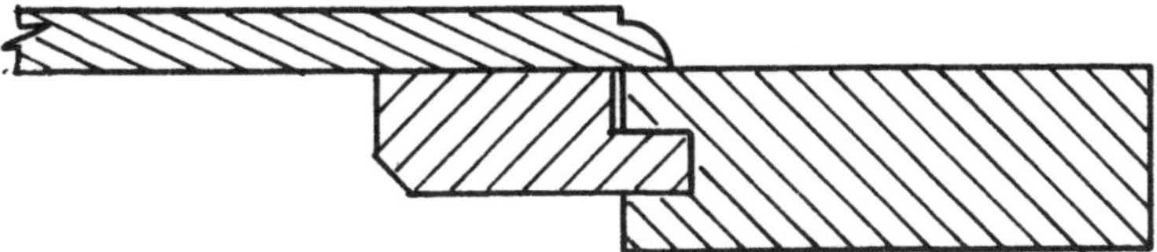

Abb. 373: Noch dünner lässt sich die Füllung gestalten, wenn das angeleimte Bauteil sowohl Nut als auch Feder enthält.

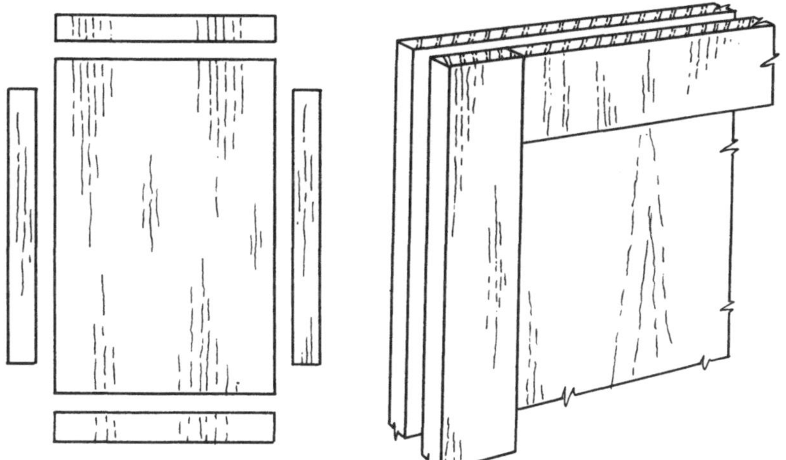

Abb. 374: Die Fasern in den angeleimten Bauteilen müssen in die gleiche Richtung verlaufen wie jene in der Füllung. Im Idealfall stammen sie vom gleichen Brett, um eine gut passende Maserung zu erhalten. Die harte Innenkante kann man vermeiden, indem man vor dem Verleimen ein passendes Profil anschneidet.

Abb. 375: Ein Türenpaar erfordert sorgfältige Planung. Die Längsfriese sehen zwar alle gleich breit aus, aber um die Tür schließen zu können, muss eines der inneren Längsfriese breiter sein als die anderen drei.

Abb. 376: Wenn man an die aufschlagende Tür ein Rundstabprofil anschneidet, müssen beide inneren Längsfriese breiter sein als die äußeren Längsfriese mit den Scharnieren. Diese Methode hat den Vorteil, kleine Ungenauigkeiten in der Passung zu verdecken, da man die Innenkanten der Türen nicht so sorgfältig bearbeiten muss.

Abb. 377: Wenn man mehrere Türen herstellen muss, kann man sich Arbeit sparen, indem man die Längsfriese alle gleich breit macht, in die Kanten der Innenfriese jeweils einen Falz schneidet, und dann an je ein Innenfries eine passende Leiste anleimt.

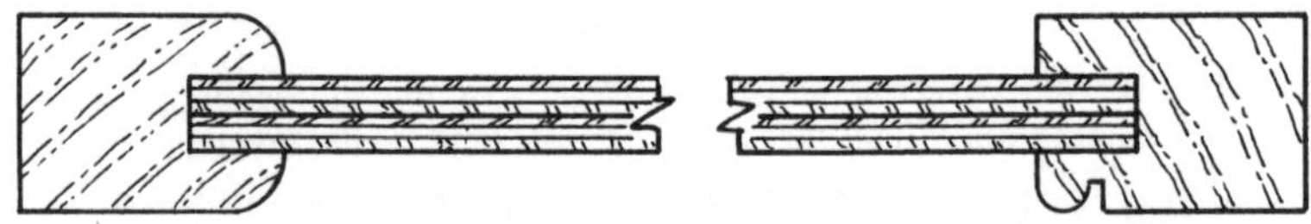

Abb. 378: Dies ist eine praktische Lösung für kleinere Türen, vor allem bei Einbaumöbeln oder deckend lackierten Werkstücken. Man kann Multiplex dafür verwenden oder zwei dünnere Lagen furniertes Sperrholz aufeinanderleimen. An den Seiten werden stärkere Leisten angeleimt, die man zuvor profiliert und genutet hat. Sie bieten hinreichend Material, um Scharniere, Verschlüsse und Ähnliches zu befestigen. Die Unter- und Oberkante der Füllung werden ohne zusätzliche Bauteile eingelassen.

Türen in Rahmenbauweise

Eingenutete Füllungen: Der vorige Abschnitt hat einige der Konstruktionsmöglichkeiten für Türen mit Rahmen und Füllungen dargestellt. Die Konstruktionen sind alle sehr ähnlich und lassen sich gut in nach der Methode unterteilen, mit der die Füllung in den Rahmen eingefügt wird: der Rahmen wird genutet oder gefälzt.

Die einfachste Lösung (Abb. 379) ist eine Füllung, die in einen einfachen Rahmen mit Nut eingelegt wird. Hobeln Sie die Quer- und Längsfriese auf Breite und Stärke aus, reißen Sie die Länge des Korpus an einem Längsfries an (Abb. 380) und die Länge von Brüstung zu Brüstung auf einem Querfries (Abb. 381). Geben Sie eine sehr geringe Zugabe für das Verputzen und Einpassen zu. Spannen Sie die Längsfriese für das Anreißen zusammen (Abb. 382), und nehmen Sie sie dann wieder auseinander. Stellen Sie ein Zapfenstreichmaß auf die Breite des verwendeten Stechbeitels ein, und reißen Sie die Schlitze an (Abb. 383). Der Schlitz muss genauso breit wie die Nut oder breiter sein. Die Nut muss nicht angeris-

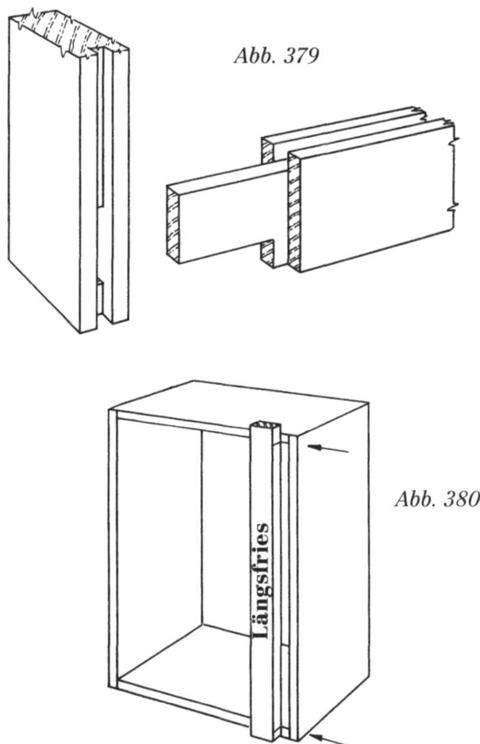

Abb. 379

Abb. 380

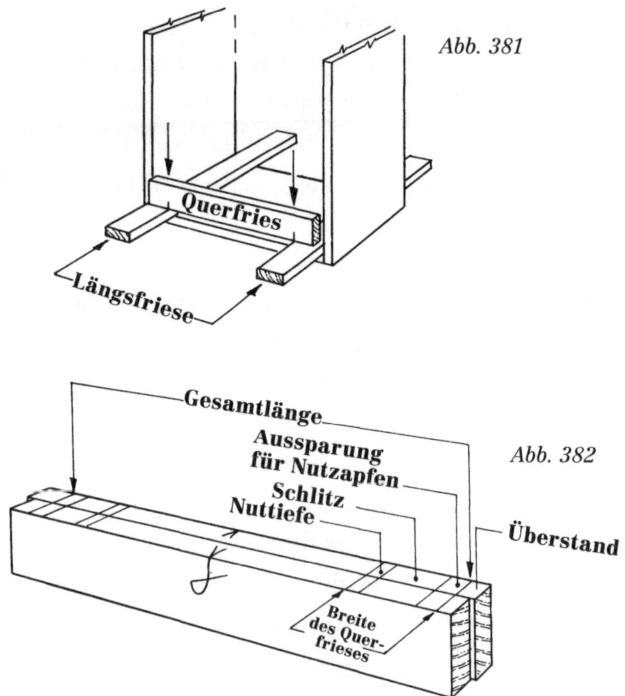

Abb. 381

Abb. 382

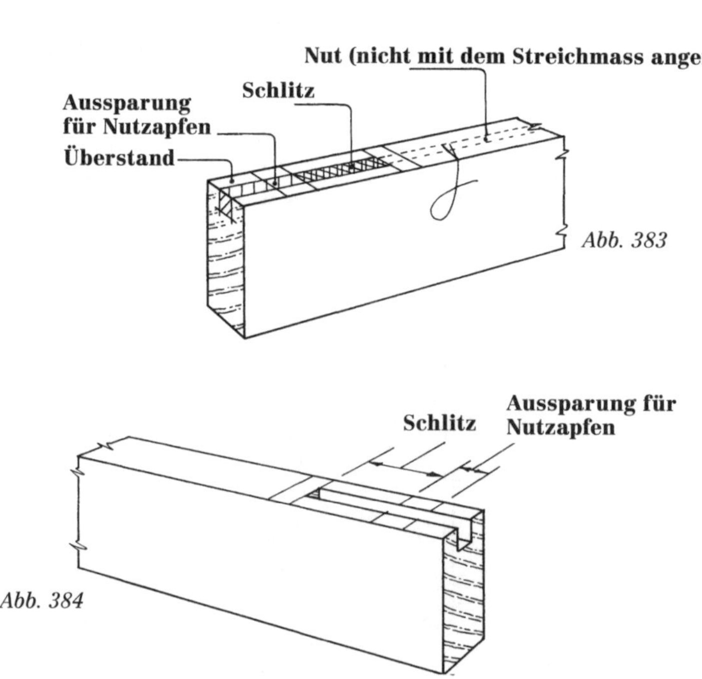

Abb. 383

Abb. 384

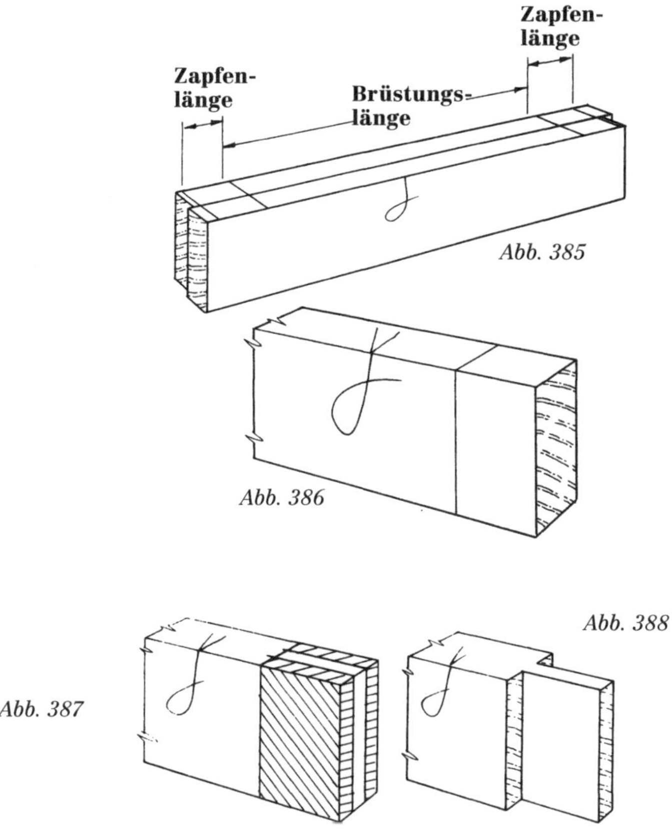

Abb. 385

Abb. 386

Abb. 387

Abb. 388

sen werden, aber zwei Bleistiftmarkierungen können sich als Gedächtnisstützen nützlich erweisen. Dann können die Schlitze und die Aufnahmen für die Nutzapfen geschnitten werden (Abb. 384).

Das Vorgehen bei den Querfriesen ist ganz ähnlich: Sie werden zusammengespannt, und man reißt die Länge der Zapfen und die Länge zwischen den Brüstungen über beide Bauteile an (Abb. 385). Nehmen Sie die Querfriese wieder auseinander, winkeln Sie die Risse auf alle vier Seiten über, und sägen Sie den Verschnitt ab (Abb. 386). Reißen Sie die Zapfen mit unveränderter Einstellung des Zapfenstreichmaßes an, und schraffieren Sie den Verschnitt (Abb. 387). Sägen Sie die Wangen der Zapfen frei (Abb. 388), aber führen Sie in diesem Stadium keine weiteren Arbeiten an den Zapfen aus.

Schneiden Sie jetzt mit einem Nuthobel, der Handoberfräse oder an der Tischkreissäge die Nuten, um Längsfriese wie in Abbildung 379 und

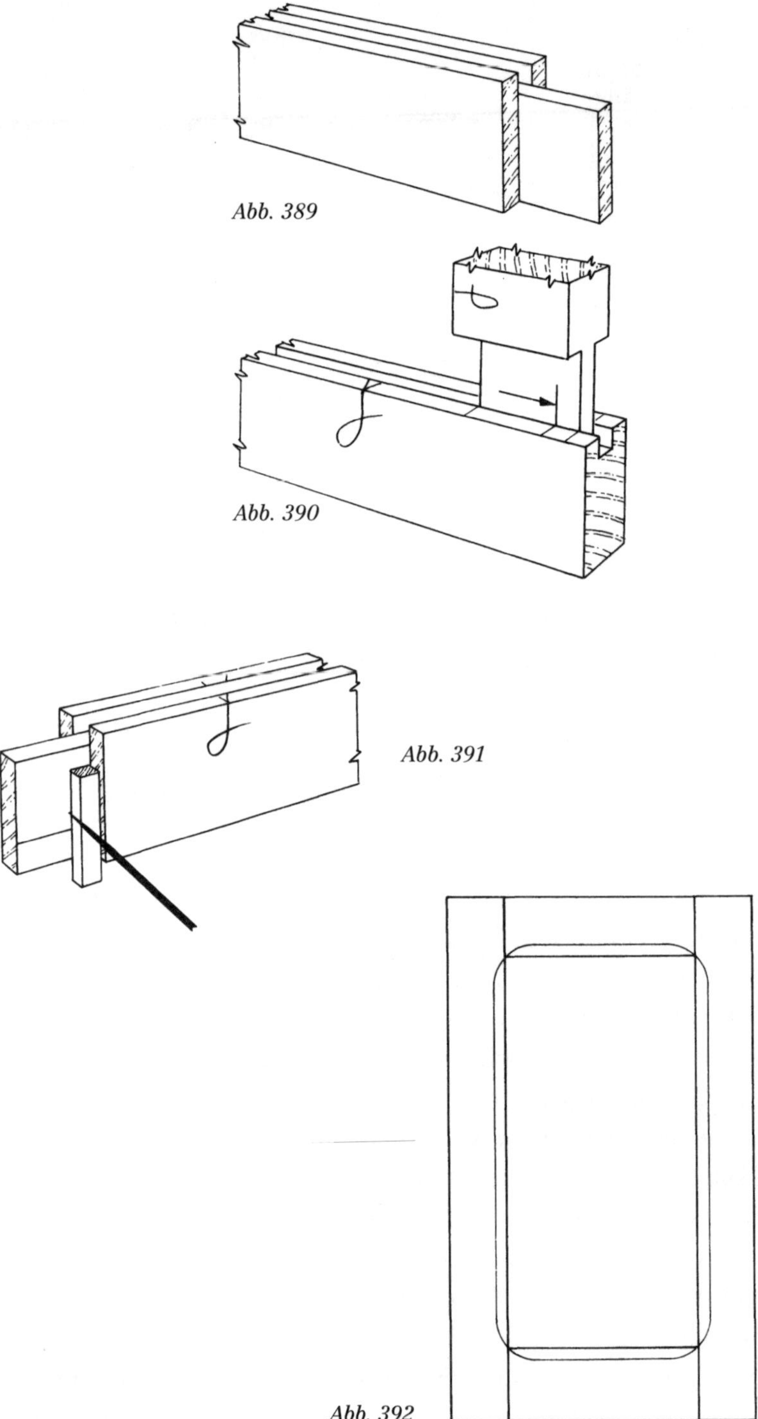

Abb. 389

Abb. 390

Abb. 391

Abb. 392

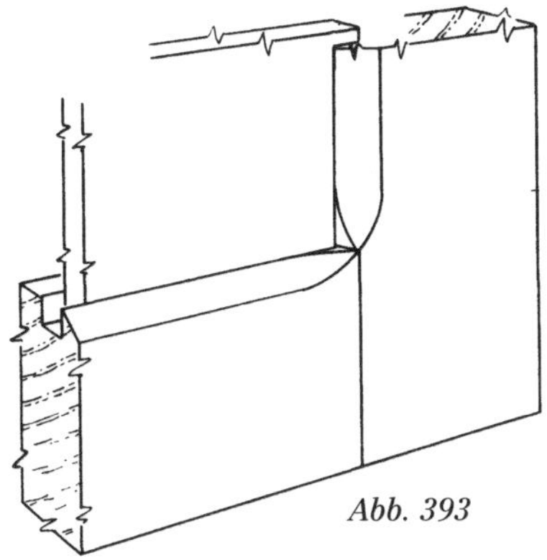
Abb. 393

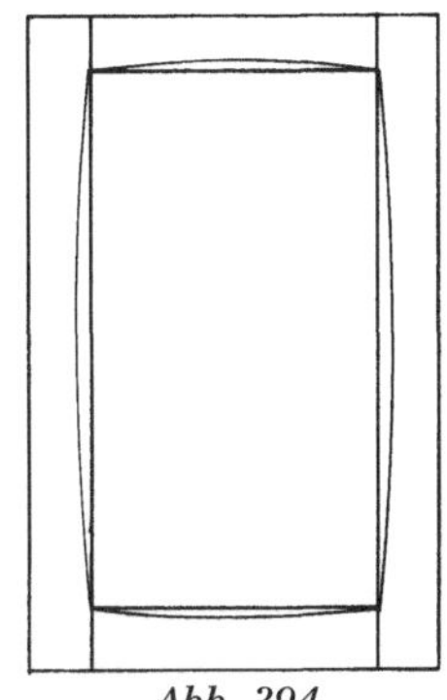
Abb. 394

Querfriese wie in 389 zu erhalten. Halten Sie ein Querfries an ein Längsfries (Abb. 390), und reißen Sie die Lage des Nutzapfens an. Stellen Sie ein Streichmaß auf diesen Wert ein, und reißen Sie an allen Zapfen an. Verwenden Sie einen kleinen Holzklotz in der Stärke der Nuttiefe als Lehre, um die Länge des Nutzapfens anzureißen (Abb. 391). Sägen Sie den Nutzapfen aus, um den fertigen Zapfen am Fries zu erhalten (Abb. 379).

Mit dieser Konstruktion erhält man eine eher streng wirkende Tür, die sich nur schlecht dekorieren lässt. Zwei Möglichkeiten gibt es jedoch trotzdem. Die abgesetzte Fase (Abb. 392 und 393) ist eine beliebte Lösung bei Handwerkern, die in der Tradition der Arts-and-Crafts-Bewegung arbeiten, vor allem bei Werkstücken aus Eiche, Rüster, Esche und ähnlichen einheimischen Hölzern. Die Viertelkreise in den Ecken werden mit einem kleinen Zugmesser geschnitten. Man sollte ausreichend geübt haben, bevor man sich an das eigentliche Werkstück wagt. Abbildung 392 zeigt ein weiteres Entwurfsdetail. Eine einfachere Alternative ist eine schmal auslaufende Fase (Abb. 394), für die man nur einen Schweifhobel mit flacher Sohle benötigt. Das obere Querfries ist zwar oft genauso breit wie die Längsfriese, allerdings erhält man eine belastbarere Verbindung, wenn es etwas breiter ist. Das untere Querfries sollte immer breiter gestaltet werden, um die perspektivische Verschmälerung auszugleichen, die sich ergibt, wenn man von oben auf die Tür blickt. Eine Ausnahme käme nur in Frage, wenn die Tür oberhalb Augenhöhe angebracht wird.

Der Rahmen lässt sich auch verzieren, indem man seine Innenkante profiliert (Abb. 395). Merkwürdigerweise wird diese Möglichkeit in den

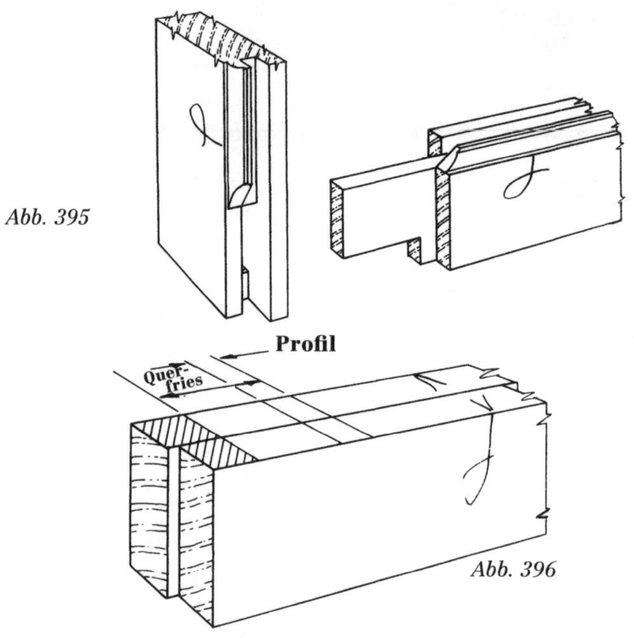

Abb. 395

Abb. 396

meisten Fachbüchern nicht vorgestellt. Die Längsfriese werden auf die gleiche Weise angerissen wie für einen schlichten Rahmen, bei den Querfriesen wird allerdings zusätzlich auch die Tiefe des Profils angerissen (Abb. 396). Aus praktischen Gründen wählt man dafür das gleiche Maß wie für die Tiefe der Nut. Reißen Sie die Schlitze an, und schneiden Sie sie wie zuvor. Denken Sie daran, dass die Tiefe des Nutzapfens von der Unterkante des Profils aus gemessen wird (Abb. 397). Winkeln Sie den Riss auf alle vier Seiten des Querfrieses um (Abb. 398). Die Brüstung ist an der Bezugsfläche (also der Vorderseite) versetzt. Reißen Sie den Zapfen an, und markieren Sie den Verschnitt (Abb. 399). Sägen Sie nur die Wangen frei (Abb. 400). In diesem Stadium werden die Nuten geschnitten und die Profile mit der Handoberfräse oder einem Kratzstock angearbeitet. Reißen Sie die Nutzapfen wie beim schlichten Rahmen, aber mit einer etwas breiteren Lehre an. In Abbildung 401 ist zu sehen, wie das Profil an den Längsfriesen bis kurz vor das Ende des Schlitzes verputzt ist. Alle Profile werden mit einem scharfen Stechbeitel und einer Gehrungslade auf Gehrung geschnitten (Abb. 402). Die Lade kann man kaufen oder selbst aus einem harten Holz herstellen (Abb. 403).

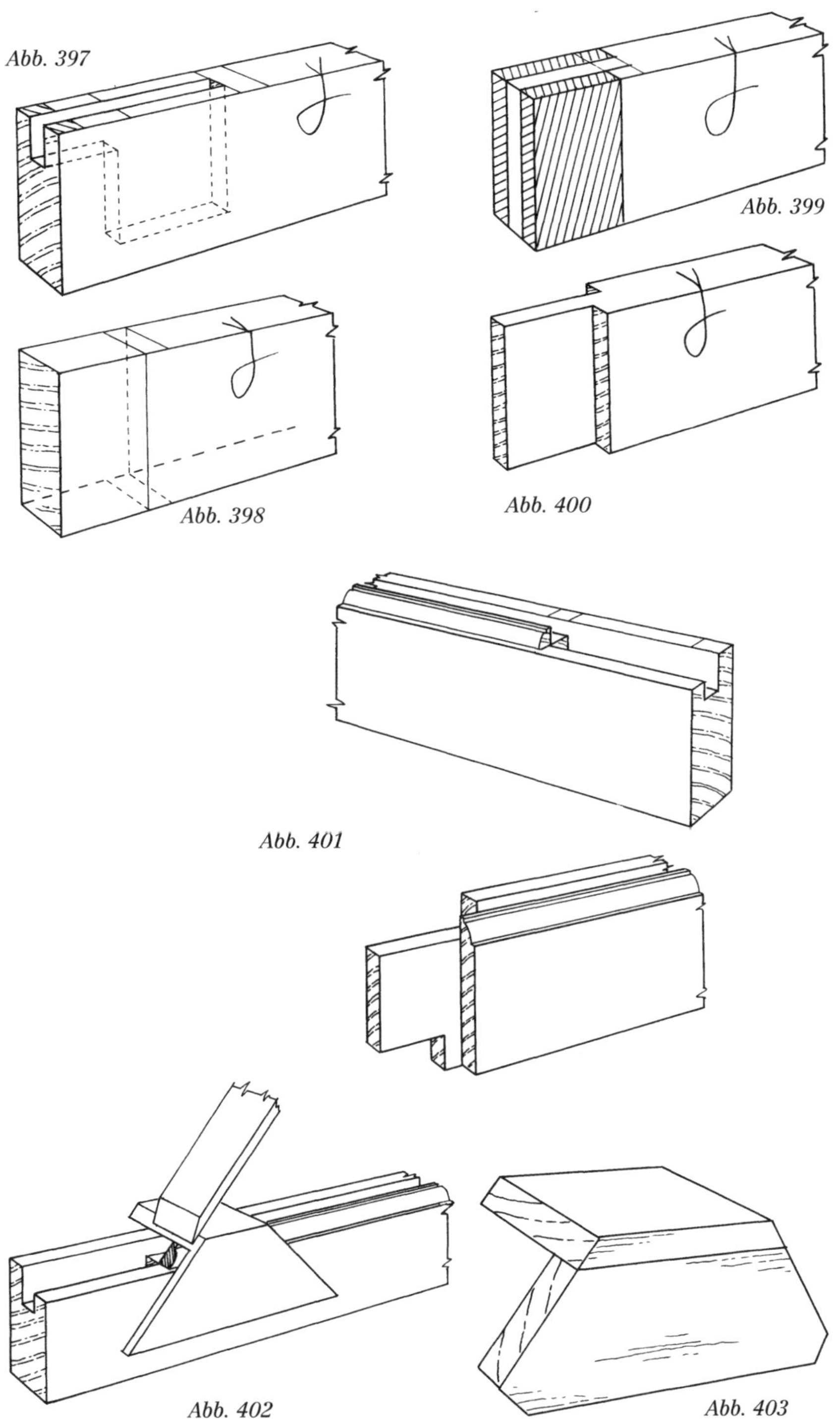

Abb. 397

Abb. 399

Abb. 398

Abb. 400

Abb. 401

Abb. 402

Abb. 403

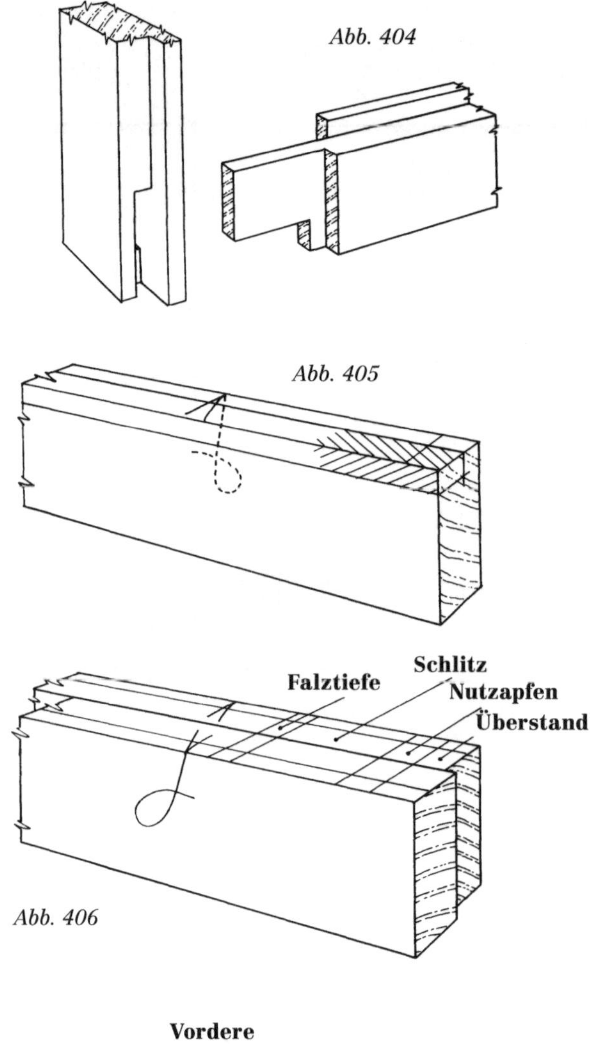

Abb. 404

Abb. 405

Abb. 406

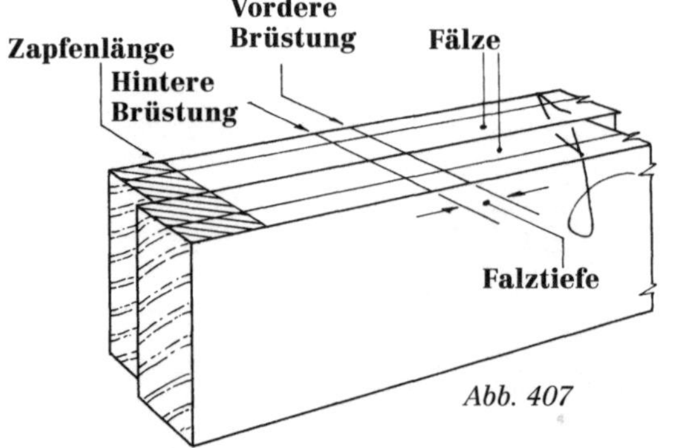

Abb. 407

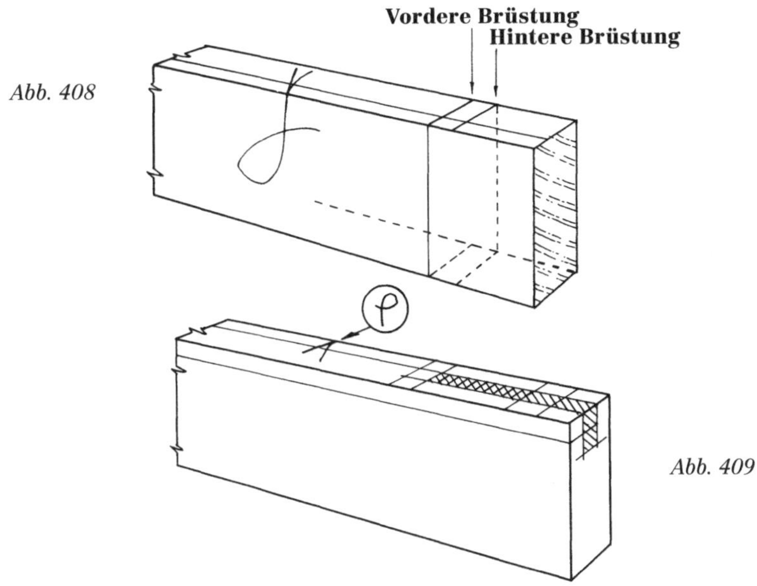

Abb. 408

Abb. 409

Eingefälzte Füllungen: Diese Konstruktionsweise (Abb. 404) ähnelt der vorigen, erfordert beim Anreißen aber eine gewisse Sorgfalt, weil die längere Brüstung jetzt an der Hinterseite angeschnitten wird.

Hobeln Sie die Längs- und Querfriese auf Endbreite und Endstärke aus, und reißen Sie dann die Falzmaße an der Bezugskante und der Rückseite an – also nicht an der Bezugsfläche (Abb. 405). Reißen Sie die Länge des Längsfrieses mit einer kleinen Zugabe an (Abb. 380), spannen Sie dann die Längsfriese zusammen, und reißen Sie die Verbindung an (Abb. 406). Reißen Sie mit einer kleinen Zugabe die Länge zwischen den Brüstungen an einem Querfries an, spannen Sie dann die Querfriese zusammen und reißen Sie die Zapfen an (Abb. 407).

Trennen Sie alle Bauteile voneinander, und sägen Sie den Verschnitt an dem Zapfen ab (Abb. 408). Reißen Sie dann sowohl die Schlitze (Abb. 409) als auch die Zapfen an (Abb. 410). Um Komplikationen zu vermeiden, sollte einer der Risse mit dem Riss für den Falz fluchten. Stechen Sie die Schlitze aus, und arbeiten Sie die Nutzapfen an (Abb. 411). Sägen Sie die Wangen und Brüstungen an den Zapfen frei (Abb. 412), aber führen Sie in diesem Stadium dort keine weiteren Arbeiten aus.

Die Fälze können jetzt mit einen Falz- oder Simshobel angeschnitten oder mit der Handoberfräse, dem Abrichthobel oder der Kreissäge her-

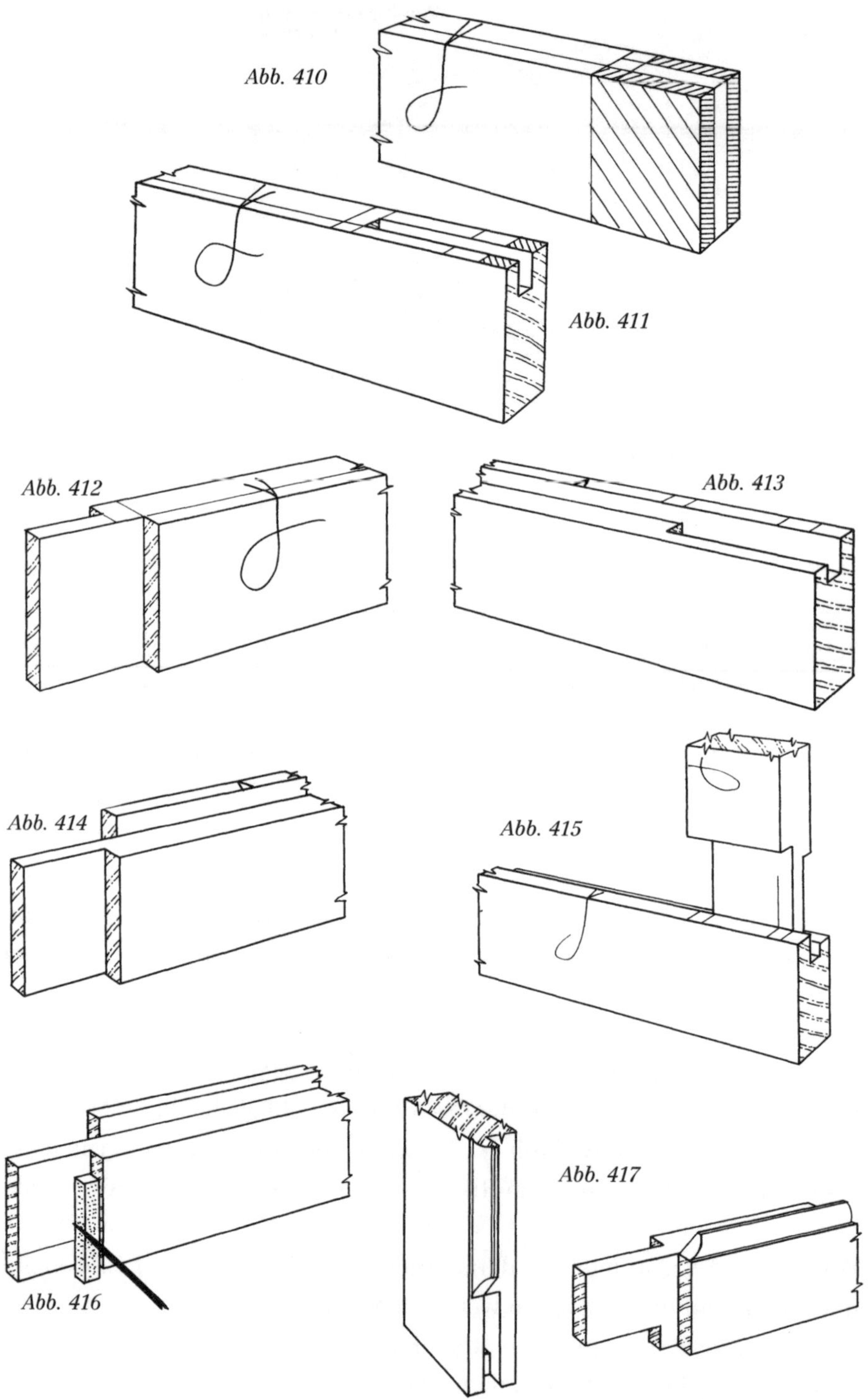
Abb. 410
Abb. 411
Abb. 412
Abb. 413
Abb. 414
Abb. 415
Abb. 416
Abb. 417

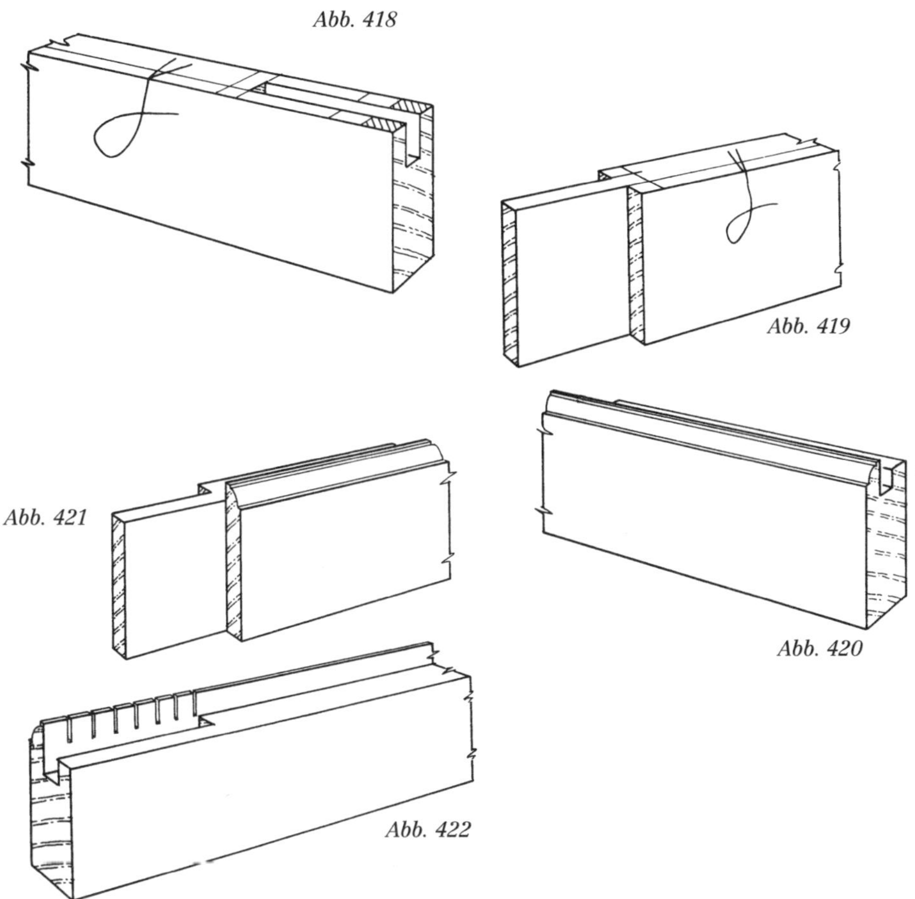
Abb. 418

Abb. 419

Abb. 421

Abb. 420

Abb. 422

gestellt werden. Damit sind die Längsfriese fertiggestellt (Abb. 413) und die Zapfen in dem in Abbildung 414 gezeigten Zustand. Reißen Sie den Versatz für den Nutzapfen an (Abb. 415), und übertragen Sie seine Länge von einer Lehre (Abb. 416). Falls die Passung zu wünschen lässt, ist es einfacher, das Längsfries etwas nachzuarbeiten, als eine Brüstung zu korrigieren.

Ein gefälzter Rahmen mit profilierter Innenkante (Abb. 417) ist sogar einfacher anzureißen, wenn man darauf achtet, die Tiefe des Profils mit der Tiefe des Falzes übereinstimmen zu lassen. Reißen Sie die Längsfriese wie in Abbildung 418 und die Querfriese wie in Abbildung 419 an, und schneiden Sie die Bauteile auf Maß.

Schneiden Sie die Fälze und Profile laut Abbildungen 420 und 421 an, und schneiden Sie dann die Nutzapfen. Schneiden Sie das Profil an den

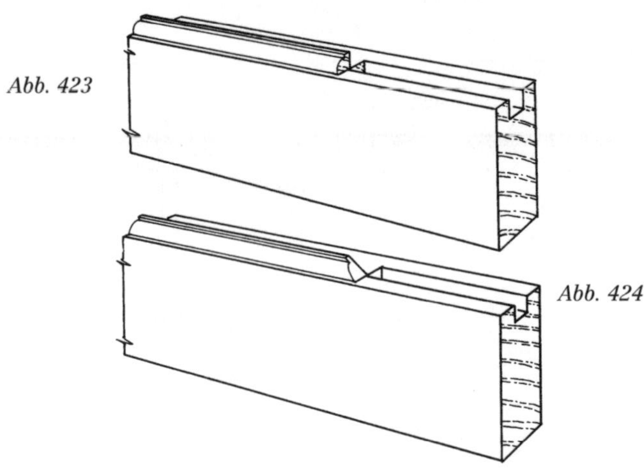

Abb. 423

Abb. 424

Längsfriesen auf der Länge des Schlitzes ab. Sägen Sie das Profil mehrmals ein (Abb. 423), und stechen Sie es dann bis auf die Höhe des Falzes ab (Abb. 423). Arbeiten Sie alle Enden der Profile auf Gehrung (Abb. 424 und 402).

Eine Tür einpassen

Die meisten Türen werden bündig in den Korpus einschlagend angebracht (Abb. 425). Dafür müssen sowohl Tür als auch Korpus präzise gearbeitet sein; keines der Bauteile darf verzogen sein, da sich diese Fehler nicht korrigieren lassen. Die Tür kann alternativ auch leicht zurückspringen (Abb. 426) oder aus dem Korpus herausragen (Abb. 427). Bei diesen beiden Varianten fällt ein geringes Maß an Verzug nicht so sehr auf.

Im 19. Jahrhundert wurden Türen auch oft aufschlagend angebracht (Abb. 428). Diese Methode erfreut sich bei handwerklich arbeitenden Holzwerkern wieder zunehmender Beliebtheit. Es ist überaus wichtig, dass die senkrechten Bestandteile des Korpus nicht verzogen sind. Der Korpus muss vor dem Verleimen mit den größten handhabbaren Richtscheiten daraufhin kontrolliert werden.

Die aufschlagende Tür hat gegenüber einfacheren Methoden des Anbringens einige Vorteile. Abbildung 429 zeigt zwei weitgehend gleiche Schränke mit verglasten Türen, einmal mit einschlagender Tür (A) und einmal mit aufschlagender Tür (B).

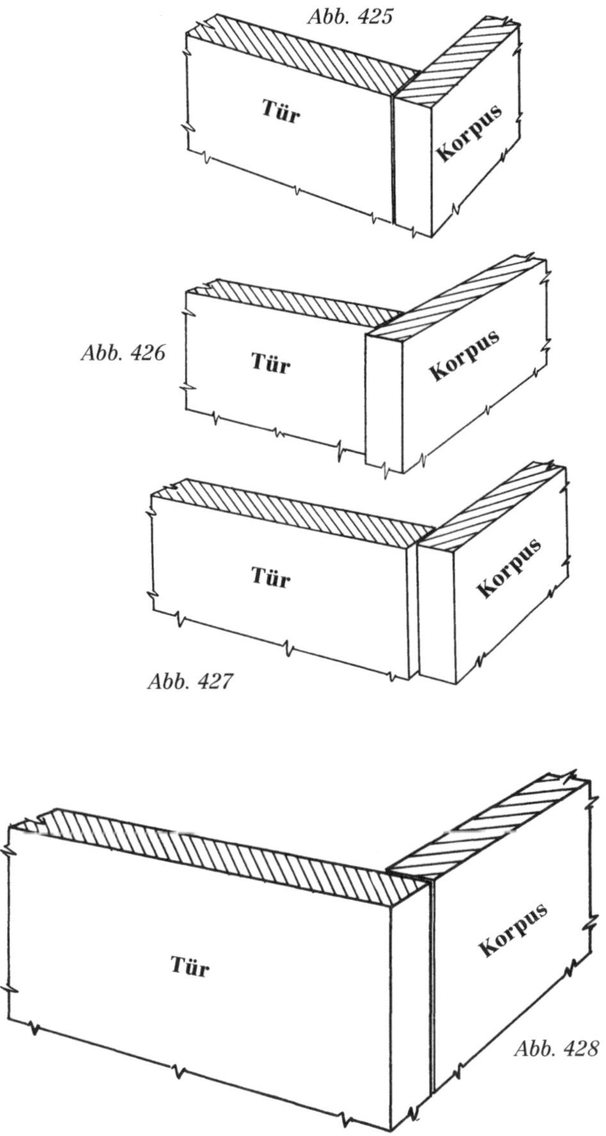

Abb. 425

Abb. 426

Abb. 427

Abb. 428

(Das Verglasen wird am Ende des folgenden Kapitels behandelt.) Die Türrahmen haben die gleichen Maße. Die aufschlagende Tür sieht im Vergleich leichter aus. Wenn eine aufschlagende Tür um 90° geöffnet wird, schwingt sie um die Seitenwand des Korpus (Abb. 430). Das ist besonders dann nützlich, wenn man ohne Umstände den äußersten Band von einer Reihe von Büchern aus einem Schrank entnehmen möchte. Eine einschla-

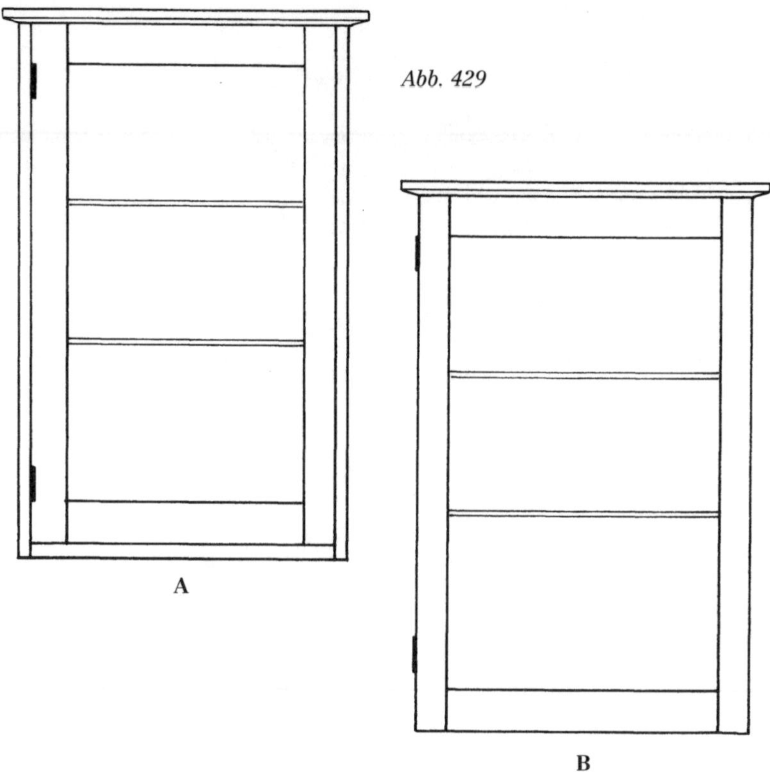

Abb. 429

gende Tür (Abb. 431) muss dazu um 180° geöffnet werden, was aber oft aus anderen Gründen unpraktisch ist.

Wenn man eine einschlagende Tür anbringt (Abb. 432), wird zuerst das Längsfries für die Scharniere (1) eingepasst. Sowohl der Korpus als auch das Fries sollten gerade sein, aber falls der Korpus geringfügig ungerade sein sollte, kann man das Fries passend hobeln. Nachdem man die Überstände an den Friesen abgesägt hat, werden diese etwas zu lang für die Öffnung im Korpus sein, was beim Einpassen der Tür jedoch nicht stört. Hobeln Sie dann die Unterkante (2) auf den Winkel im Korpus zu, der 90° betragen sollte, aber auch leicht davon abweichen kann. Legen Sie dann zwei Lagen dünnen Karton unter das untere Querfries, bevor Sie die Oberkante (3) aushobeln. Dadurch hat die Tür genug Spiel, um ohne Reibung geschlossen werden zu können. Je größer die Tür, desto stärker der Karton. Hobeln Sie abschließend das freie Längsfries (4). Später wird es nach innen noch leicht angefast, um das Schließen der Tür zu erleichtern (Abb. 433). Die eingepasste Tür lässt sich leicht aus dem Korpus ent-

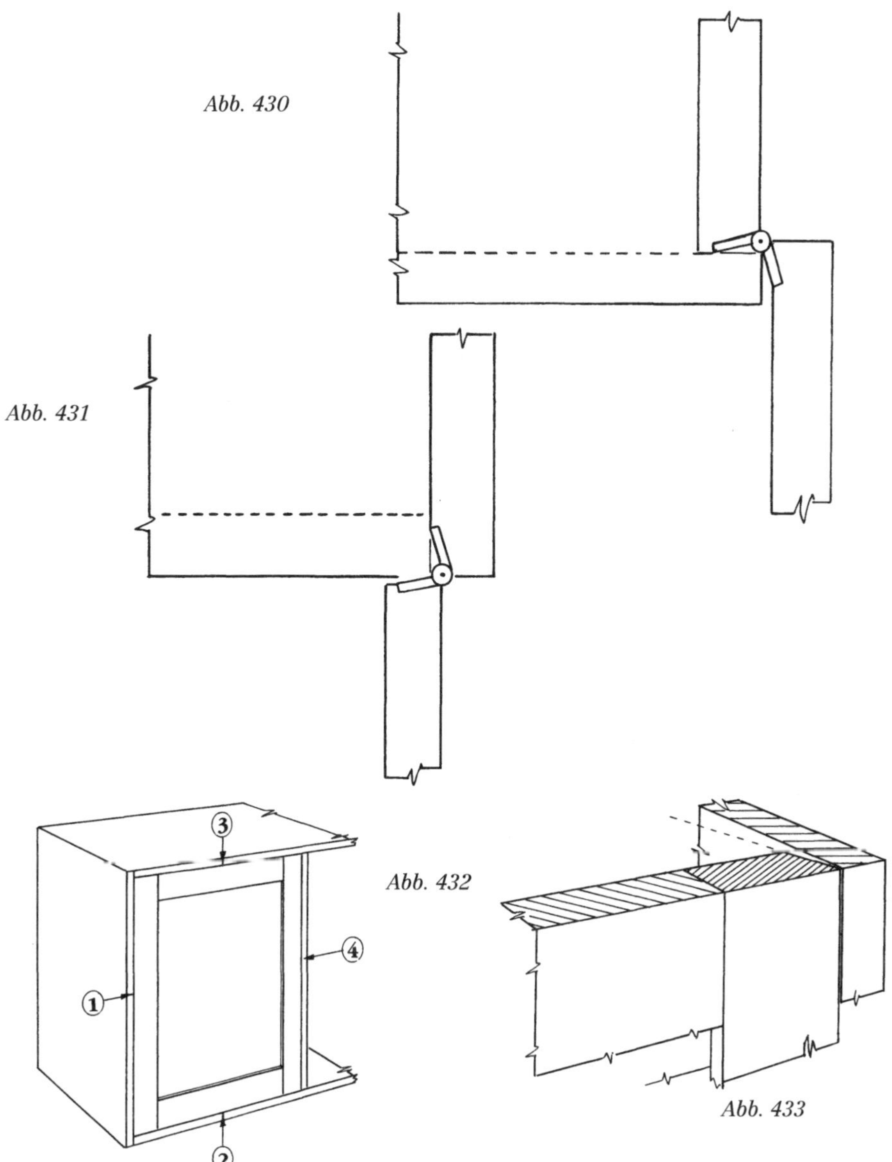

Abb. 430

Abb. 431

Abb. 432

Abb. 433

nehmen, wenn man eine Schraube dort eindreht, wo später der Griff oder das Schloss angebracht werden soll.

Die aufschlagende Tür wird in der gleichen Weise eingepasst. Wenn weder der Deckel noch der Boden des Korpus vorne überstehen, kann das freie Längsfries verputzt werden, nachdem man die Scharniere angebracht hat.

Türen einhängen

Die meisten Türen werden mit Scharnieren eingehängt (Abb. 434). Für hochwertige Möbelstücke sollten sie aus massivem Messing bestehen – nicht gefaltet und nicht lediglich vermessingt. Die Abbildung zeigt zwei gängige Varianten, einmal mit breiten Lappen (B) und einmal mit schmalen Lappen (A) wie sie meist für Möbel verwendet werden (Möbelscharniere). Die Variante mit breiten Lappen ist nützlich, wenn eine Tür leicht vorspringt, weil dann bei einem Scharnier mit schmalen Lappen die Schrauben eventuell zu nahe an der Korpuskante eingedreht werden müssten.

Für das Anreißen werden drei Einstellungen des Streichmaßen benötigt (Abb. 435, A, B und C). Man muss dafür nicht unbedingt drei Streichmaße verwenden, aber es spart schon Zeit und Einstellarbeit. Beachten Sie, dass die Anreißnadel des Streichmaßes beim Maß (A) etwa 1 mm vom Mittelpunkt des Scharnierstiftes liegen sollte.

Die Platzierung der Scharniere ist wichtig, vor allem aus ästhetischen Gründen. Bei eine Tür in Rahmenbauweise fluchtet das Scharnier mit der Innenkante des Querfrieses (Abb. 436 A). Bei einer Tür in Plat-

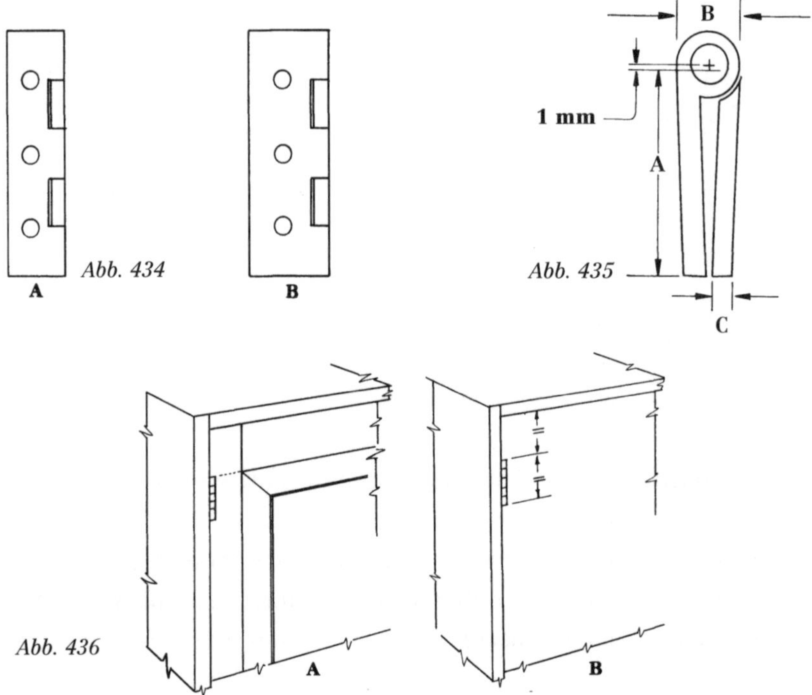

Abb. 434

Abb. 435

Abb. 436

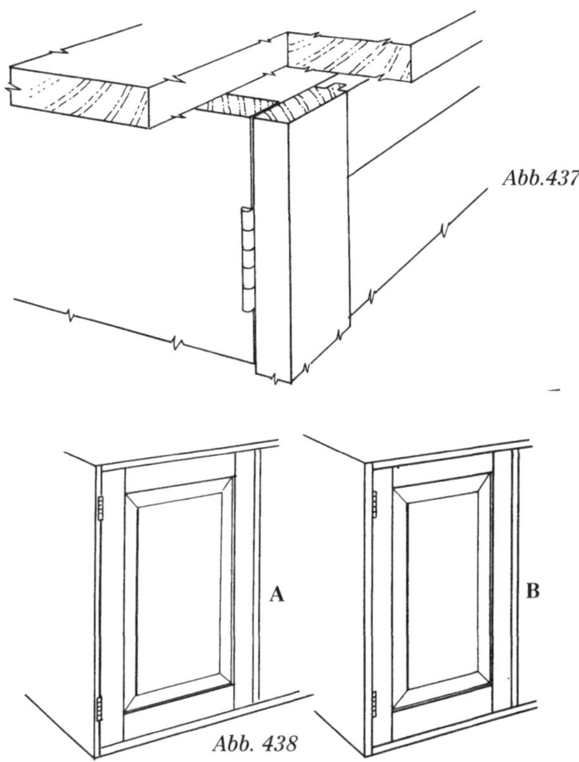

Abb.437

Abb. 438

tenbauweise wird das Scharnier meist um seine eigene Länge von der Ober- oder Unterkante versetzt angebracht (Abb. 436 B). Bei einer aufschlagenden Tür gelten die gleichen Grundsätze (Abb. 437). Scharniere, die sowohl in die Tür als auch in den Korpus eingelassen werden (Abb. 438 A), unterbrechen die durchgehende Fuge zwischen Tür und Korpus. In Abbildung 438 B ist das Scharnier nur in die Tür eingelassen. Dadurch wird die Fuge nicht unterbrochen, was ansprechender wirkt.

Reißen Sie zuerst an der Tür an (Abb. 439). Die Länge wird vom Scharnier mit Anreißmesser und Tischlerwinkel auf das Fries übertragen. Reißen Sie die Breite des Scharniers (A) von der Bezugsfläche (also von außen) an der Kante an. Reißen Sie die Stärke (B) an der Außenfläche an. Es ist wichtig, dass dieses Maß nicht überschritten wird, weil sich die Tür dann nicht vollständig schließen lässt. Falls es leicht unterschritten wird, ist das nicht so tragisch: Es führt zu einer leichten Fuge zwischen Tür und Korpus, was man korrigieren kann. Eine zu tiefe Ausklinkung muss da-

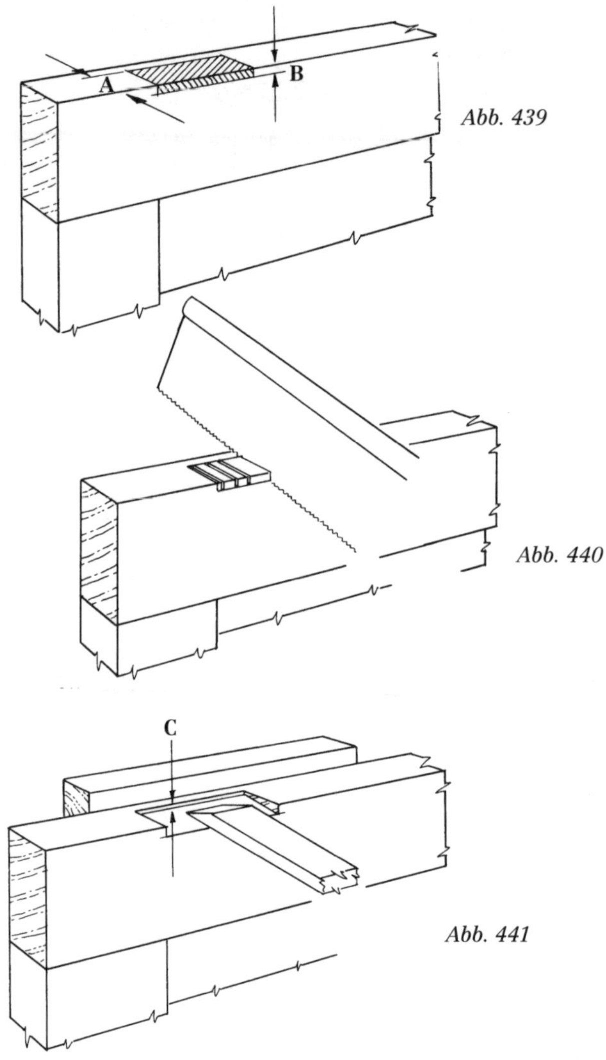

Abb. 439

Abb. 440

Abb. 441

gegen mit Furnier oder Karton aufgefüllt werden, oder man muss Holz einleimen und die Ausklinkung neu schneiden. Beides sieht unschön aus.

Die Ausklinkung wird geschnitten, indem man einige Male mit der Säge einschneidet (Abb. 440) und dann den Verschnitt mit einem breiten Stechbeitel entfernt (Abb. 441). Beachten Sie, dass die Ausklinkung nach hinten flacher wird, wo sie das Maß (C) erreicht, das der Stärke des Scharnierlappens entspricht. Natürlich kann man dieses Maß nicht anreißen, es muss durch Anhalten des Scharniers ermittelt werden. Falls

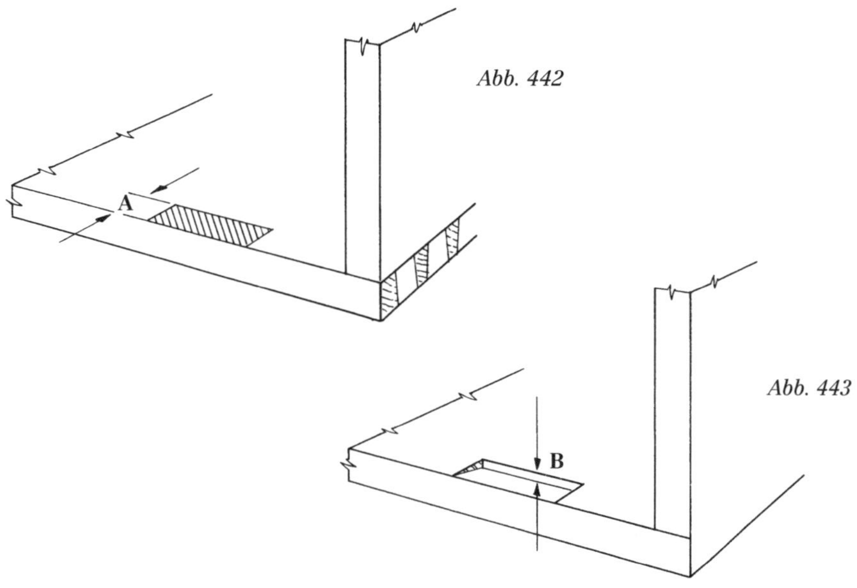

Abb. 442

Abb. 443

die Ausklinkung hier zu tief ist, wirkt sich das nicht auf das Schließen der Tür, sondern nur auf das Aussehen aus. Wie bereits erwähnt, ist das Stiftende des Lappens sehr viel wichtiger. Eine an der Tür festgespannte Zulage sorgt dafür, dass das Holz beim Abstechen nicht nach hinten ausreißt.

Messingscharniere werden mit Messingschrauben befestigt. Bei sehr harten Hölzern gelingt das besser, wenn man zuvor Stahlschrauben eindreht – am besten mit etwas geringerem Durchmesser – und sie ersetzt, wenn man alle Scharniere eingepasst hat. Manchmal müssen die Schraubenlöcher in den Scharnieren noch zusätzlich versenkt werden, damit die Schraubenköpfe nicht hervorstehen. Bringen Sie dann die Scharniere mit jeweils einer Schraube provisorisch an der Tür an.

Die Tür mit den Scharnieren wird dann auf einer Lage des Kartons in den Korpus gestellt. Markieren Sie die Position des Scharniers am Korpus, und nehmen Sie die Tür wieder heraus. Winkeln Sie diese Markierung auf die Innenseite über, und reißen Sie mit dem Streichmaß die Breite (A) des Lappens an (Abb. 442). Stechen Sie mit einem Beitel leicht senkrecht zur Faser ein, so wie Sie die Sägeschnitte in Abbildung 440 angebracht haben, entfernen Sie den Großteil des Verschnitts, und verputzen Sie die Ausklinkung sorgfältig bis zu den Rissen. Die Maximaltiefe (Abb. 443 B) entspricht der Gesamtstärke des Scharniers (Abb. 435B). Auch hier stört eine geringfügig zu tiefe Arbeit nicht beim Einpassen. An der Korpuskante muss kein Material abgenommen werden. Befestigen Sie das Scharnier mit einer Schraube. Beachten Sie, dass die Führungslöcher für die Schrauben rechtwinklig zum Boden der Ausklinkung gebohrt werden müssen, nicht rechtwinklig zur Vorderseite des Korpus.

Kontrollieren Sie die Passung der Tür. Zwischen das Längsfries mit den Scharnieren und den Korpus sollte gerade ein Streifen dünnen Papiers passen. Das gegenüberliegende Längsscharnier muss jetzt vielleicht leicht angefast werden. Unter Umständen muss auch an anderen Stellen noch etwas verputzt werden, aber bei sorgfältigem Anreißen und sauberem Schneiden der Ausklinkungen sollte sich dies auf ein Minimum beschränken.

Bei hochwertigen Möbelstücken sollte man jetzt die Scharniere wieder abschrauben und grobe Kratzer an ihren Stiften mit sukzessive feiner werdendem Schleifpapier und abschließend mit Metallpolitur entfernt werden. Bringen Sie dann die Scharniere mit Messingschrauben an. Die Schlitze in den Schraubenköpfen werden in gleicher Richtung ausgerichtet.

Falls ein Türanschlag notwendig ist, kann dieser auf die gleiche Weise angefertigt werden wie der Stoppklotz für eine Schublade.

Probleme beim Einhängen von Türen sind meist darauf zurückzuführen, dass die Schrauben aus dem Scharnier herausragen, sodass es sich nicht schließen lässt, oder dass die Ausklinkung tiefer als die Gesamtstärke des Scharniers geschnitten wurde, sodass die Tür nicht schließt.

Kugelschnäpper anbringen

Kugelschnäpper (Abb. 444) werden meist installiert, indem man in die freie Kante der Tür oben oder unten ein Loch bohrt. An der korrespondierenden Stelle des Korpus wird ein Schließblech angebracht, um den Verschleiß zu verringern. An diesem Schließblech befindet sich eine Zunge, die aber oft zu lang ist und abgefeilt werden muss, bis sie passt. Meist ist diese Zunge leicht gebogen, um besser greifen zu können. Die Ausklinkung an der Korpuskante muss dann entsprechend geringfügig größer geschnitten werden. Das Schließblech kann das Aussehen der Tür beeinträchtigen. Eine bessere Alternative bei hinreichend starken Korpuswänden besteht darin, den Kugelschnäpper am Korpus und das Schließblech

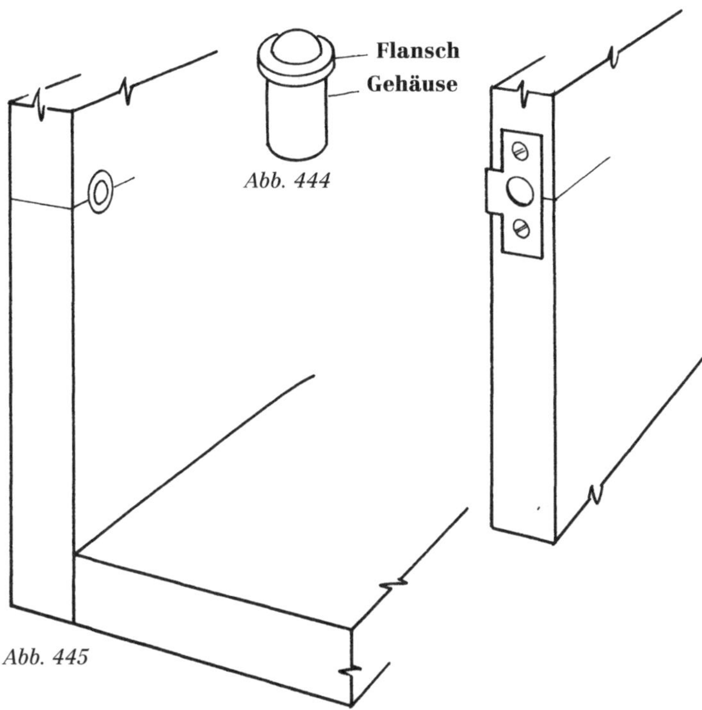

Abb. 444

Abb. 445

an der Tür anzubringen, sodass nichts zu sehen ist (Abb. 445). Das lässt sich eher an einem Stück in Stollenbauweise mit rechtwinkligen Beinen als an einem Korpus mit gezinkten Ecken verwirklichen.

Da die Oberflächenbehandlung zu diesem Zeitpunkt schon weitgehend durchgeführt worden sein wird, verwendet man Klebebandstreifen, um die notwendigen Markierungen vorzunehmen. Schließen Sie die Tür und markieren Sie an Tür und Korpus. Öffnen Sie dann die Tür, und winkeln Sie die Markierung auf die Innenkanten über. Reißen Sie mit dem Streichmaß die Mitte der Türkante und mit der gleichen Einstellung am Korpus an. Nehmen Sie gegebenenfalls die notwendigen Korrekturen für eine vorspringende oder zurückspringende Tür vor (Abb. 446).

Bohren Sie die Aufnahme für den Kugelschnäpper: Zuerst eine flache Bohrung für den Flansch, dann eine tiefere für das Gehäuse. Verwenden Sie einen Bohrer mit Führungsspitze. Ein einfacher Spiralbohrer für Metallarbeiten kann beim Ansetzen verrutschen. Legen Sie die Schließplatte auf die Markierung, und schrauben Sie sie an. Reißen Sie rings um das Schließblech an, nehmen Sie es ab, schneiden Sie die Ausklinkung, und

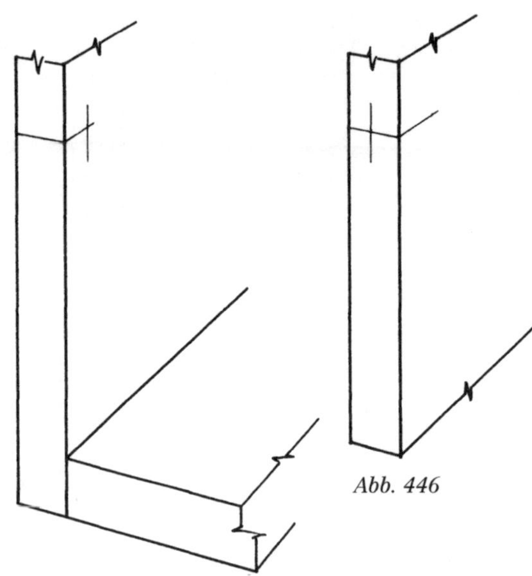

Abb. 446

bringen Sie das Schließblech wieder an. Man kann eine flache Vertiefung bohren, um die Kugel aufzunehmen. (Achtung! Falls Sie bisher weder Türgriff noch -schloss angebracht haben, sollten Sie auf jeden Fall an einer dafür vorgesehenen Stelle provisorisch eine kleine Schraube eindrehen. Anderenfalls kann es außerordentlich schwierig sein, die Tür zu öffnen.)

Schlösser einbauen

Das einfache Aufschraubschloss wird direkt auf die Innenseite der Tür geschraubt. Es sind keine Vorbereitungsarbeiten notwendig, deshalb erübrigt sich auch eine Beschreibung des Arbeit. Für hochwertige Möbelstücke ist jedoch eine bessere Lösung erforderlich. Es ist das Einlassschloss aus Messing (Abb. 447): Es gibt Varianten für Türen und für Schubladen, die sich in der Ausrichtung des Schlüssellochs unterscheiden. Einlassschlösser für Türen unterscheiden sich zudem danach, ob sie in das rechte oder linke Längsfries eingebaut werden.

Bereiten Sie das Anreißen vor, indem Sie ein Streichmaß auf das Dornmaß einstellen (Abb. 448). Reißen Sie die gewünschte Position des Schlüssellochs mit dem Tischlerwinkel auf der Außenseite der Tür an, und winkeln Sie auf die Kante über. Mit dem Streichmaß wird die Entfernung von der Kante angerissen (Abb. 449). Bohren Sie dort ein sehr kleines Füh-

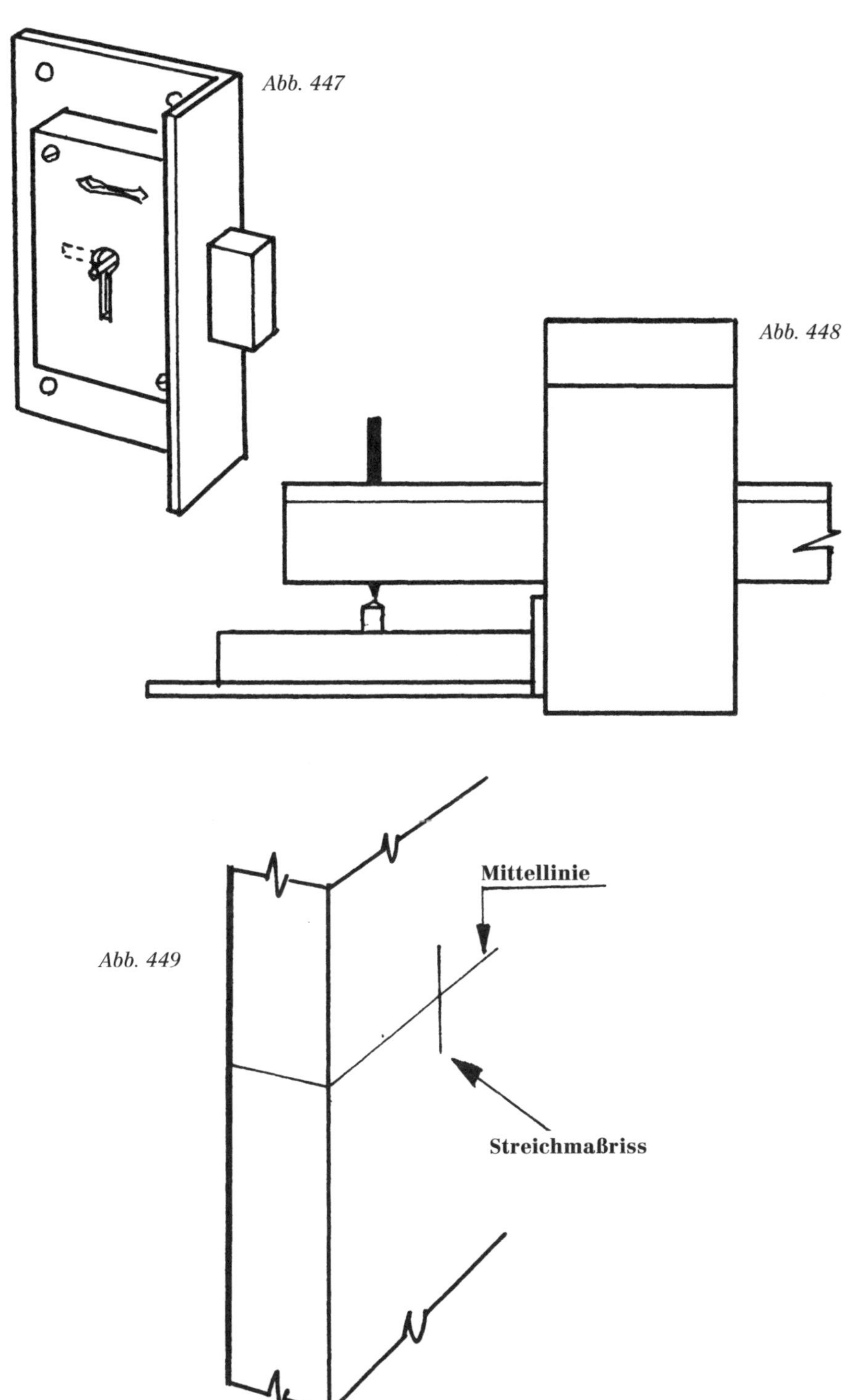

Abb. 447

Abb. 448

Abb. 449

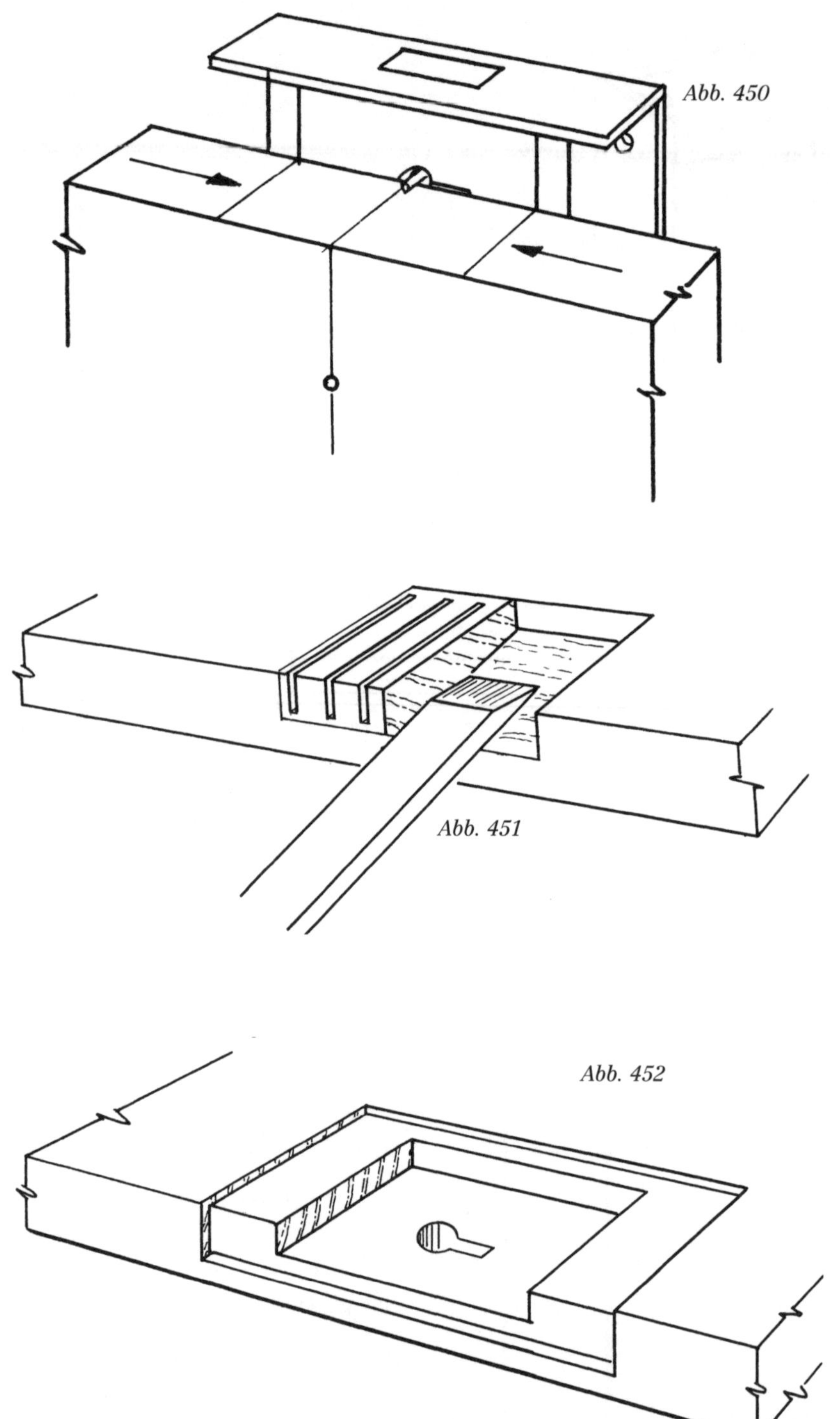

Abb. 450

Abb. 451

Abb. 452

Abb. 453

Abb. 454

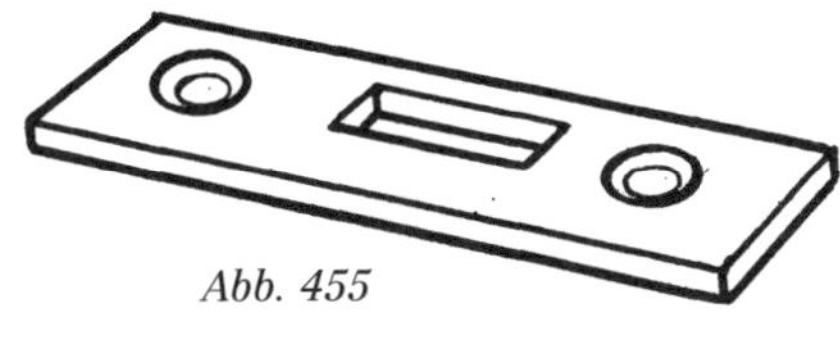
Abb. 455

rungsloch für den Dorn. Halten Sie das Schloss an die Mittellinie, und reißen Sie die Länge des Stulps an der Türkante an (Abb. 450).

Es ist wichtig, diese Methode anzuwenden, weil bei manchen Schlössern der Dorn keineswegs in der Mitte des Schlosses liegt. Reißen Sie den Umriss dieser primären Ausklinkung mit Streichmaß und Tischlerwinkel an. Sägen Sie das Holz dort mehrfach diagonal ein. Dann können Sie den Verschnitt mit dem Stechbeitel ausräumen (Abb. 451). Arbeiten Sie die Ausklinkung danach mit dem Grundhobel auf Endtiefe.

Halten Sie das Schloss an, und reißen Sie den Umriss des Schlosskastens an. Entfernen Sie den Verschnitt aus der sekundären Ausklinkung (Abb. 452). Jetzt können Sie das Schlüsselloch mit einem größeren Bohrer und einer Laubsäge formen. Es kann mit einer Rundfeile und einer dünnen Halbrundfeile nachgearbeitet werden. Oft wird das Schlüsselloch so belassen, man kann aber auch ein Schlüsselschild oder eine Schlüsselbuchse einlassen, um Verschleiß beim Einstecken des Schlüssels zu vermeiden. Für eine Schlüsselbuchse aus Messing (Abb. 453) muss das Schlüsselloch sorgfältig ausgefeilt werden, bis man die Buchse mit einer Zwinge einpressen kann. Man kann auch ein Schlüsselschild aus Ebenholz, Palisander, Bein oder einem anderen Materials herstellen und bündig oder etwas vorstehend in die Tür einlassen. Bei der Form sind einem kaum Grenzen gesetzt (ein Beispiel zeigt Abb. 454).

Beim Anbringen eines Schlosses in einer Schublade oder eines Bolzenschlosses geht man fast genauso vor.

Die Aufnahme für Falle oder Bolzen muss in den Korpus geschnitten werden. Man schließt die Tür bei herausgeschobener Falle, um die Länge der Aufnahme anzureißen. Die Breite kann mit einem Streichmaß angerissen werden (meist lassen sich die beiden Anreißnadeln eines Zapfenstreichmaßes nicht eng genug zusammenführen). Berücksichtigen Sie eventuelle Maßveränderungen bei vor- oder zurückspringenden Türen. Eine alternative Methode, die heute gerne von manchen Holzwerkern angewendet wird, besteht darin, das Ende der Falle mit einem dicken Markerstift einzufärben und dann schnell einen Abdruck auf der Korpuskante anzubringen, bevor die Tinte trocknet. Das kann entweder direkt auf das Holz oder auf ein aufgeklebte Stück Klebeband geschehen. Ein Messingschließblech kann in den Korpus eingelassen werden, um die Falle aufzunehmen. Leider werden diese nicht immer zusammen mit dem Schloss verkauft und müssen individuell in Handarbeit hergestellt werden (Abb. 455). (Die Herstellung ist eine einfache Arbeit – man sägt ein dünnes Stück Messing auf Maß, feilt es in Form und bohrt Löcher für die Schrauben.)

Möbelsockel

Es gibt eine beträchtliche Auswahl an Sockeln für Schränke, Bücherregale, Kommoden und ähnliche Möbelstücke. In Abbildung 456 ist ein typischer Gestellsockel zu sehen. Der Bau ist sehr einfach, man geht einfach wie bei dem Tischgestell beschrieben vor. Meist steht der Gestellsockel etwas unter dem Möbel vor. Ein einfaches Profil an der Oberkante (Abb. 457)

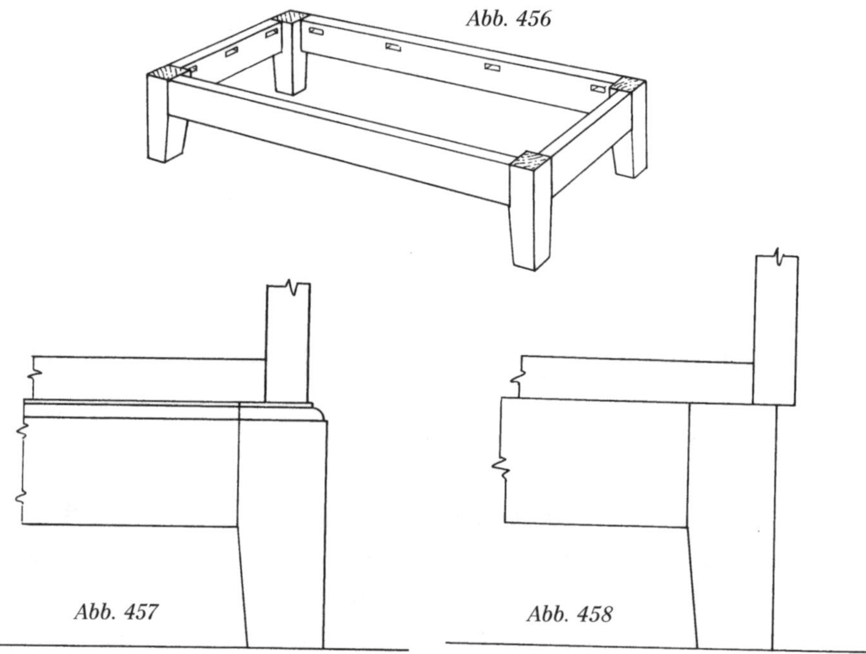

Abb. 456

Abb. 457

Abb. 458

sorgt für den Übergang zwischen Gestell und Korpus. Ein zurückspringendes Gestell, wie es vor einigen Jahren recht beliebt war, wirkt nicht so stabil und bietet den Schwalbenschwanzzinkungen an der Unterkante des Korpus auch keinen Schutz, die immer Gefahr laufen, durch Besen oder andere Putzgeräte beschädigt zu werden (Abb. 458). Zurückspringende Zargen, die vor dem Verleimen oberflächenbehandelt werden, beschleunigen zwar die Herstellung, fügen sich aber nicht so gut in das Gesamtbild, wenn sie über den Korpus hinausragen (Abb. 459). Der Kastensockel (Abb. 460) ist eine altbewährte Konstruktionslösung. Traditionell wurden die vorderen Ecken mit verdeckten Schwalbenschwanzzinkungen gearbeitet. Heutzutage wird nicht mehr oft so verfahren. Zudem ist die Herstellung keineswegs einfach. Die hinteren Ecken werden meist mit halbverdeckten Zinkungen verbunden (Abb. 461).

Die einfachste Lösung für die vordere Eckverbindung ist eine sauber gehobelte Gehrung, die verleimt (Abb. 462) und dann innen mit einer eingeleimten dreieckigen Leiste verstärkt wird (Abb. 463). Zusätzlich kann die Gehrung mit einer losen Sperrholzfeder verstärkt werden (Abb. 464). Das ist eigentlich keine Handarbeit, aber man kann die Nuten in einer kleinen Sägelade oder mit der Handoberfräse und einer einfachen 45°-Lehre schneiden. Beide Methoden können auch an den hinteren Ecken verwendet werden.

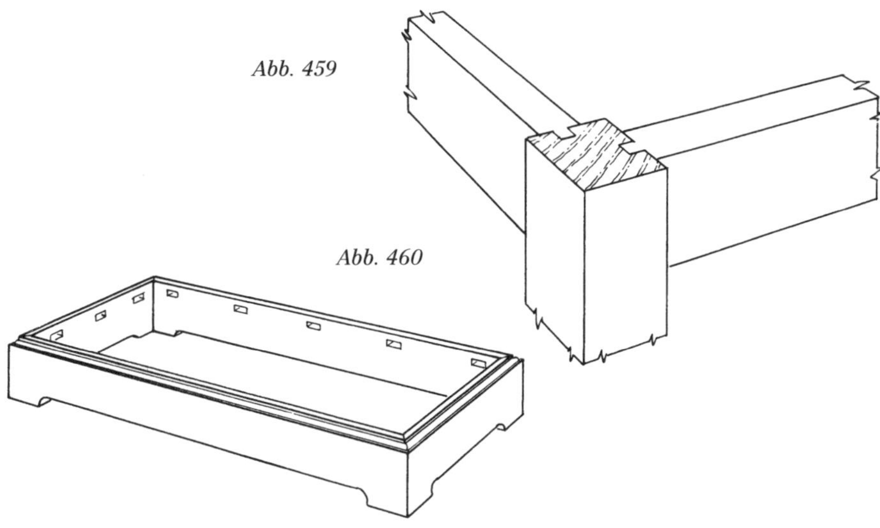

Abb. 459

Abb. 460

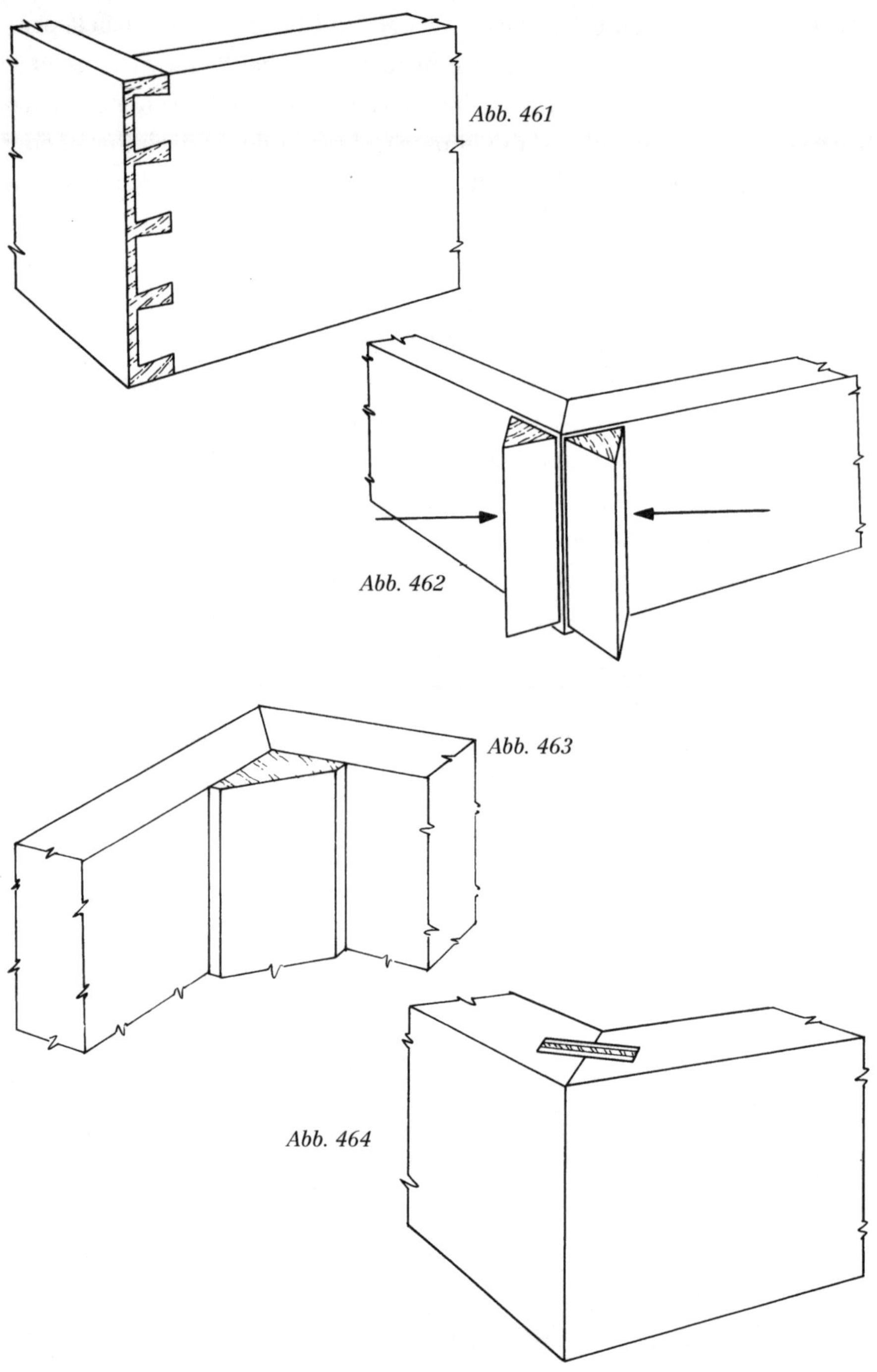

Abb. 461

Abb. 462

Abb. 463

Abb. 464

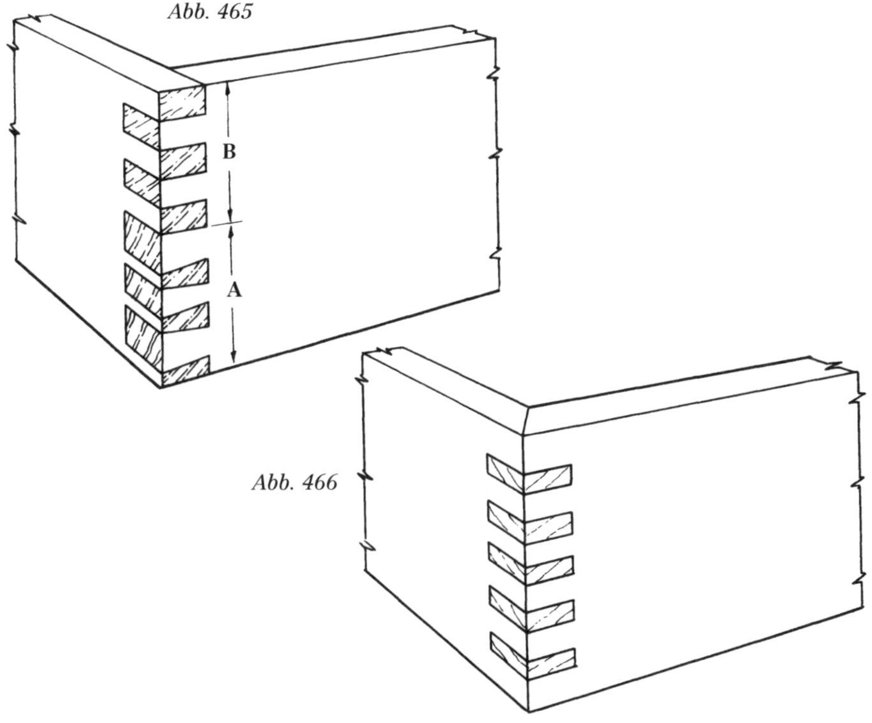

Abb. 465

Abb. 466

Bei einem Schrank mit eher rustikalem Aussehen, etwa aus Eiche, Rüster oder Esche, können die vorderen Ecken des Kastensockels auf offen gezinkt werden. Eine Alternative dazu ist die Fingerzinkung. Beispiele sieht man in Abbildung 465 A und B.

Es gibt verschiedene Geräte, um Fingerzinken zu schneiden, aber mit einer einfachen Vorrichtung lassen sie sich auch gut an der Tischkreissäge herstellen (Anhang G zeigt eine Möglichkeit). Sehr breite Fingerzinkungen können etwas schwierig einzurichten sein. Eine Fingerzinkung mit der Hand anzuschneiden ist kaum leichter als eine offene Schwalbenschwanzzinkung, die aber ästhetisch ansprechender ist. Ein Kompromisslösung erreicht man, wenn man eine Verbindung auf Gehrung herstellt, die man dann mit dreieckigen losen Federn verstärkt (Abb. 466). Eine Vorrichtung, um die Schlitze für die Federn zu schneiden, wird in Anhang F vorgestellt. Abbildung 467 zeigt einen Sockel, der als Mittelding zwischen Gestell und Kasten hergestellt ist. Bei ihm sind die vorderen Eckbeine auf Schlitz und Zapfen gearbeitet, während die hintere Zarge mit offenen Schwalbenschwanzzinkungen eingefügt ist.

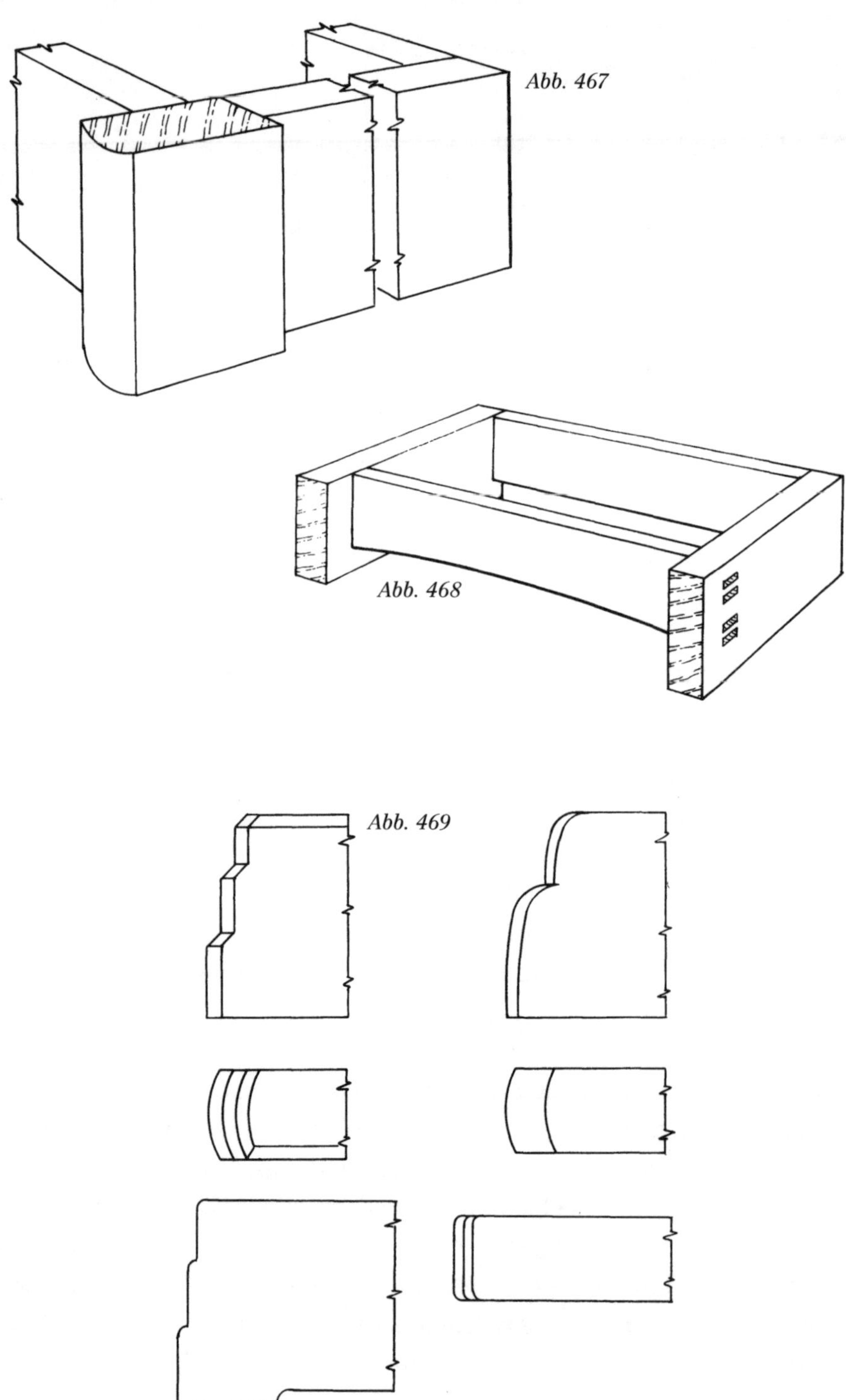

Abb. 467

Abb. 468

Abb. 469

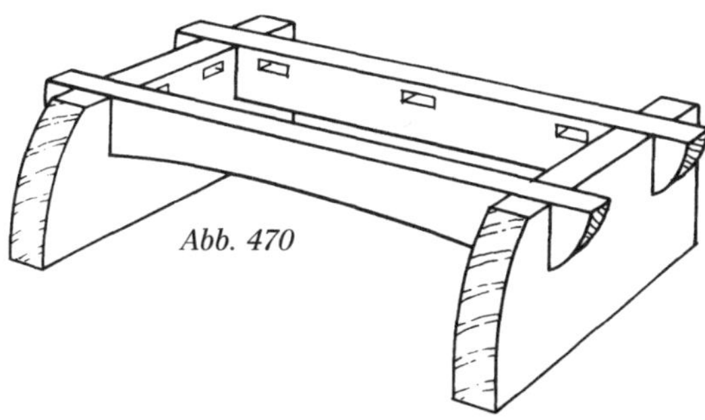
Abb. 470

Ein schwer wirkender Korpus kann auch auf einen Sockel aus starken Kufen gestellt werden (Abb. 468). Zwischen den Kufen müssen Zargen angebracht werden. Die vordere Zarge kann durchgezapft werden, falls diese Verbindung auch an anderen Stellen des Möbels verwendet wird.

Abbildung 469 zeigt unterschiedliche Behandlungen der vorderen Kufenenden. Die hintere Zarge kann halbverdeckt gezinkt werden. Abbildung 470 zeigt Kufen, bei denen die Zargen überblattet sind. Die Enden von Kufen und Zargen sind dekorativ gestaltet.

Gestelle, Kästen und Kufen, die als Gestell dienen, werden mit Nutklötzen am Korpus befestigt (siehe Abb. 211). Ein Kastensockel kann an der Unterkante gerade belassen werden oder auf verschieden Weise ausgeschnitten werden (Abb. 460 zeigt eine Möglichkeit). Diese Variante hat den zusätzlichen Vorteil, dass dabei vier Füße entstehen, sodass das Möbelstück auf unebenem Untergrund nicht so sehr zum Kippeln neigt.

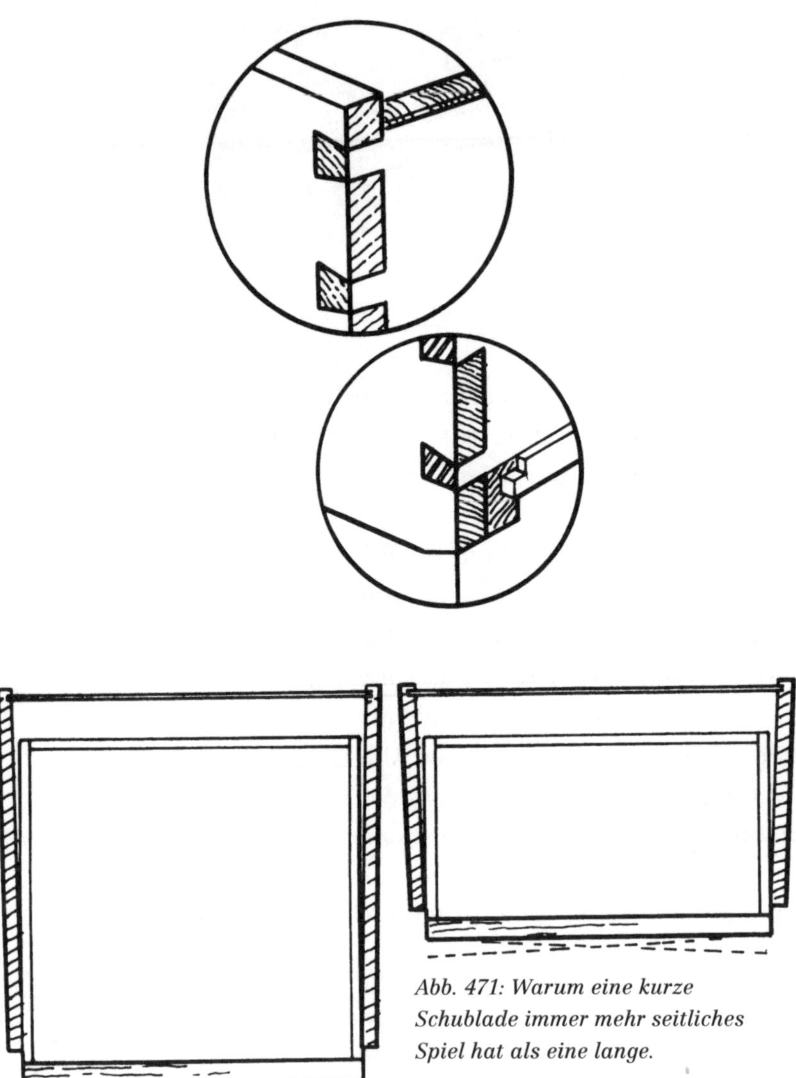

Abb. 471: Warum eine kurze Schublade immer mehr seitliches Spiel hat als eine lange.

„Ich mache immer das, was ich noch nicht kann, damit ich lerne, wie ich es machen kann."

Vincent van Gogh (1853 – 1890), niederländischer post-impressionistischer Maler

Kapitel Vier

Schubladen, Schachteln und Griffe

Schubladenbau

Man kann eine gut passende Schublade mit einem Kolben vergleichen, der in einem Zylinder läuft. Damit eine Schublade gut passt, muss nicht nur die Außenseite der Schublade selbst absolut genau gearbeitet sein. Genauso wichtig ist, dass die Öffnung, in die sie geschoben werden soll, vollkommen maßgenau ist. Bei der Herstellung des Korpus muss sehr sorgfältig darauf geachtet werden, dass die Schubladenöffnung hinten genauso groß ist wie vorne. Um eine wirklich gute Passung sicherzustellen, ist es sogar besser, hinten etwas Spiel einzuplanen, sowohl in der Höhe als auch in der Breite. Dadurch wird sichergestellt, dass die Schublade sich hinten nicht verkeilt, und auch ein geringes Durchbiegen des Korpus nach innen wirkt sich nicht negativ aus.

Die Größe des Spiels hängt direkt von der Länge des Schubladenseitenstücks ab (Abb. 471), sollte aber auch bei sehr langen Seitenstücken nicht mehr als 1 mm auf jeder Seite der Schublade betragen. Bei einem größeren Spiel könnte die Schublade sich auch in fast geschlossenem Zustand sonst noch verkanten. Wenn die Schublade in einer klassischen Führung läuft, kann das Spiel leicht hergestellt werden (in der Breite, aber nicht in der Höhe), indem man die Führungsleisten beim Einpassen ent-

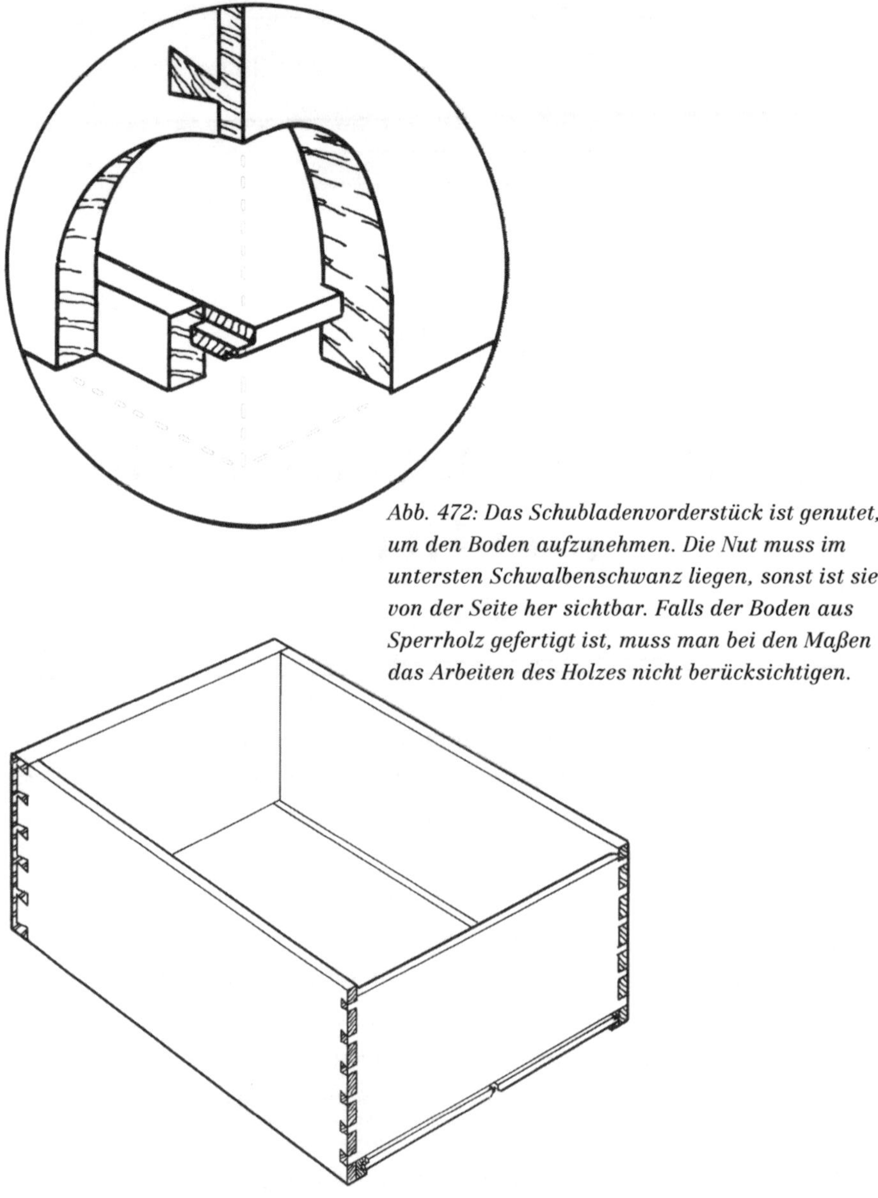

Abb. 472: Das Schubladenvorderstück ist genutet, um den Boden aufzunehmen. Die Nut muss im untersten Schwalbenschwanz liegen, sonst ist sie von der Seite her sichtbar. Falls der Boden aus Sperrholz gefertigt ist, muss man bei den Maßen das Arbeiten des Holzes nicht berücksichtigen.

sprechend modifiziert. Ein verzogener Korpus oder Rahmen führt ebenfalls zum Klemmen der Schublade.

Kontrollieren Sie Ihre Arbeit zwischendurch deshalb immer wieder auf Genauigkeit. Schneiden Sie eine kleine Leiste (etwa 3 x 3 mm) so auf Länge, dass sie gerade in die Öffnung passt, die für die Schublade vorgesehen ist. Schieben Sie sie bis ganz nach hinten in den Korpus. Hier sollte die Passung deutliches Spiel aufweisen. Die Kontrolle mit dieser Lehre sollte sowohl waagerecht als auch senkrecht ausgeführt werden. Wiederholen Sie sie auch während des Verleimens, da die angesetzten Zwingen zum Verziehen des Korpus führen können.

Die Abbildungen auf den vorigen Seiten zeigen die Verbindungen, die beim Bau einer Schublade verwendet werden. Die vorderen Ecken werden als normale halbverdeckte Schwalbenschwanzzinkungen gearbeitet. Da sie bei geöffneter Schublade zu sehen sind, sollten sie nicht nur belastbar, sondern auch ansprechend gestaltet werden: Die Zinken sollten nicht zu groß sein, eine Stärke von 3 mm an der dünnsten Stelle des Zinkens trifft es ganz gut. Manche Holzwerker bemühen sich, diese Maß so gering wie irgend möglich zu halten – bis hinab zur Stärke eines feines Sägeblatts an einer Zinkensäge. Dadurch wirken die Zinken, als ‚schwebten' sie getrennt vom Rest des Schubladenvorderstücks, was allerdings die Proportionen der Verbindung insgesamt unschön wirken lässt.

Die offene Zinkung am Hinterstück wird so gestaltet, dass der Schubladenboden angebracht werden kann. Die Oberkante des Hinterstücks ist etwa 3 mm niedriger, und die Unterkante wird so weit nach oben versetzt, dass der Boden darunter eingeschoben werden kann. Diese Freiräume über und unter dem Hinterstück erlauben der Luft, frei um die Schublade zu passieren, wenn sie bewegt wird. Ein größerer Freiraum an der Oberkante könnte dazu führen, dass Papiere und andere flache Gegenstände hinten aus der Schublade fallen; 3 mm reichen vollkommen.

Schubladenboden: Wie der Schubladenboden an den Seitenstücken angebracht wird, hängt normalerweise vom verwendeten Material oder der Güte des Möbelstücks ab. Die drei allgemein gängigen Methoden werden in Abbildung 473 dargestellt. Die Methode (A) wird bei besonders hochwertigen Arbeiten verwendet. Dabei sollte der Boden aus Vollholz bestehen. Falls man Sperrholz einsetzt, kann das Deckfurnier an der Kante ausreißen. Die Methode eignet sich für Schreibtischschubladen, in denen Papiere und flache Gegenstände aufbewahrt werden. Methode (B) wird für größere Schubladen verwendet, etwa für Bettwäsche und ähnliches. Sie ist belastbarer, da die Nut etwas breiter ist, und kann deshalb mehr Gewicht tragen. Methode (C) ist schlicht und einfach, aber da keine zusätzliche Halteleiste verwendet wird, verschleißt die Unter-

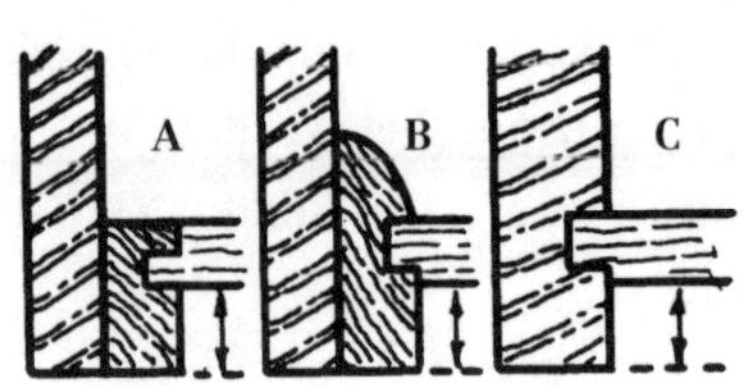

Abb. 473: Befestigungsmethoden für den Schubladenboden

Abb. 474: Schrauben in Schlitzen erlauben dem Boden zu arbeiten.

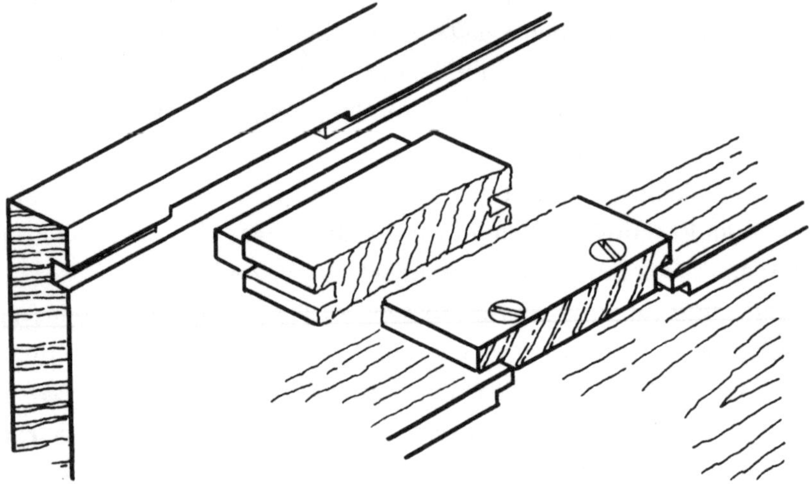

Abb. 475: Sprosse im Boden einer breiten Schublade

kante des Seitenstücks schneller. Dem wirkt man meist entgegen, indem man die Stärke des Seitenstücks erhöht, was die Schublade insgesamt jedoch schwere und klobiger aussehen lässt. Diese Methode wird bei Küchen-, Einbau- und Gebrauchsmöbeln verwendet.

Der Boden spielt eine wichtige Rolle in der Konstruktion einer Schublade. An seiner Vorderkante wird eine Feder angeschnitten, die in das Vorderstück eingeleimt wird. Dadurch hält der Boden die gesamte Schublade im rechten Winkel (siehe Detailzeichnung in Abb. 472). Außerdem sorgt er dafür, dass die Seitenstücke senkrecht stehen, was dazu beiträgt, dass die Schublade glatt läuft. Wenn man Vollholz für den Boden verwendet, sollte die Faser von Seite zu Seite verlaufen. Der Boden wird nicht in den Halteleisten oder Seitenstücken eingeleimt, da er arbeiten können muss. Am Hinterstück wird er von unten angeschraubt. Bei Vollholzböden durch

Schlitze (Abb. 474), bei Sperrholzböden ist das nicht notwendig, normale Bohrlöcher genügen. Vollholzböden lässt man auch hinten etwa 3 mm über das Hinterstück hinausragen. Bei sehr großen Schubladen (etwa in einer Wäschekommode) wird der Boden nicht aus einem Stück gefertigt, weil er dann dazu neigen würde, in der Mitte durchzuhängen oder zu reißen. Er wird stattdessen in zwei oder sogar drei Teile unterteilt, zwischen die Sprossen eingefügt werden. Sie ähneln sehr breiten Halteleisten, fluchten allerdings nicht ganz mit der Unterkante der Schublade. Sie werden in das Schubladenvorderstück eingezapft und an der Unterseite des Hinterstücks mit Schrauben befestigt (Abb. 475).

Konstruktionsmethode

Reißen Sie zuerst die Lage der einzelnen Teile auf dem Rohholz an. In Abbildung 476 sieht man die traditionelle Markierung der Einzelteile. Sie erlaubt den gleichzeitigen Zuschnitt für mehrere Schubladen, ohne dass Gefahr besteht, die Teile der verschiedenen Schubladen miteinander zu verwechseln. Die Seitenteile sollten so angeordnet werden, dass die Hobelrichtung in Richtung der Pfeile verläuft. Das erweist sich beim Einpassen der Schublade als sehr hilfreich.

Schubladenvorderstück: Hobeln Sie die Innenseite des Vorderstücks aus, und kontrollieren Sie auf Verzug. Das ist wichtig, weil das Vorder-

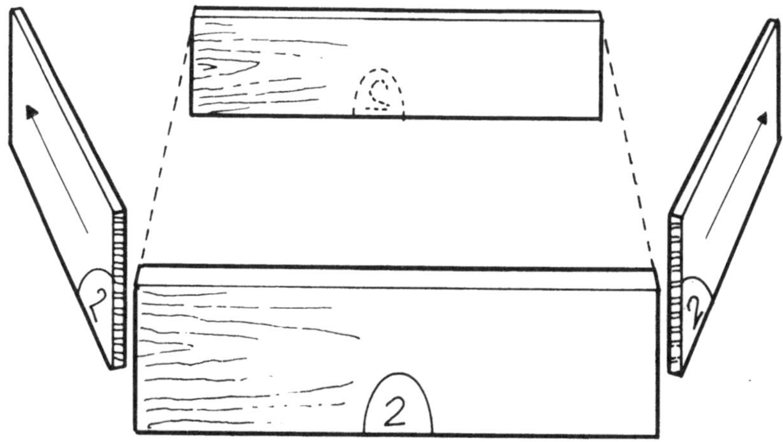

Abb. 476: Kennzeichnung der Bauteile

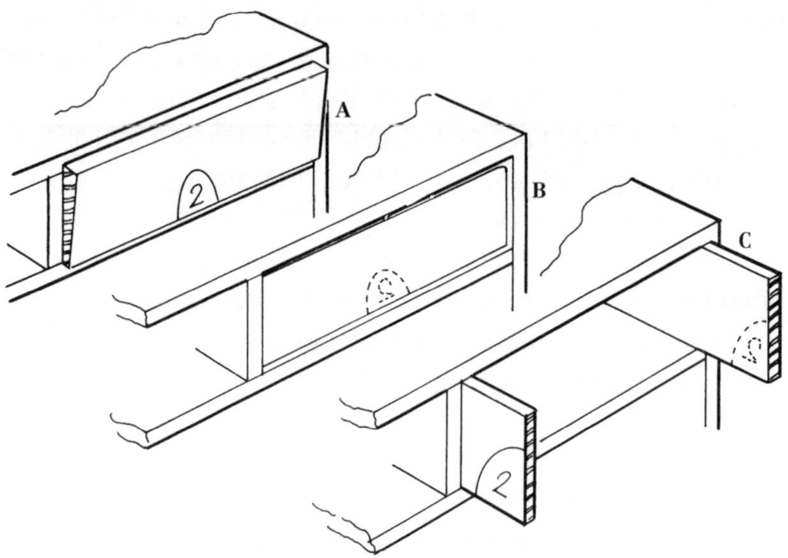

Abb. 477: Einpassen des Vorder- und Hinterstücks und der Seitenstücke.

stück das stärkste Bauteil der Schublade ist. Falls es verzogen ist, verzieht es die gesamte Schublade, die dann nicht leichtgängig laufen kann.

Hobeln Sie die Unterkante aus, und schneiden Sie die Nut für den Schubladenboden ein. Passen Sie das Vorderstück genau ein. Die Unterkante ruht auf der Traverse oder dem Fachboden. Bei einer breiten Schublade kann die Oberkante später bearbeitet werden, falls das Vorderstück arbeiten sollte (Abb. 477 A).

Schubladenhinterstück: Hobeln Sie das Hinterstück an der Oberkante auf Breite und Stärke. Passen Sie es genau ein. Die Unterkante ruht auf der Traverse oder dem Fachboden. Es hat dann genau die Länge des Vorderstücks (Abb. 477 B).

Schubladenseitenstücke: Hobeln Sie die Seitenteile mit 1 mm Übermaß auf Stärke. Dafür muss man unbedingt die Raubank verwenden. Eine Schublade kann nicht leichtgängig gleiten, falls die Seitenstücke gebogen sind, und eine absolut plane Innenseite erleichtert das Anbringen der Halteleisten für den Boden.

Hobeln Sie dann die Unterkanten grade, und passen Sie die Seitenstücke genau in ihrer jeweiligen Position ein (Abb. 477). Schneiden Sie die Seitenstücke rechtwinklig auf Länge, sodass sie an der Rückseite etwa 13 mm Spiel haben. Es ist ratsam, die Seitenstücke dafür zusammenzu-

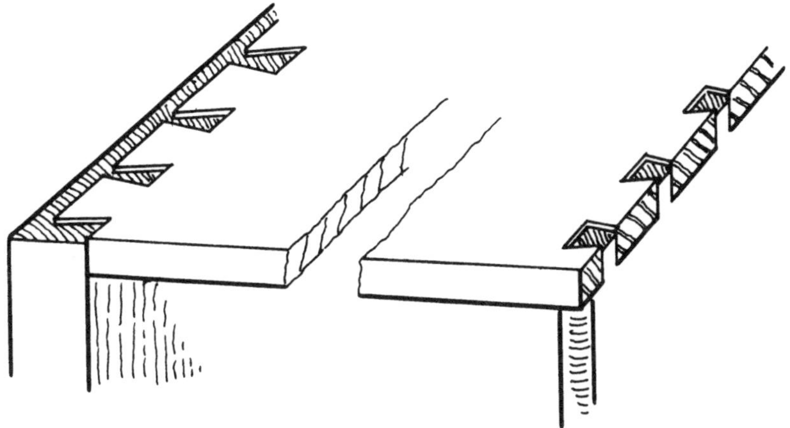

Abb. 478: Schwalbenschwänze stehen über, um das Einpassen zu ermöglichen.

spannen, damit sie die gleiche Länge erhalten. Das hilft dafür zu sorgen, dass sich die Schublade nicht verzieht.

Anreißen: Reißen Sie die Verbindungen an den vier Bauteilen mit dem Streichmaß an. Stellen Sie das Streichmaß auf 1 mm weniger als die gegenwärtige Stärke des Holzes ein, wenn Sie am Vorder- und Hinterstück die Stärke der Seitenstücke anreißen. Die Schwalbenschwänze stehen dann um 1 mm über das Hirnholz der Zinken hervor. Wenn man diesen Überstand verputzt, hat die Schublade genau die erforderliche Größe (Abb. 478).

Schneiden Sie die Verbindungen an, verputzen Sie sie, und behandeln Sie die Oberflächen der Innenseiten. Verleimen Sie die Schublade. Lassen Sie die Schublade nicht in Zwingen eingespannt, weil das zum Verziehen der Seitenstück führen kann. Wenn die Passung der Verbindungen einigermaßen gut ist, sollte es reichen, den Leim vorsichtig herauszudrücken und dann die Zwingen abzunehmen. Kontrollieren Sie das Werkstück auf Rechtwinkligkeit und Verzug, und lassen Sie es trocknen.

Halteleisten für den Boden: Diese Leisten bereiten dem Anfänger meist gewisse Schwierigkeiten, da sie klein sind und sich schlecht einspannen lassen, um sie zu nuten. Die Herstellung aus einem breiten Brett ist sehr viel einfacher. Hobeln Sie die beiden Längsseiten gerade, schnei-

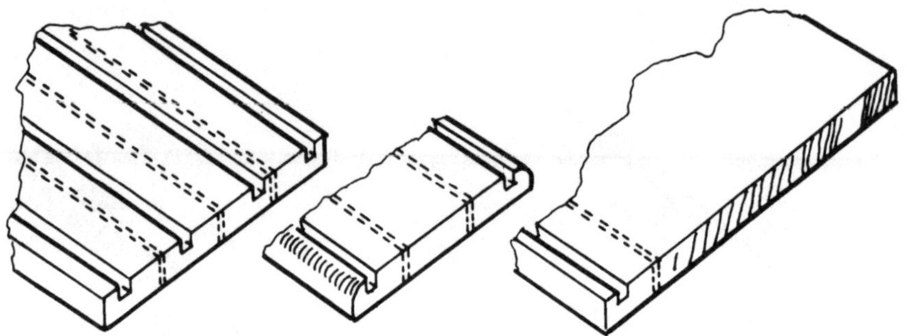

Abb. 479: Herstellung von Halteleisten für Schubladenböden

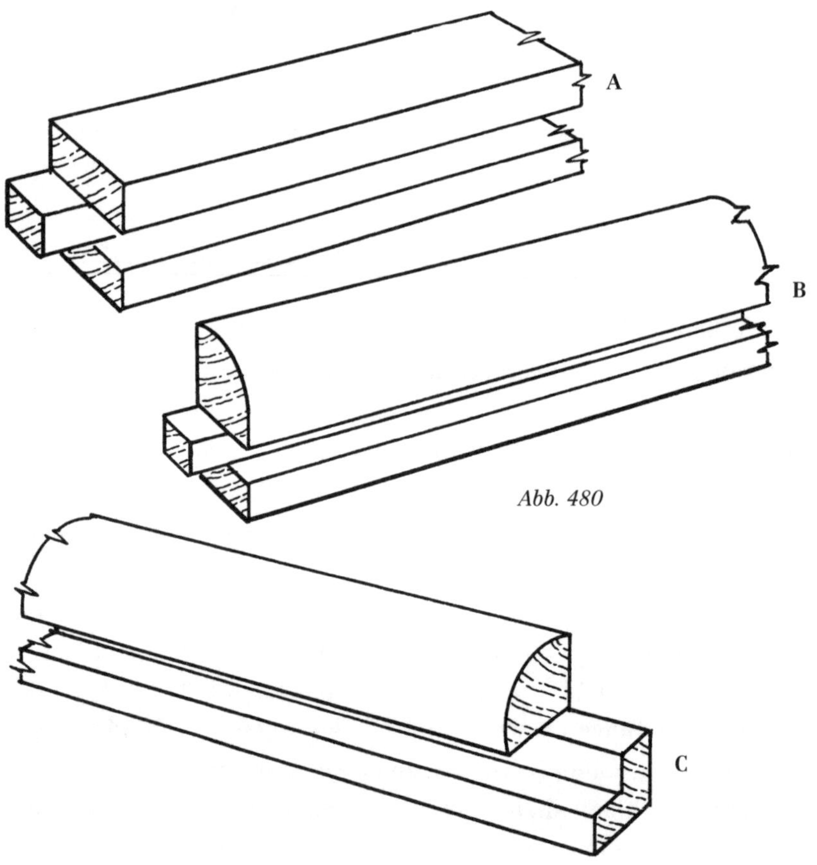

Abb. 480

den Sie die benötigten Nuten, und sägen Sie dann die Leisten in der gewünschten Breite ab (Abb. 479). Bei der Variante (B) in Abbildung 473 wird der Viertelstab angeschnitten, bevor man die Halteleiste vom Brett

Abb. 481: Einpassen der Halteleisten für den Schubladenboden

sägt. Eine praktische Methode, um Halteleisten herzustellen, besteht darin, jedes Seitenstück um die Breite einer Halteleiste breiter zuzuschneiden. Man schneidet die Nut ein und sägt die Halteleiste ab, bevor man das Seitenstück einpasst (siehe Abb. 479). Auch die Anbringung der Halteleisten fällt dem Anfänger meist nicht leicht. Man benötigt viele Zwingen, und beim Einspannen verschiebt sich die Halteleiste oft aus der vorgesehenen Position. Wenn die Leimfläche der Halteleiste einmal mit der Raubank gehobelt wird, und der (Glutin-)Leim heiß und dünnflüssig ist, kann man die Verbindung anreiben.

Man kann die Halteleisten daran hindern, sich beim Verleimen zu verschieben, indem man an ihrem vorderen Ende einen Zapfen anschneidet, dessen Maße genau der Nut entsprechen. Der Zapfen wird in die Nut im Vorderstück eingesteckt (Abb. 480A und B). Das hintere Ende der Halteleiste wird entsprechend dem Schubladenhinterstück ausgeklinkt (Abb. 480 C). In der in Abbildung 473 A gezeigten Variante wird die Halteleiste einfach dicht an das Schubladenhinterstück gepresst.

Einpassen des Schubladenbodens: Dem Anfänger mag es schwer fallen, eine gute Passung an den Fugen zwischen Boden und Halteleisten zu erreichen und dafür zu sorgen, dass die Unterseite mit den Halteleisten

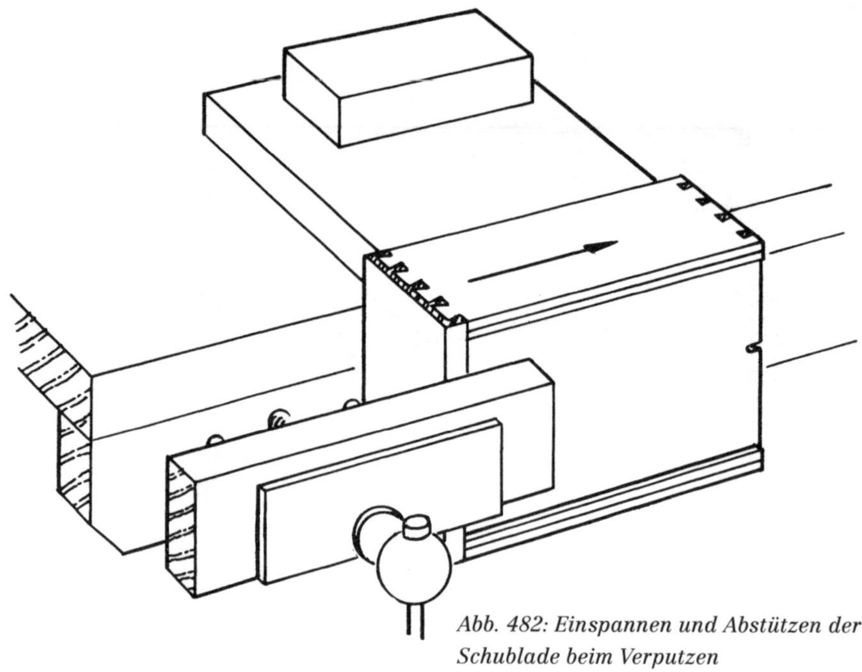

Abb. 482: Einspannen und Abstützen der Schublade beim Verputzen

fluchtet. Diese Arbeit kann man sich erleichtern, indem man die Halteleisten zuerst am Boden anbringt. Die Entfernung zwischen den Außenkanten der beiden Halteleisten muss etwas größer sein als das lichte Innenmaß der Schublade (Abb. 481). Die Halteleisten werden dünner gehobelt, bis das Bauteil genau passt, dann nimmt man den Boden aus den Leisten und leimt diese an den Seitenstücken an.

Einpassen der Schublade: Hobeln Sie zuerst die Unterkanten der Schublade bündig. Da die Seitenstücke bereits in den Korpus eingepasst worden sind, sollte bei ihnen nur wenig Material von den Kanten abgenommen werden müssen. Nehmen Sie dann das Material ab, das Sie an den Außenseiten der Seitenstücke als Zugabe hinzugefügt haben. Damit die Schublade sich auf ganzer Länge leicht im Korpus bewegt, ist es unabdingbar, dass die Seitenstücke grade und eben sind. Verwenden Sie dazu eine Raubank, und stützen Sie das jeweilige Seitenstück während des Hobelns gut ab, da es sich sonst unter dem Druck des Hobels durchbiegen kann. In Abbildung 482 ist zu sehen, wie die Schublade eingespannt wird, um sie abstützen zu können. Damit das Hirnholz am Vorderstück nicht ausreißt, sollte man von den vorderen Schwalbenschwanzzinkungen fort hobeln. Dabei wird die Schublade hinten aber oft zu schmal gearbeitet. Das liegt daran, dass die geringe Menge Hirnholz an den hinteren Zinkungen das Hobeln dort leichter von der Hand gehen lässt als vorne.

Bei hochwertigen Arbeiten ist die Schublade jedoch hinten um ein Geringes größer als vorne, damit sie beim Herausziehen zunehmend weniger leichtgängig läuft. So wird verhindert, dass man die Schublade vollständig aus dem Korpus zieht und den Inhalt auf dem Fußboden verteilt. Das Spiel, dass sie am hinteren Ende des Korpus hat, erlaubt eine leichtgängig Bewegung der Schublade, sobald sie 75 mm bis 100 mm eingeschoben worden ist.

Schubladen sollten zuerst mit relativ enger Passung gearbeitet und so belassen werden, bis man sie verputzt. Wenn die Stoppklötze angebracht worden sind, kann man das Vorderstück mit der Korpusvorderseite bündig oder parallel zu ihr hobeln. Abbildung 483 A zeigt die beste Gestaltung dieser Stoppklötze. Man kann ihre Vorderkante vor dem Einleimen nachhobeln, um die Position der Schublade zu korrigieren, falls die Stärke des Vorderstücks variieren sollte.

Oberflächenbehandlung: Wenn die Schublade endgültig eingepasst ist, werden die Teile geschmiert, an denen Reibung auftritt. Am besten eignet sich dafür Fußbodenwachs, da es nicht klebrig ist und sich leicht auftra-

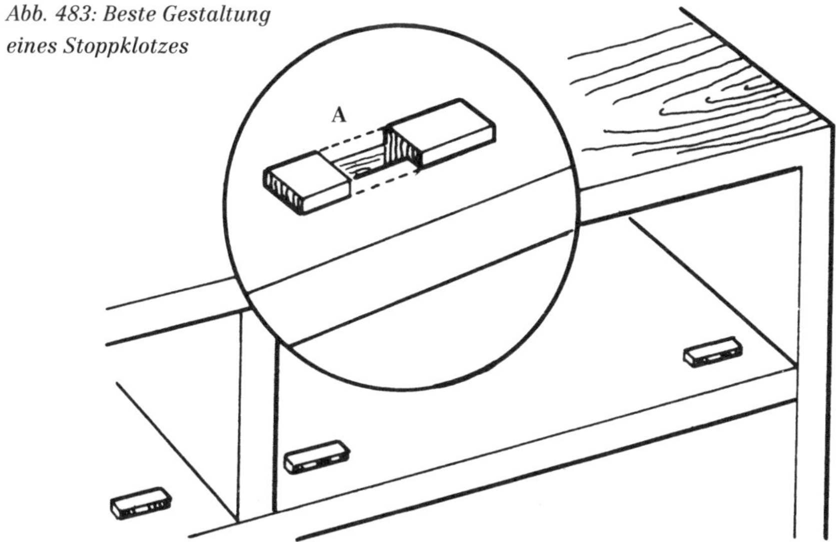

Abb. 483: Beste Gestaltung eines Stoppklotzes

gen lässt. Das häufig verwendete Paraffinwachs (Kerzen) hat den Nachteil, dass man mit Schleifpapier nacharbeiten muss, um das Wachs zu verteilen und Überschuss zu entfernen. Dabei lösen sich die Körner leicht vom Papier und drücken sich in die Seitenstücke der Schublade und an anderen Stellen ein. Das führt dann leicht zu den Kratzern, die man oft an den Seiten und Unterkanten von Schubladen sieht.

Glutinleime werden heutzutage nicht mehr so häufig eingesetzt, und die modernen PVAC-Leime und synthetischen Klebstoffe eignen sich nicht, um eine geklebte Verbindung anzureiben. Deshalb müssen die Halteleisten für die Schubladenböden beim Anleimen angespannt werden. Um das hohe Gewicht eiserner Zwingen zu vermeiden, lohnt es sich, für diesen Zweck acht oder zehn leichte Zwingen aus Holz anzufertigen (siehe Anhang H).

Laufrahmen

Bei Vollholz- oder Korpuskonstruktionen werden die Schubladen vorne von einer Traverse getragen (Abb. 483). Sie wird in eine Ausklinkung in der Korpusseite eingezapft (Abb. 484). Man kann ein ähnliches Querstück an der Rückseite einbauen, manchmal wird es aber auch fortgelassen, vor allem wenn die Rückwand genügt, um das Möbel auszusteifen. Bei den besten Arbeiten werden zwischen den Schubladen Staubböden eingefügt. Die Traversen und Laufleisten werden genutet, um die Staubböden aufzunehmen. In diesem Fall kann auf das hintere Querstück nicht verzichtet werden.

Die Traverse und das hintere Querstück werden durch die Laufleisten verbunden, die ebenfalls in die Seiten eingeklinkt, aber nicht verleimt werden. Vorne werden die Laufleisten in die Traverse eingezapft (Abb. 484), an dieser Verbindung wird Leim angegeben. Hinten wird, wie in Abbildung 483 zu sehen, die Brüstung zurückgeschnitten und der Schlitz vertieft. Hier wird nicht verleimt. Das erlaubt der Korpusseite zu arbeiten, ohne sich zu verziehen oder zu reißen. Die Laufleiste bleibt vom Arbeiten des Holzes unberührt an Ort und Stelle.

Bei kleinen Möbeln oder wenn man auf das hintere Querstück verzichtet, wird die Laufleiste wie in Abbildung 485 angeordnet. Das vordere Ende wird in die Traverse eingezapft und eingeleimt. Die Laufleiste wird

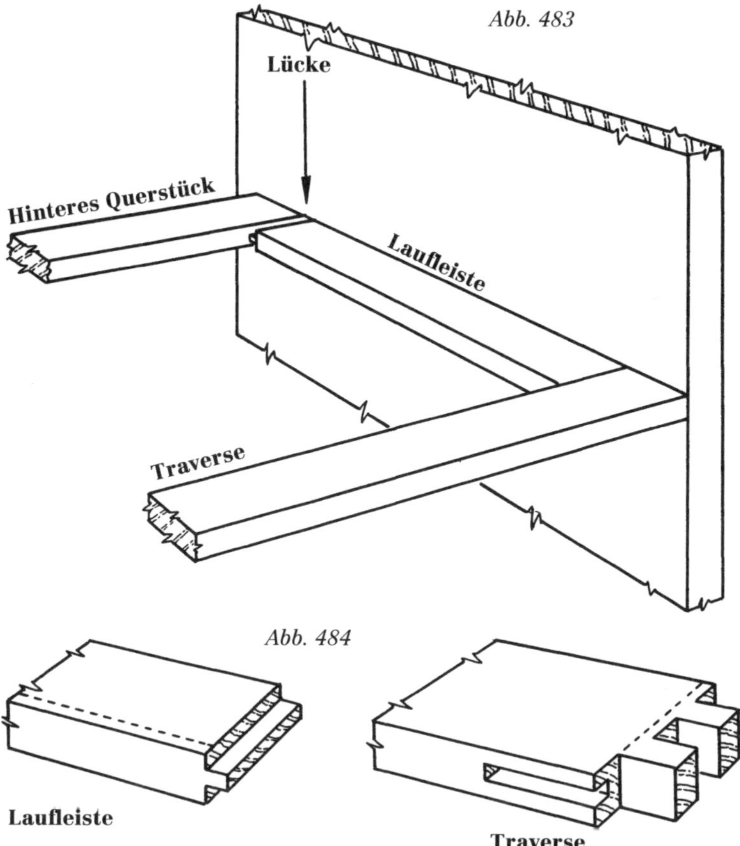

Abb. 483

Abb. 484

trocken in die Korpusseite eingenutet. Das hintere Ende wird ausgeklinkt und mit einer Rundkopfschraube in einem Langloch angeschraubt, sodass die Korpusseitenwand arbeiten kann (Abb. 486).

Bei einem Möbel aus Rahmen und Füllungen muss man anders vorgehen (Abb. 487). Die Traverse und das hintere Querstück werden in eine Ausklinkung im Bein oder Eckstollen eingezapft (Abb. 488). Die Laufleiste wird in die Traverse und das hintere Querstück eingezapft. Diese Verbindungen werden verleimt, aber die Laufleiste darf nicht an der Füllung im Korpus angeleimt werden. Früher wurden die Streifleisten in die Laufleisten eingenutet, aber heute hält man eine geleimte stumpfe Verbindung für ausreichend. Wenn man auf eine hintere Querleiste verzichtet, greift man zu der Anordnung in Abbildung 488 und klinkt das Ende um den Eckstollen herum aus. Die Streifleiste wird wie zuvor angeleimt.

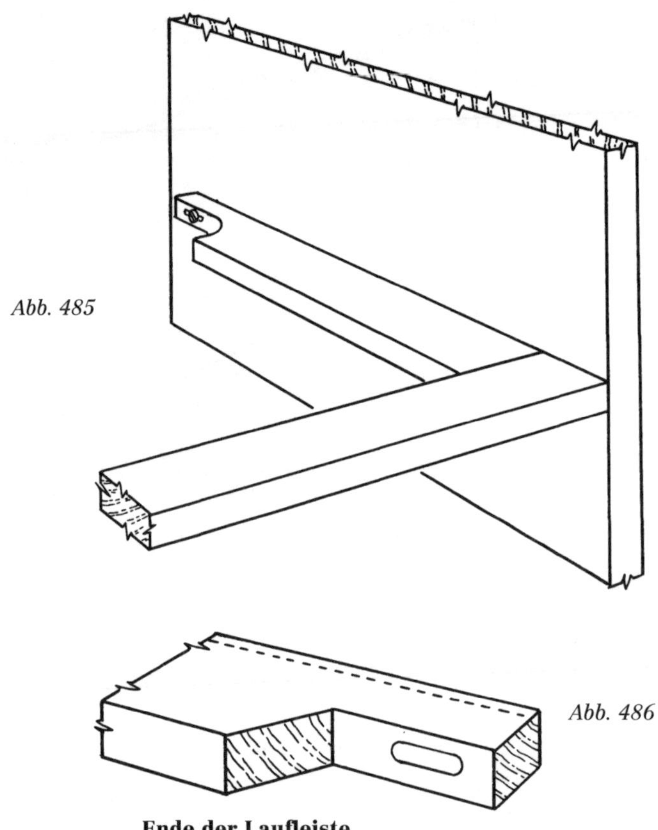

Abb. 485

Abb. 486

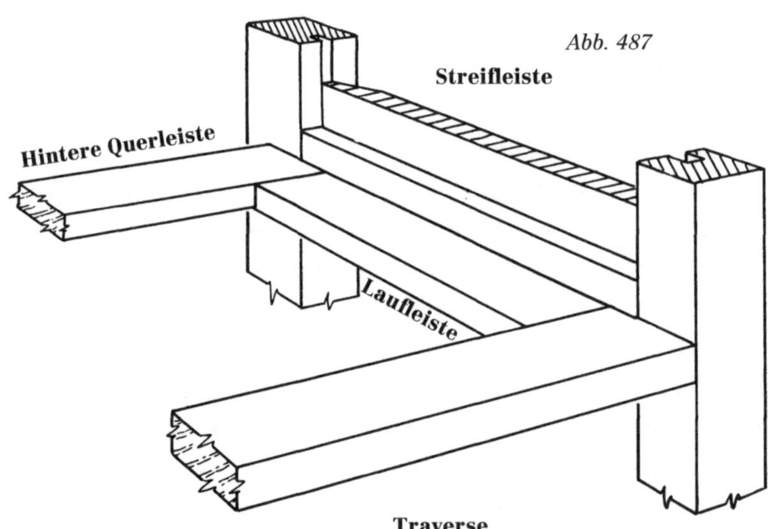

Abb. 487

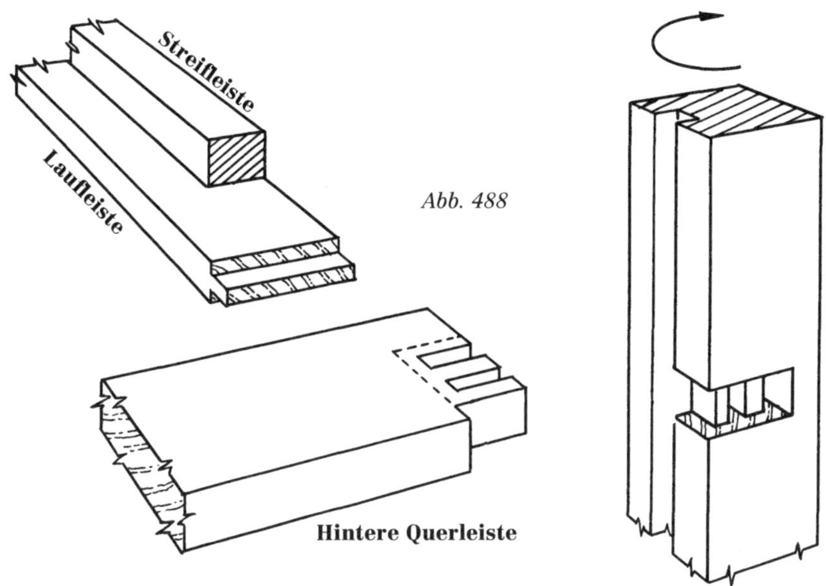

Abb. 488

Beachten Sie, dass die Traversen in der Regel mit den Korpusseitenteilen fluchten, dass hinten aber die später noch einzuschneidenden Nuten und Fälze für die Rückwand berücksichtigt werden müssen.

Griffe

Hölzerne Griffe, die man nicht aus kommerziellen Quellen hinzukauft, kann man in zwei Kategorien unterteilen: gedrechselt und an der Hobelbank hergestellt. Zwischen Griffen für Schubladen und solchen für Türen gibt es keine großen Unterschiede.

Abbildung 489a zeigt die am schnellsten, einfachsten und preiswertesten herzustellende Form, wie sie sich auch oft an Möbeln aus Massenfertigung findet. Das Material wird nach Wunsch profiliert und dann abgelängt. Solche Griffe werden nur noch selten mit Profilhobeln hergestellt, lassen sich aber schnell mit der Handoberfräse produzieren. Sie werden – meist waagerecht – mit zwei Schrauben befestigt, die man von hinten durch die Schublade eindreht. Auf die gleiche Weise werden Griffe wie in 489b befestigt, die gestalterisch eher überzeugen. Oft werden dafür auch exotischere Hölzer verwendet.

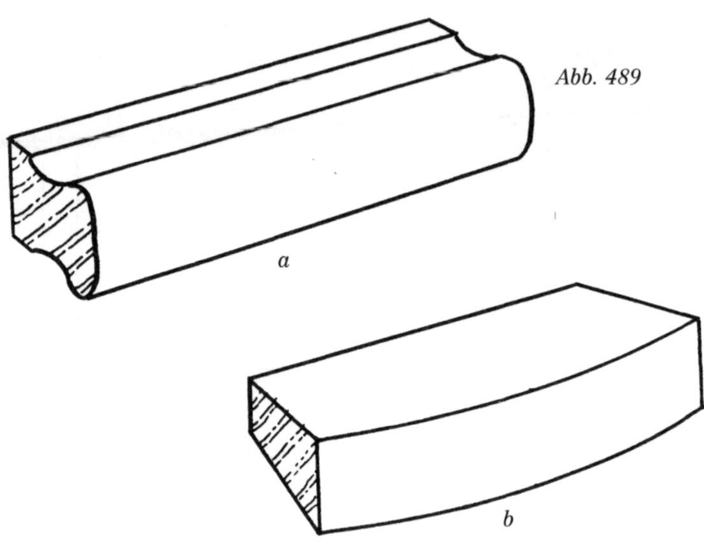

Abb. 489

Hochwertige Griffe aus Hölzern wie Palisander und Ebenholz (c) werden in die Tür oder Schublade eingezapft. Falls der Zapfen durchgeht, kann er verkeilt werden. Solche Griffe zeigen an der Vorderkante Hirnholz, das sich gut polieren lässt und dann sehr ansprechend aussieht. Falls man den Zapfen jedoch schlitzt und Keile eintreibt (d), wird das Holz fast immer reißen (B). Die Keile müssen deshalb neben dem Zapfen eingetrieben werden (A). Ein Griff, der sich nach vorne hin verjüngt, muss auf der Unterseite mit einer Griffmulde für die Finger versehen werden (e).

Ein Griff, der sich über die gesamte Breite der Schublade erstreckt und in das Vorderstück eingenutet ist (f), lässt sich gut greifen und ist besonders für große Schubladen geeignet. Solche Griffe kommen in Eiche und ähnlichen Hölzern besonders gut zur Geltung, aber auch dann, wenn mehrere Schubladen übereinander angeordnet werden, wie etwa in einer Kommode. Die Gratnut kann kurz vor der Oberkante der Schublade abgesetzt werden.

Gedrechselte Griffe (Abb. 490) zeigen an der Vorderseite immer Hirnholz. Die Oberflächenbehandlung muss deshalb an dieser Stelle vollkommen makellos sein, um das Holz zur besten Geltung zu bringen. Man kann diese Griffe zwar von der Innenseite anschrauben, aber sie neigen dann dazu, sich zu lockern und zu drehen. Es erfordert nur geringen Aufwand, einen kleinen Zapfen anzudrehen und in dem Vorderstück eine ent-

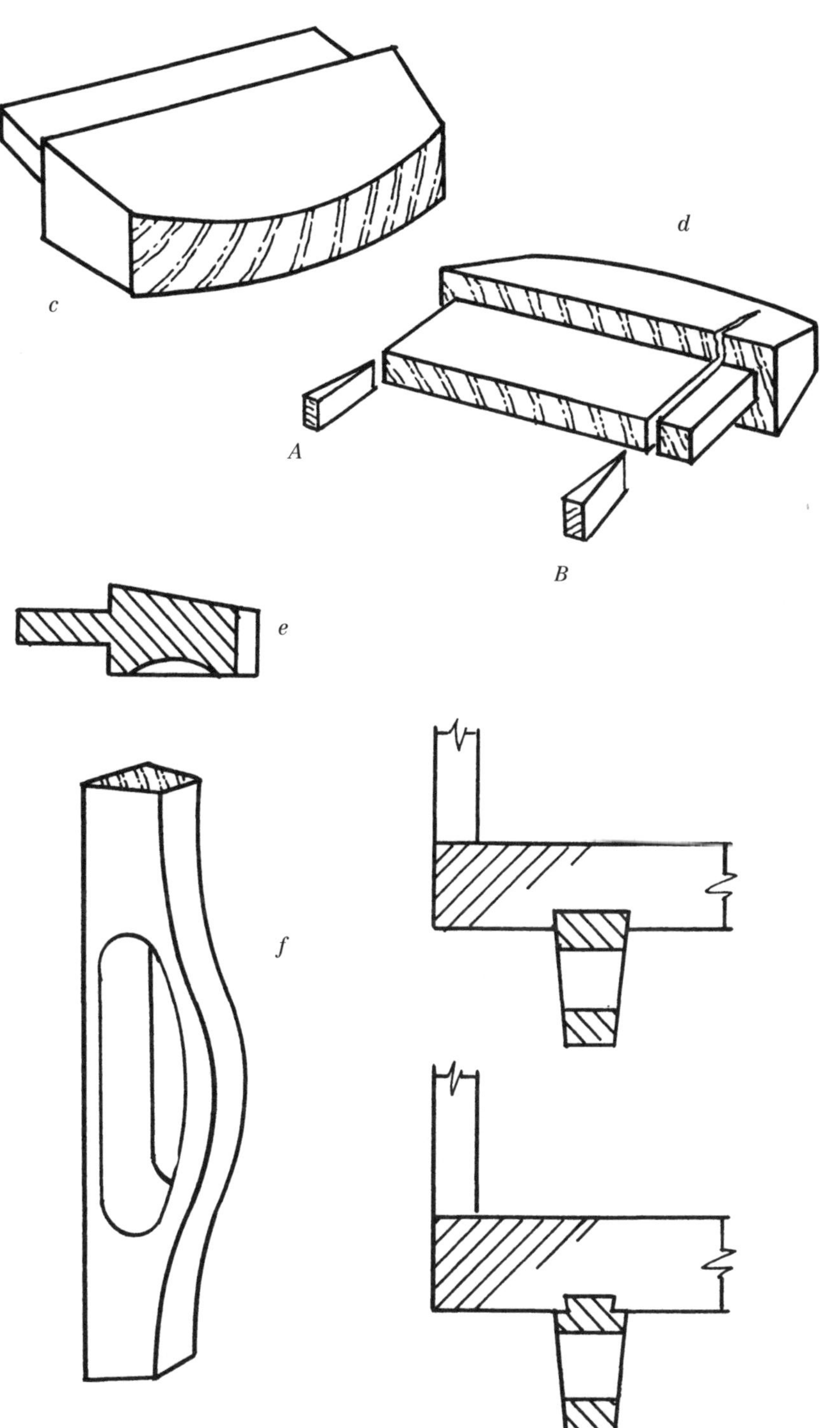
d
c
A
B
e
f

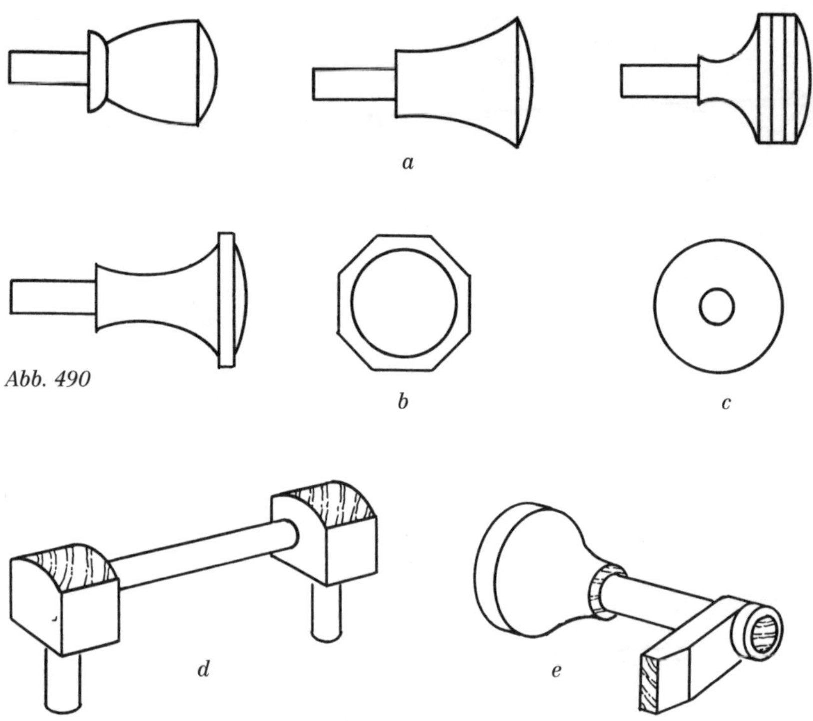

Abb. 490

sprechende Bohrung anzubringen. Das Ergebnis wird Sie auf jeden Fall glücklicher machen. Stellen Sie einen Außentaster auf den Durchmesser des Bohrers ein, und drechseln Sie den Zapfen auf dieses Maß. Falls Sie nicht mit kleinen Rohlingen aus exotischen Hölzern arbeiten, drehen Sie mehrere Griffe in einem Stück, und stechen sie dann einzeln ab. Der Zapfen wird dann entweder in einem Backenfutter oder einem Holzfutter eingespannt, um die Vorderseite fein zu polieren, Bei der Form sind einem kaum Grenzen gesetzt (typische Beispiel sind in Abb. 490 zu sehen). Durch sorgfältiges Abstechen oder Schleifen an der Schleifscheibe kann man auch eckige Gestaltungen erreichen (B). Als Verzierung kann man auch eine Scheibe aus einem Kontrastholz einlassen, also etwa aus Stechapfel oder Ahorn in Ebenholz (C). Man kann die Arbeit an der Drechselbank und die an der Hobelbank kombinieren, um Bügelgriffe herzustellen (D). Auch hier kann die Verwendung von kontrastierenden Hölzern ansprechend wirken. Solche Griffe sieht man seltener in senkrechter Anbringung. Bei Eiche oder ähnlich rustikalen Hölzern kann man auch einen Drehgriff anbringen (E).

Kästen und Schatullen

Kastenförmige Konstruktionen können sehr unterschiedlich groß sein, von kleinen Schmuckschatullen bis hin zu Werkzeugkisten, die sich kaum von einem Möbelkorpus unterscheiden. Es gibt eine Reihe von möglichen Eckverbindungen.

Die einfachste ist die genagelte stumpfe Eckverbindung. Sie wird nur für sehr einfache oder provisorische Arbeiten verwendet (Abb. 491). Die gefälzte Variante (Abb. 492) sorgt mit ihrer Brüstung dafür, dass die Bauteile senkrecht zueinander bleiben. Außerdem ist bei ihr weniger Hirnholz zu sehen. Sie kann mit Holznägeln oder losen Federn aus Furnier verstärkt werden (siehe unten). Beide Verbindungen sind grundsätzlich nicht sehr belastbar, da eine der Leimflächen immer Hirnholz aufweist, das keine haltbare Verleimung erlaubt.

Eine Eckverbindung auf Gehrung (Abb. 493) hat Leimflächen, die halb Hirnholz sind. Sie ist etwas haltbarer, allerdings ohne zusätzliche Verstärkung immer noch nur für kleinere Arbeiten geeignet. Die Gehrungen können zwar an der Tischkreissäge angeschnitten werden, müssen aber an einer winkelgenauen Gehrungsstoßlade mit dem Hobel nachgearbeitet werden. Die Belastbarkeit dieser Verbindung kann erhöht werden, indem man eine lose Feder einfügt (Abb. 494). Die Schlitze für die Federn werden meist mit der Radialarmsäge geschnitten. Stattdessen kann man auch eine geeignete Vorrichtung an der Tischkreissäge oder am Handoberfräsentisch verwenden. Schließlich kann man auch die Handoberfräse in Verbindung mit einer starken, auf 45° ausgehobelten Zulage verwenden (siehe Anhänge C und D). Beachten Sie, dass der Schlitz nicht mittig in der Gehrung liegt, sondern nach innen versetzt wird, um eine möglichst breite Feder verwenden zu können. Die Federn sollten aus Sperrholz gefertigt werden. Falls sie sichtbar sein werden, aus Laubholz, das quer zur Faser geschnitten wurde. Eine moderne Neuerung ist die sogenannte Flachdübelfräse, mit der man Nuten schneidet, in die elliptische Formfedern aus komprimiertem Buchenholz (‚Lamellos') eingeleimt werden. Diese Methode lässt sich jedoch nur bei größeren Werkstücken verwenden.

Die Verbindung auf Gehrung kann durch lose Federn verstärkt werden. Bei kleinen Werkstücken kann man ein Stück Furnier oder sogar zwei Lagen übereinander verwenden (Abb. 496).

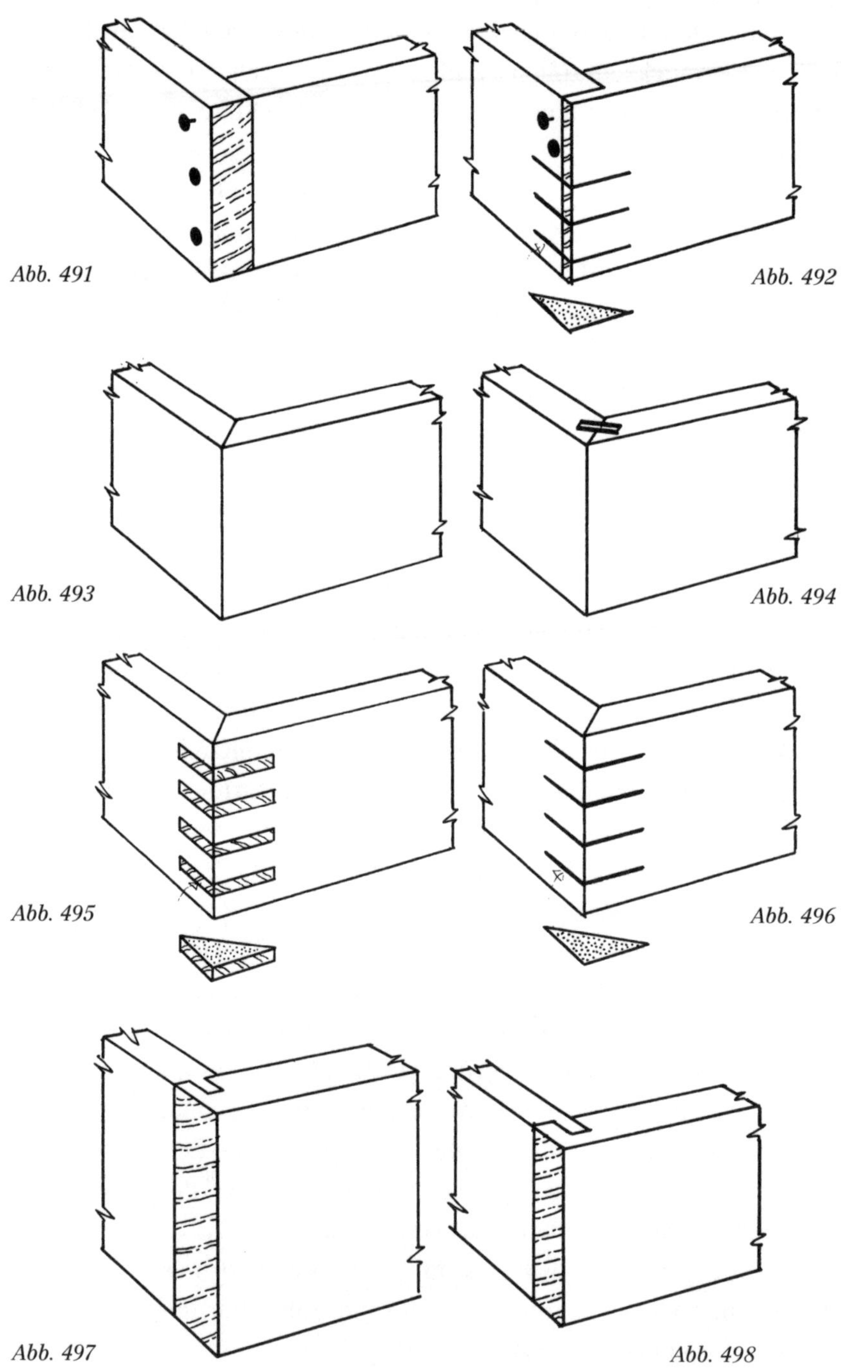

Abb. 491

Abb. 492

Abb. 493

Abb. 494

Abb. 495

Abb. 496

Abb. 497

Abb. 498

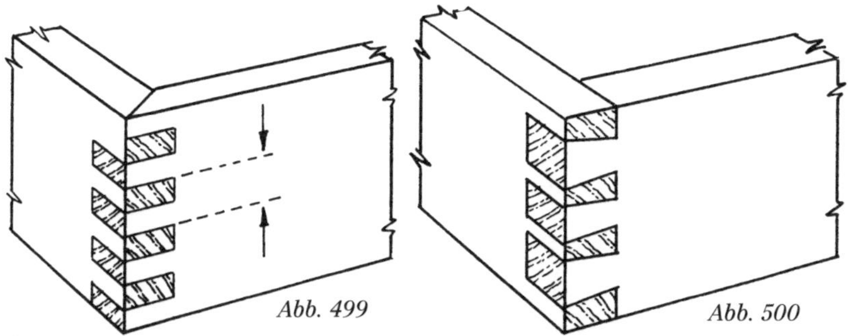
Abb. 499 Abb. 500

Meist stellt sich dabei das Problem, Furnier- und Sägeblattstärke aufeinander abzupassen. Die Sägefugen werden manchmal in Schwalbenschwanzform zueinander angeordnet. In größere Werkstücke kann man auch Federn aus Vollholz einsetzen (Abb. 495), deren Stärke zwischen 2 und 4 mm liegt. Die Verbindungen werden verleimt, verputzt und während des Schneidens der Schlitze vorsichtig gehandhabt. Die Schlitze lassen sich leicht an einer kleinen Oberfräse mit einem entsprechenden Fräser und einer V-förmigen Vorrichtung schneiden, in welche der Kasten eingelegt wird. Alternativ kann man sie auch an der Tischkreissäge schneiden, falls das Werkstück nicht zu groß ist. Die Schnittbreite lässt sich durch die Wahl des Sägeblatts (eventuell auch eines Nutsägeblatts) variieren. Eine geeignete Vorrichtung zur Aufnahme des Werkstücks wird in Anhang F vorgestellt.

Mit einer kleinen Tischkreissäge oder mit der Handoberfräse lassen sich verschiedene gespundete Eckverbindungen anschneiden. Zwei Beispiele, die man häufig bei kommerziellen Schatullen findet, sind in den Abbildungen 497 und 498 dargestellt.

Die Fingerzinkung (Abb. 499) kann mit der Hand angeschnitten werden, allerdings geschieht das selten. Es gibt spezielle Maschinen und Fräsköpfe für die industrielle Herstellung dieser Verbindung, aber man kann sie auch leicht an der Tischkreissäge schneiden. Die Breite der Sägefuge wird auch hier durch das verwendete Sägeblatt bestimmt. Sie sollte nicht breiter als 6 mm sein. Es gibt käufliche Vorrichtungen, um an der Tischkreissäge Fingerzinken zu schneiden. Im Anhang G wird eine leicht herzustellende Vorrichtung gezeigt, die auch einfach modifiziert werden kann, um sie am Handoberfräsentisch einzusetzen. Indem man den Registerstift umgeht, kann man auch eine Gehrung zinken.

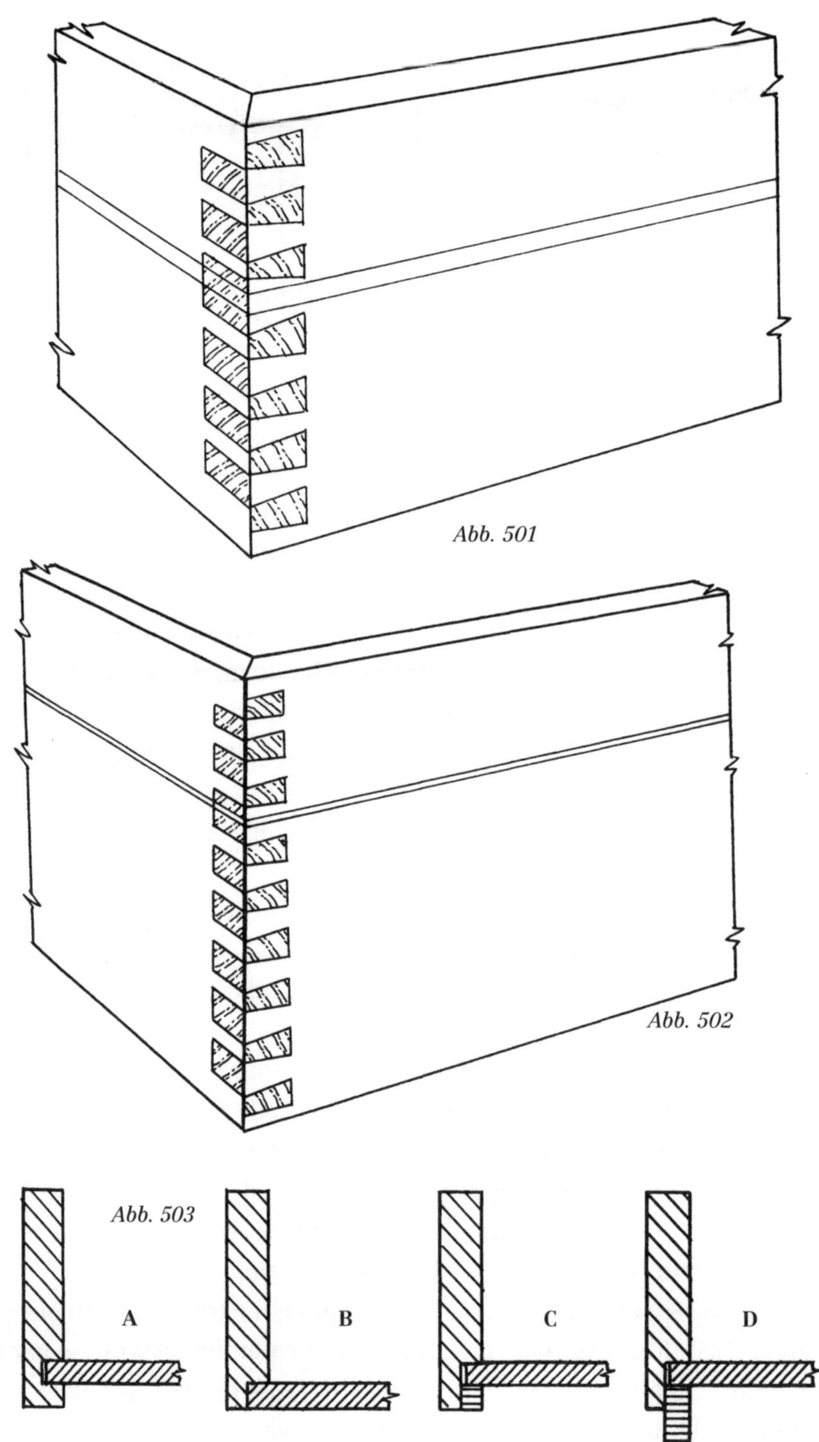

Abb. 501

Abb. 502

Abb. 503

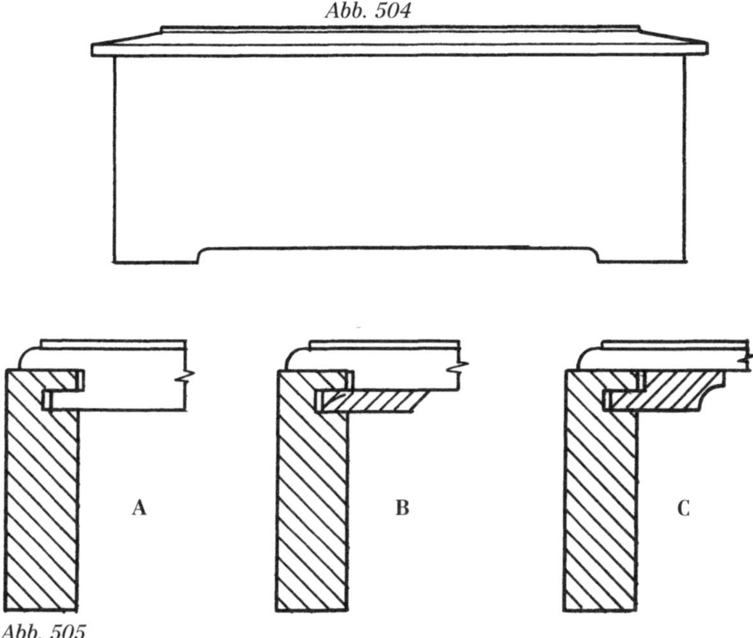

Abb. 504

Abb. 505

Im Allgemeinen werden die Abstände der Zinken so genau wie möglich geplant. Die Endhöhe des Kastens muss aber auf jeden Fall ein Vielfaches der Zinkenhöhe betragen. Wenn man den Kasten waagerecht auftrennt, um einen Deckel zu erhalten, muss ein vollständiger Zinkensatz entfernt werden, damit das Muster erhalten bleibt.

Wie eine Schwalbenschwanzzinkung (Abb. 500) geschnitten wird, ist bereits erörtert worden. Bei hochwertigen Kästen ist sie die häufigste Verbindung. Die Schwalbenschwänze befinden sich an der Vorderseite des Kastens, die Zinken an den Seiten. Meist werden die oberen und unteren Ecken auf Gehrung gearbeitet, damit man eine Nut für den Deckel und Boden des Kastens schneiden kann. Falls man mit der Handoberfräse nutet, ist dass allerdings nicht mehr zwingend notwendig. Falls der Deckel vom fertigen Kasten abgesägt werden soll, wird einer der Schwalbenschwänze breiter geschnitten, um den Verlust beim Sägen und Verputzen auszugleichen (Abb. 501). Wenn sich die Seiten des Kastens verjüngen, sodass er zu einem Pyramidenstumpf wird, gestaltet man die Schwalbenschwänze meist ebenfalls nach oben schmaler werdend (Abb. 502, siehe auch Anhang I).

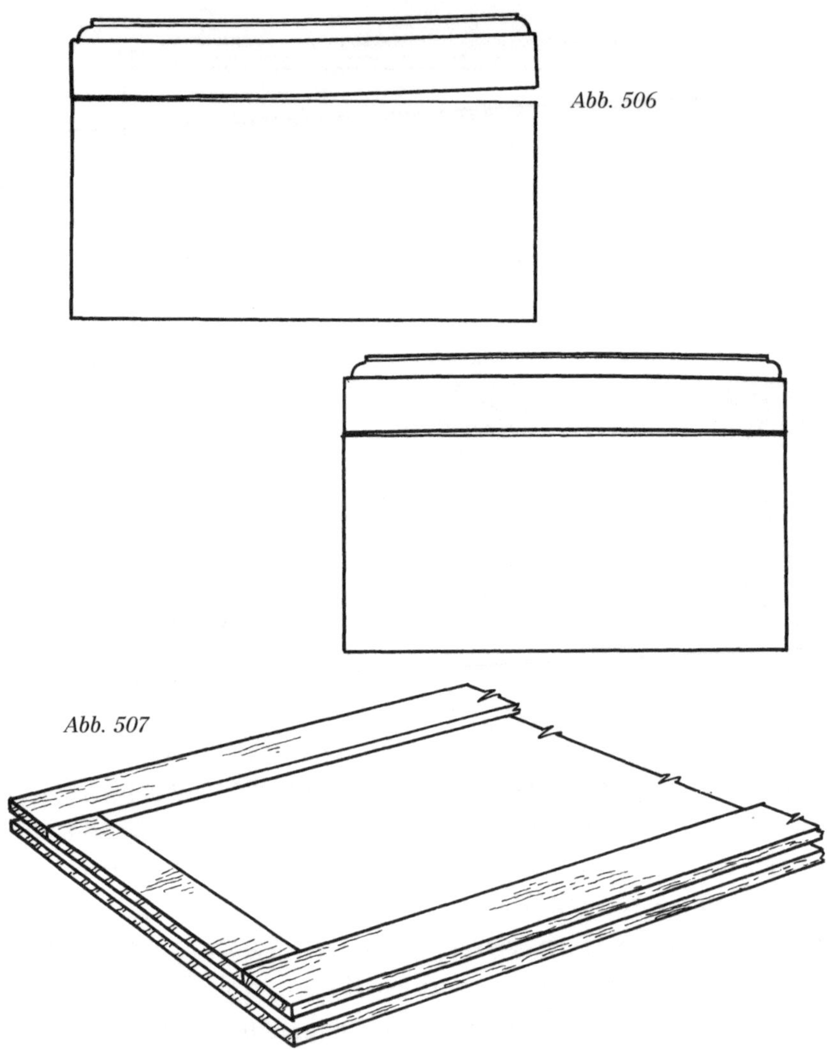

Abb. 506

Abb. 507

Der Boden eines Kastens kann eingenutet, eingefälzt oder mit einer Halteleiste eingefälzt werden (Abb. 503 A, B, C und D). Furniertes Sperrholz kann eingeleimt werden, aber Vollholz muss arbeiten können (A, C oder D).

Ein aufgelegter Deckel (Abb. 504) stellt keine Probleme dar. Die Variante, bei welcher der Deckel vom fertigen Kasten abgesägt wird, erfordert jedoch eine sorgfältige Holzauswahl, sodass man stehende Jahresringe erhält. Ein eingenuteter Deckel (Abb. 505 A) kann sich werfen und seinen Rahmen verziehen, sodass der in Abbildung 506 gezeigte Effekt auftritt. Ein dünnerer, aus mehreren Teilen bestehender Deckel wie in

Abbildung 505 B wirft sich nicht so leicht, und die Variante C neigt noch weniger dazu. Die zusätzlichen Leisten sollten von den Seiten und Enden des Deckelmaterials geschnitten werden und an den Ecken stumpf, nicht auf Gehrung verbunden werden. Eine Fase oder Hohlkehle macht die Innenkante gefälliger (Abb. 507).

Abbildung 508 zeigt eine andere mögliche Deckelkonstruktion. Furniertes Sperrholz wird in einen Falz eingeleimt, und die Fuge wird mit einer Furnierader kaschiert.

Hochwertige Schatullen erhalten ein loses Futter, oft aus einem Kontrastholz. Das Futter sorgt für präzises Schließen des Deckels und bietet

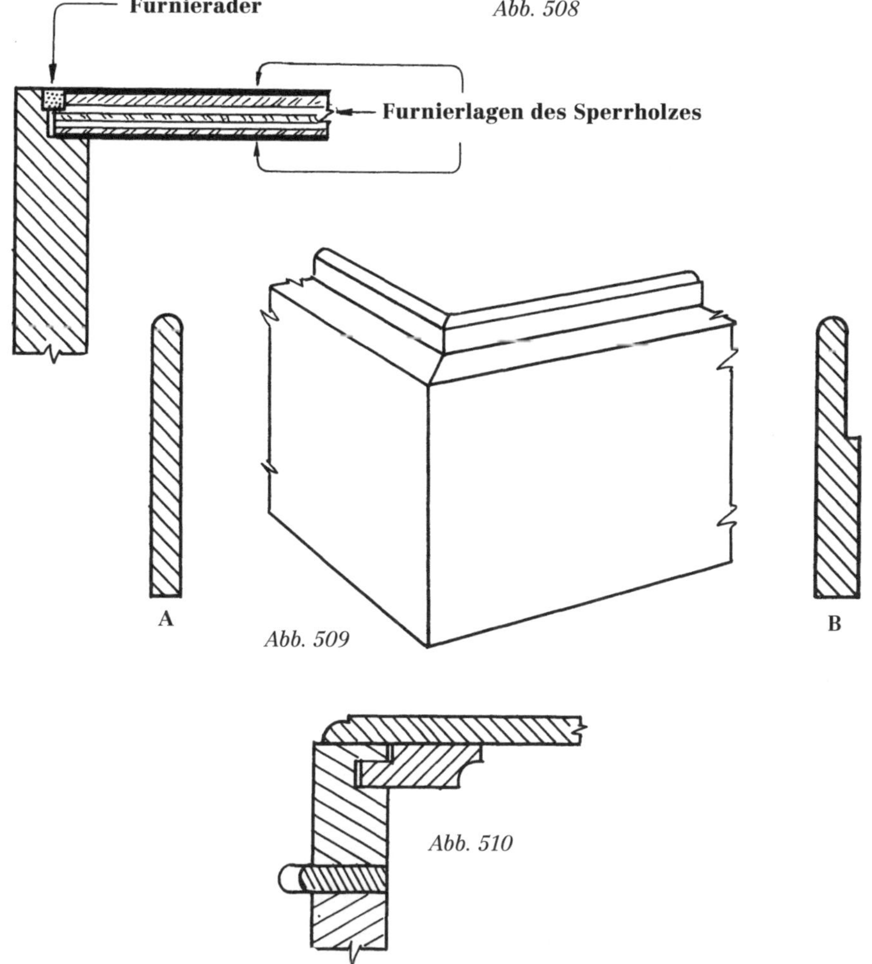

Abb. 508

Abb. 509

Abb. 510

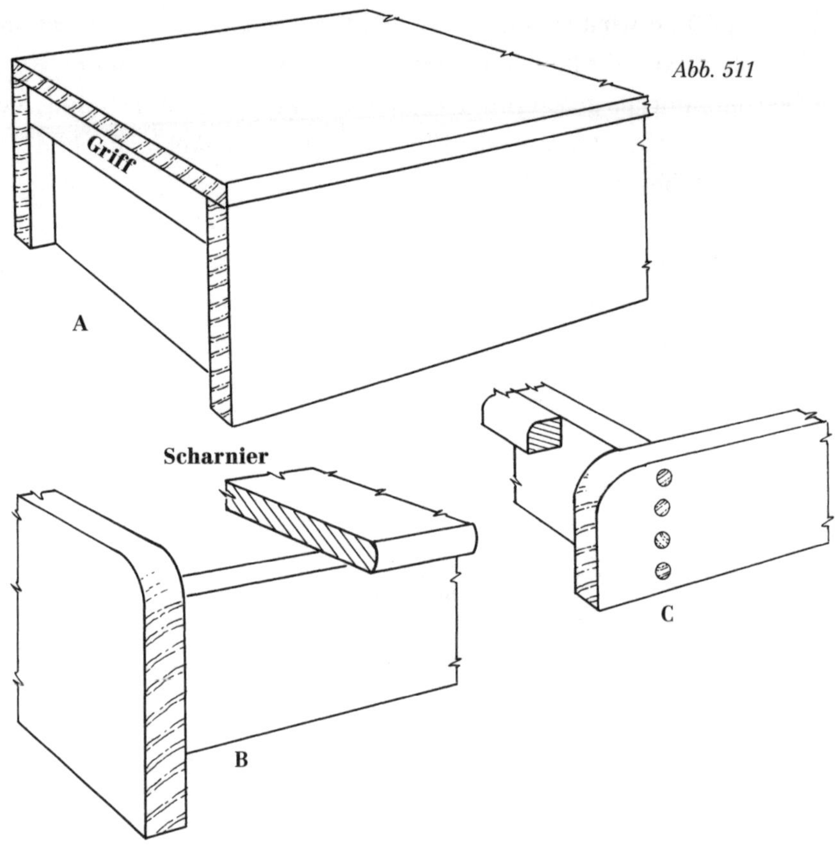

ein gewisses Maß an Staub- und Luftdichtigkeit (Abb. 509). Das Futter sollte so dünn wie möglich sein (3 mm ist eine gängige Stärke) und wird an den Ecken auf Gehrung gearbeitet. Es wird meist nicht eingeleimt. Die oberen Kanten werden oft abgerundet. An der Vorderseite der Schatulle muss das Futter ganz leicht mit dem Hobel angefast werden, damit sich der Deckel leicht schließen lässt. Eine Stufe auf der Innenseite des Futters dient als Halterung für ein einlegbares Tablar.

An der Kante des Deckels wird manchmal eine kleine Halbstabprofilleiste (vielleicht aus der gleichen Holzart wie das Futter) eingeleimt und an den Ecken auf Gehrung gearbeitet (Abb. 510). Die Leiste kann in der Mitte der Vorderseite nach außen geschwungen breiter werden, um einen Griff zum Öffnen der Schatulle zu bieten. Auf der Rückseite muss man darauf achten, dass die Profilleiste nicht die Funktion der Scharniere behindert. Aus diesem Grund wird sie manchmal an der Rückseite fortgelassen.

Wenn man Eckverbindungen furniert, zeichnen sie sich auf die Dauer immer durch. Deshalb ist man bei der Wahl der Eckverbindungen einer furnierten Schachtel auf die einfache Gehrung, die Gehrung mit loser Feder oder die Gehrung mit Furnierfedern beschränkt.

Eine vollkommen andersartige Konstruktionsweise für eine Schachtel sieht man in den Abbildungen 511 A und B. Die beiden Seitenteile ragen hier über die eigentliche Schachtel hinaus. Die Ecken können gedübelt werden, entweder sichtbar (C) oder versteckt, sie können mit Schlitz und Zapfen, entweder durchgestemmt oder eingestemmt, verbunden werden, oder man kann sie mit einer Gratnut verbinden. Wenn die Vorder- und die Rückseite überstehen, kann man das nutzen, um eine Griffleiste zu integrieren (wie in A). Wenn die Seitenteile überstehen, kann der mit einem Scharnier angebrachte Deckel ebenfalls überstehen (B) und als Griff dienen, um den Deckel zu öffnen.

Eine einfache Methode, auf Gehrung gearbeitete Schachteln zu verleimen, wird in Anhang E vorgestellt.

Deckelscharniere

Bei kleinen Schatullen werden die Scharniere in der Regel gleich tief in die Schatulle und den Deckel eingelassen (Abb. 512). Wenn man einen einfachen oder mit Halbstab profilierten Umleimer angebracht hat, sollte er die gleiche Stärke wie das Scharnier haben, das dann vollständig in dieses Bauteil eingelassen wird (Abb. 513). In diesem Fall wird der andere Lappen des Scharniers in eine Ausklinkung mit schrägem Grund eingelassen, wie man das auch bei Türscharnieren tut.

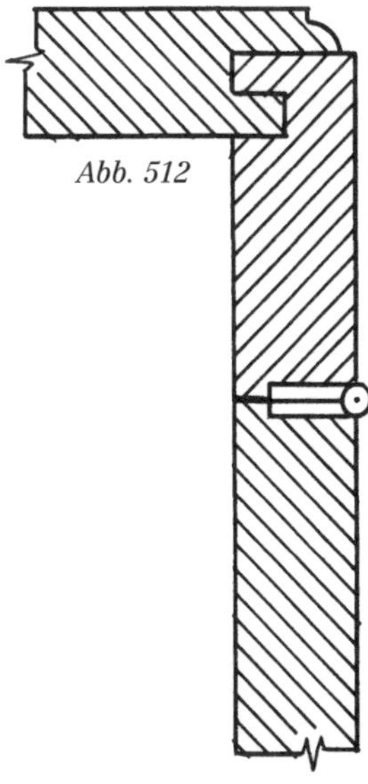

Abb. 512

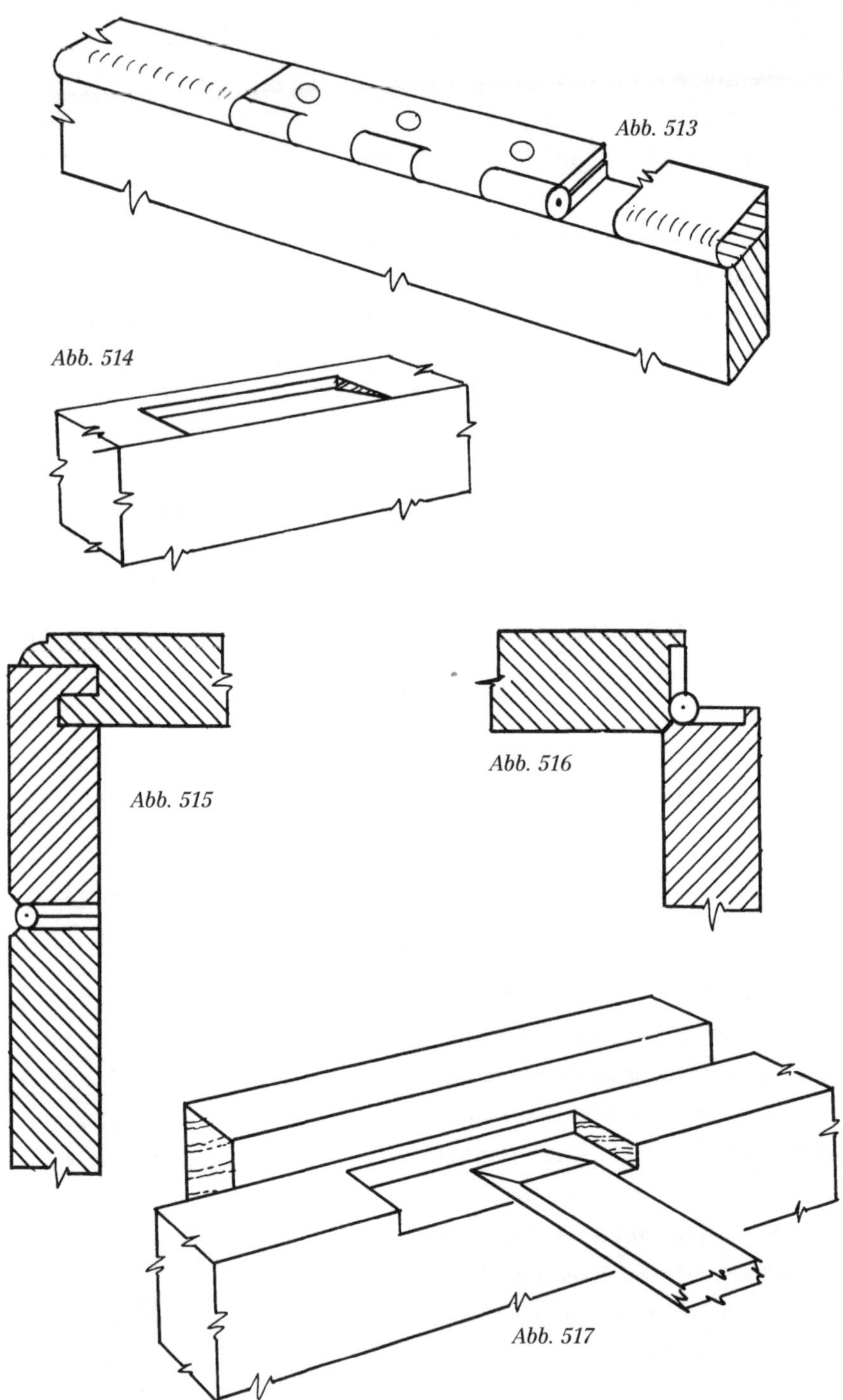

Abb. 513

Abb. 514

Abb. 515

Abb. 516

Abb. 517

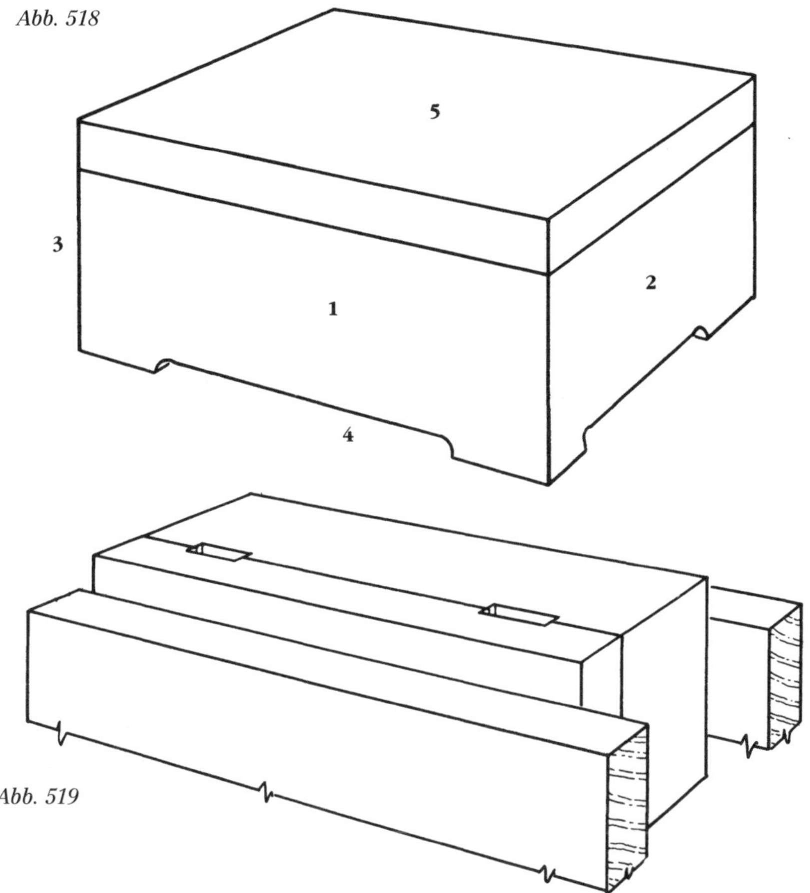

Abb. 518

Abb. 519

Kleine Schachteln mit leichten Deckeln können mit Scharnieren versehen werden (Abb. 515 und 516). An die hinteren Kanten des Deckels und der Schachtel werden schmale Fasen angehobelt, sodass der Deckel in senkrechter Stellung stehen bleibt, wenn er geöffnet wird. Bei einer größeren Schachtel wären die Hebelkräfte zu groß und die Schrauben würden aus dem Holz gerissen. Denken Sie daran, eine Zulage zu verwenden, wenn Sie die Ausklinkungen für die Scharniere schneiden (Abb. 517).

Wenn die Scharniere angebracht werden, werden die Bauteile in der gezeigten Reihenfolge verputzt (Abb. 518). Beachten Sie, dass das Bauteil mit den Scharnieren noch nicht verputzt wird. Falls Boden und Deckel bündig abschließen, werden sie später verputzt. Ein zurückspringender Boden oder ein hochstehender Deckel müssen vor dem Verleimen oberflächenbehandelt werden.

Nehmen Sie die Scharniere ab (Abb. 519), und setzen Sie die Schachtel sorgfältig wieder zusammen. Richten Sie die Schachtel und den Deckel genau aneinander aus, und fixieren Sie sie mit Klebeband. Jetzt kann das Bauteil mit den Scharnieren verputzt und oberflächenbehandelt werden. Dann werden die Scharniere wieder angebracht.

Glas und Spiegel

Der Umgang mit Glas und Spiegeln unterscheidet sich je nach Qualität des Werkstücks. Die häufigste Methode, verglaste Rahmen und Türen anzufertigen, ist bereits erwähnt worden (siehe Seite 190/191).

Abbildung 520 zeigt den Querschnitt einer typischen Verglasung. An der Außenseite wird ein Karniesprofil angeschnitten, auf der Innenseite ein Falz, meist in der gleichen Tiefe wie das Profil. Innen wird eine dünne Leiste (schlicht oder mit Halbstabprofil) mit Stiften (nicht mit Leim) angebracht. So kann man das Glas leicht auswechseln. Messingstifte oder kleine Messingschrauben sehen besser aus als Drahtstifte aus Stahl und rosten auch nicht. Holz kann allerdings schwinden, vor allem in Räumen

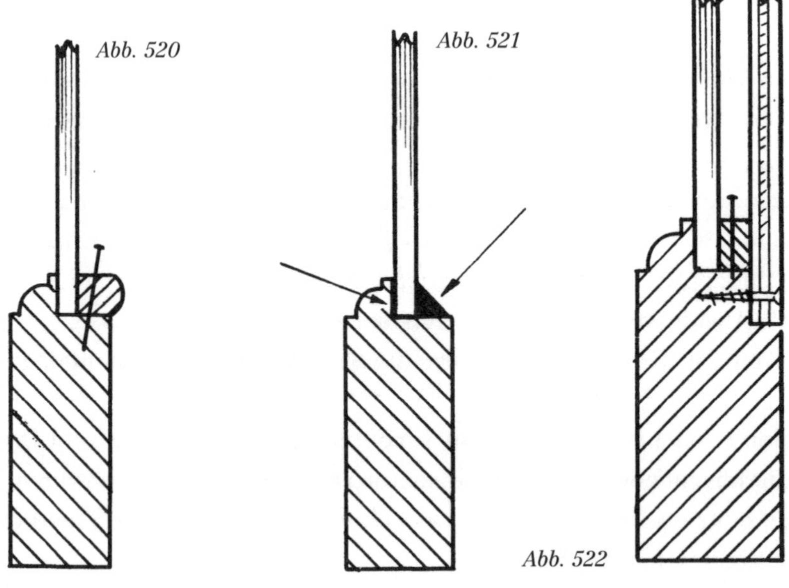

Abb. 520 *Abb. 521* *Abb. 522*

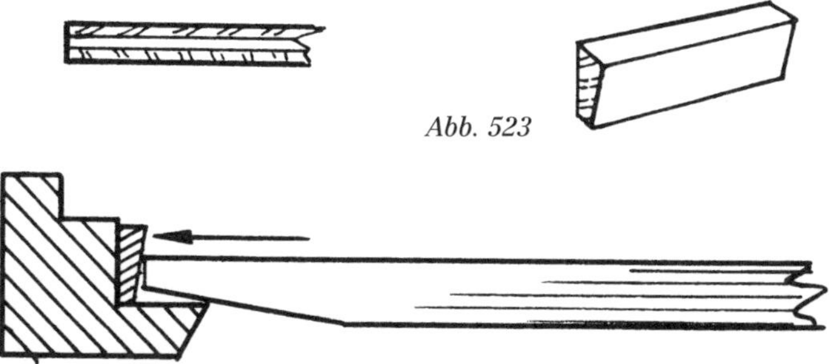

Abb. 523

mit Zentralheizung. Dann kann diese Konstruktion zu klappernden Glasscheiben führen.

Man kann das Problem verringern, indem man das Glas in eine sehr dünne Schicht aus Fensterkitt bettet. Falls das Werkstück nicht deckend lackiert wird, muss man Kitt einer passenden Farbe verwenden oder weißen Kitt mit einer Pulverfarbe einfärben. Lackieren Sie die Innenflächen des Falzes, damit das Leinöl aus dem Kitt nicht durchschlägt. Bei sehr dünnen Rahmen kann man das Glas lediglich mit Kitt auf der Innenseite halten (Abb. 521). Diese Lösung sieht man oft bei alten Möbelstücken. Einige wenige Stifte halten das Glas an Ort und Stelle und werden vom Kitt verdeckt. Auch hier wird der Falz lackiert und ein Kitt in der richtigen Farbe verwendet.

Spiegel lassen sich auf ähnliche Weise anbringen. Um ungewollte Spiegelungen zu verhindern, werden die Fälze und die Kanten des Spiegels mit einem mattschwarzem Lack (Tafellack) gestrichen. Zwischen dem Spiegel und der Rückwand sollte es eine Hinterlüftung geben. Bei einem kräftigem Rahmen oder einer dicken Tür geht man dabei vor wie in Abbildung 522. Die Sperrholzrückwand kann einfach aufmontiert werden, aber das Aussehen ist sauberer, wenn sie in einen zweiten Falz eingeschraubt wird. Bei kleineren Spiegeln besteht die klassische Methode darin, den Spiegel mit kleinen Keilen aus Nadelholz im Falz zu fixieren, die an am Rahmen anleimt (Abb. 523). Das Glas sollte dazu auf allen Seiten etwa 1,5 mm Untermaß haben. In sehr hochwertigen Arbeiten wird der Spiegel in eine sehr dünne Lage Kitt eingebettet. Damit wird auch leichter Verzug ausgeglichen, wie er vor allem bei runden oder mehreckigen Rahmen auftauchen kann. Die Methode bietet ein gutes Bett für facettiertes Glas (Abb. 524 A).

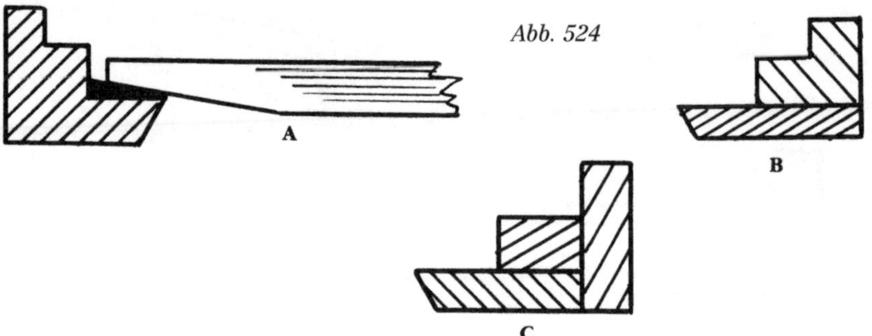

Abb. 524

In Abbildung 524 B sieht man, wie ein Spiegelrahmen aufgebaut werden kann. Die Fugen werden mit Profilierungen oder Einlegearbeiten abgedeckt. Eine Alternative sieht man in Abbildung 524 C. Hier besteht der vordere Blendrahmen aus ein oder zwei Lagen Sägefurnier. Sie findet sich mit rechtwinklig zueinander stehendem Faserverlauf der Furnierstreifen häufig bei Antiquitäten.

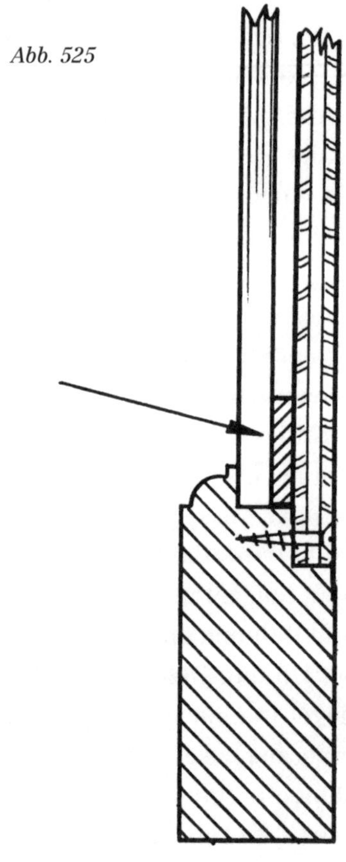

Abb. 525

Nach dieser Darstellung traditioneller Bauweisen muss allerdings gesagt werden, dass die modernen Versilberungsverfahren bei Spiegeln sehr viel widerstandsfähiger als frühere Methoden sind. Das wird durch die Beliebtheit von Spiegelkacheln bestätigt, die mit selbstklebenden Schaumstoffkissen befestigt werden. Eine einfachere und schnellere Methode, die sich im Laufe der Jahre für moderne Spiegel bewährt hat, ist in Abbildung 525 zu sehen. Eine Anzahl kleiner Schaumstoffkissen werden zwischen die Rückwand und den Spiegel eingelegt und zusammengedrückt, sodass sie den Spiegel sicher halten.

Anhang A

Sägeladen

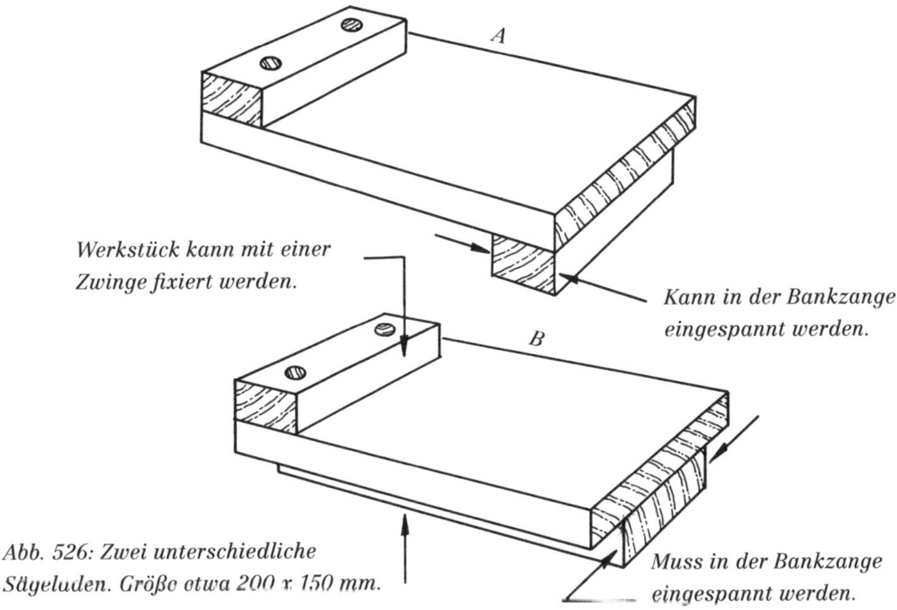

Abb. 526: Zwei unterschiedliche Sägeladen. Größe etwa 200 x 150 mm.

Sägeladen lassen sich aus beliebigen Restholzstücken herstellen, vorzugsweise aus (hartem) Laubholz. Die Anschläge sollten am besten mit Dübeln und Leim angebracht werden, da Schrauben dazu neigen, sich bei Belastung zu lockern.

Variante A mit den beiden Anschlagleisten wird häufig verwendet. Eine der Leisten wird in die Bankzange eingespannt. Dann wird quer zur Bank gesägt. Variante B ist nicht so häufig, aber besonders für Anfänger sehr nützlich. Der Klotz auf der Unterseite wird in der Bankzange eingespannt, sodass man in Längsrichtung der Bank sägt, so wie man auch hobelt. Das erlaubt es, das Werkstück mit einer Zwinge zu fixieren.

Es lohnt sich, beide Varianten herzustellen. Die Variante A ist am nützlichsten, wenn man längere Werkstücke bearbeitet. In diesem Fall ist es hilfreich, wenn man eine zweite Sägelade der gleichen Form, vielleicht etwas schmaler, zur Hand hat, um das lange Werkstück eben und sicher zu halten.

Anhang B

Die Zapfensäge für Längsschnitte

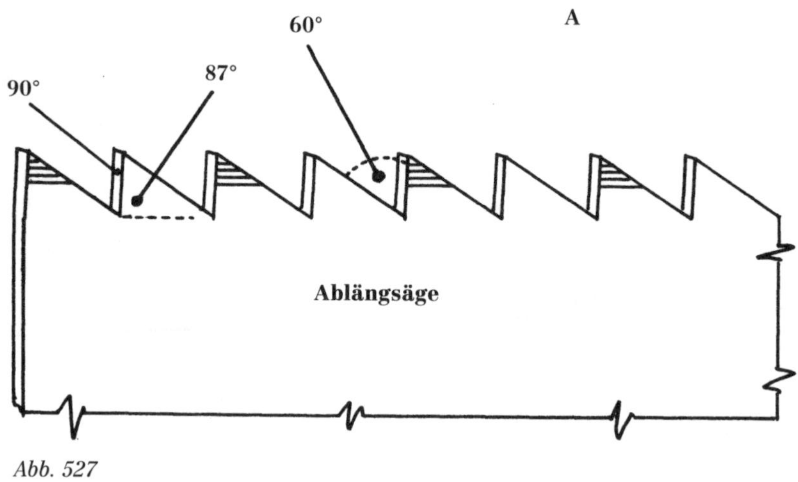

Abb. 527

Wenn man die Wangen von Zapfen freischneidet, wird das Risiko, ungenau zu sägen größer, je länger die Säge im der Sägefuge verbleibt. Die Säge muss deshalb sehr gut geschärft sein. Man kann das Ergebnis zusätzlich noch verbessern, wenn man die für Schnitte quer zur Faser ausgelegten Zähne des Blatts (15 Zähne pro Zoll) durch solche für Längsschnitte (10 Zähne pro Zoll) ersetzt. Der Abstand der Zähne lässt sich leicht festlegen, indem man ein altes Sägeblatt mit 9 oder 10 Zähnen pro Zoll an der Säge festspannt. Die höhere Schnittleistung der Längsschnittsäge erlaubt genaueres und weniger anstrengendes Arbeiten. Ein weiterer Vorteil ist, dass man das Blatt mit seinen 10 Zähnen pro Zoll dann mit einer normalen Schränkzange schränken kann, die bei Blättern mit mehr als 12 Zähnen pro Zoll nicht funktionieren. Das Anschneiden der neuen Zähne kann man von einer Firma ausführen lassen, die Sägen schärft.

Anhang C

Vorrichtung zum Nuten von Gehrungen

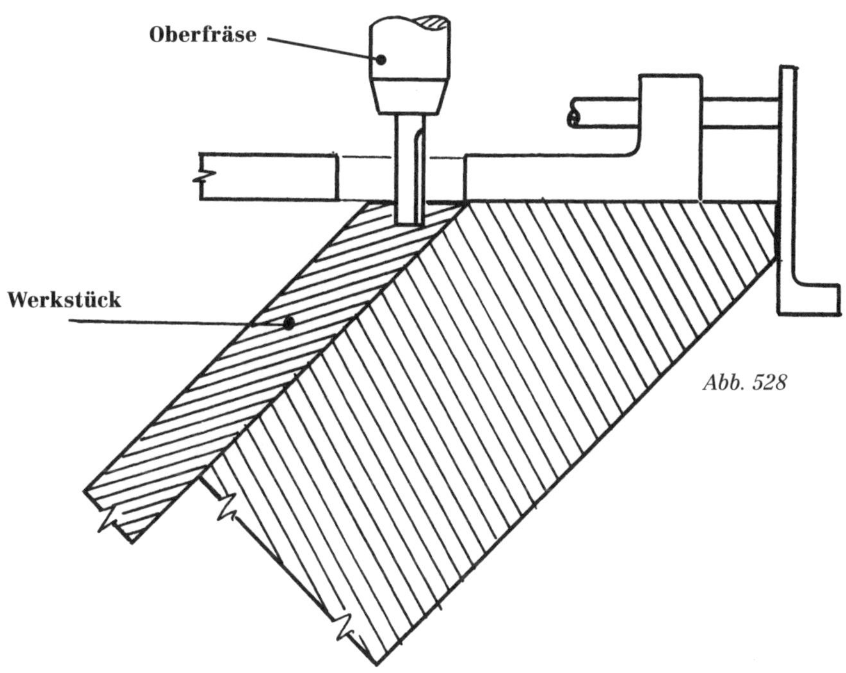

Abb. 528

Man hobelt ein gut abgelagertes Holzstück (oder ein entsprechend mehrschichtig verleimtes Stück) sorgfältig auf genau 45° aus. Die spitze Kante des Blocks wird dann genau senkrecht zur Auflagefläche für die Handoberfräsenauflage abgehobelt. Diese Fläche ist dann die Anlage für den Parallelanschlag der Handoberfräse. Das Werkstück wird an dem Block angespannt, der wiederum an seiner Kante in der Bankzange gehalten wird. Dann fräst man die Nut (Abb. 528).

Anhang D

Vorrichtung zum Nuten von Gehrungen an der Tischkreissäge

Man sollte für die Vorrichtung nur Multiplex verwenden, da Vollholz schwinden oder quellen kann, was sich auf die Genauigkeit des 45°-Winkels auswirken würde.

Die Grundplatte (A) und der Anschlag (B) werden im Winkel von 45° verbunden. Für die wirkliche Genauigkeit sorgen die beiden Winkelanschläge (C). Die Grundplatte und die Unterlage (D) werden mit identischen Nuten als Aufnahme für zwei Metall- oder Holzschienen (G) versehen. Diese Schienen werden so an (D) angeschraubt, dass sich (A) an ihnen verschieben lässt. Eine Schraube, Unterlegscheibe und Flügelmutter (H) laufen in einem Schlitz in (A), um das Werkstück präzise über dem Sägeblatt zu positionieren.

Abb. 529

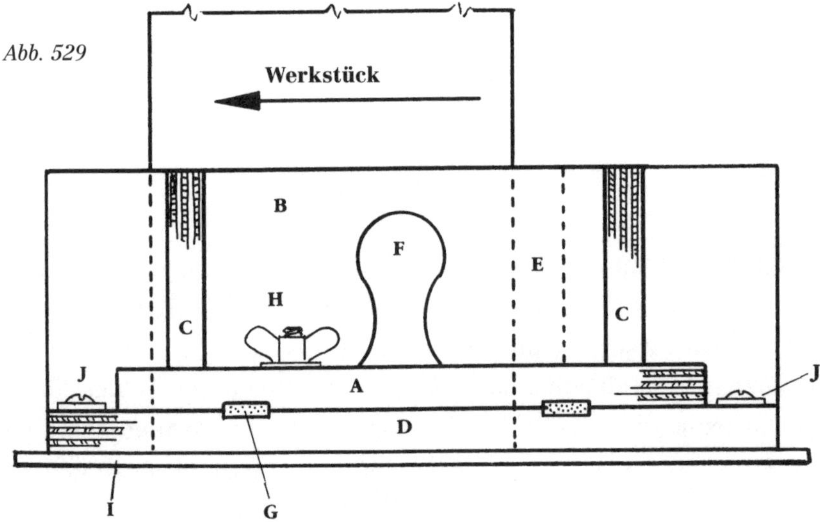

Unter (D) wird eine Metallschiene (I) angebracht, die in der Nut im Arbeitstisch der Tischkreissäge läuft. Die Schiene wird von oben verschraubt. Die beiden Schrauben (J) werden durch übergroße Löcher in (D) geführt, um den Anschlag (B) genau parallel zum Sägeblatt einstellen zu können.

Zwischen den beiden Winkelanschlägen (C) wird ein Griff (F) angebracht.

Eine dünne Führungsleiste (E) wird senkrecht am Anschlag (B) befestigt, sodass das zu bearbeitende Material bequem dagegengehalten werden kann. Kontrollieren Sie mit einem großen Tischlerwinkel, dass die Leiste senkrecht zum Arbeitstisch der Tischkreissäge steht. Die Leiste richtet das Werkstück aus und sorgt auch für seinen Vorschub, es muss also präzise ausgerichtet und angebracht werden.

Das Werkstück wird mit einer kleinen Zwinge an der Vorrichtung angespannt. Die Abmessungen hängen von der vorhandenen Tischkreissäge und der Breite der zu bearbeitenden Verbindungen ab. Verwenden Sie auch geeignete Schutzvorrichtungen.

Abb. 530

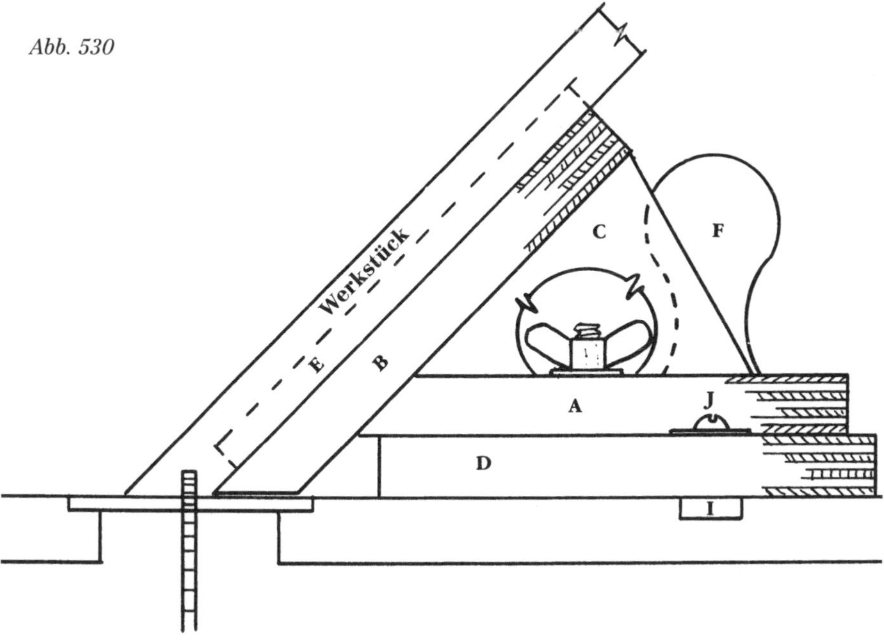

Anhang E

Gehrungen verleimen

Kästen mit Eckverbindungen auf Gehrung lassen sich mit der folgenden Methode problemlos verleimen. Schneiden Sie ein Kantholz für die vier Eckzulagen zu. Der Falz lässt sich am einfachsten an der Tischkreissäge anschneiden. Stellen Sie die Schnitttiefe etwas größer als den gewünschten Falz ein, um in der Ecke einen Freiraum zu erhalten. Runden Sie die äußere Ecke ab, und schleifen Sie sie glatt. Sägen Sie dann die Zulagen einzeln ab. Geben Sie entweder Wachs an die Druckflächen oder kleben Sie Kunststoffband darauf, damit austretender Leim nicht an ihnen haftet (A). Setzen Sie die Zulagen wie in (B) an. Bei kleineren Kästen kann man den notwendigen Druck durch starke Gummibänder erzeugen(die man zum Beispiel aus alten Fahrradschläuchen zuschneidet), für größere Werkstücke verwendet man einen Spanngurt mit Ratsche.

Abb. 531

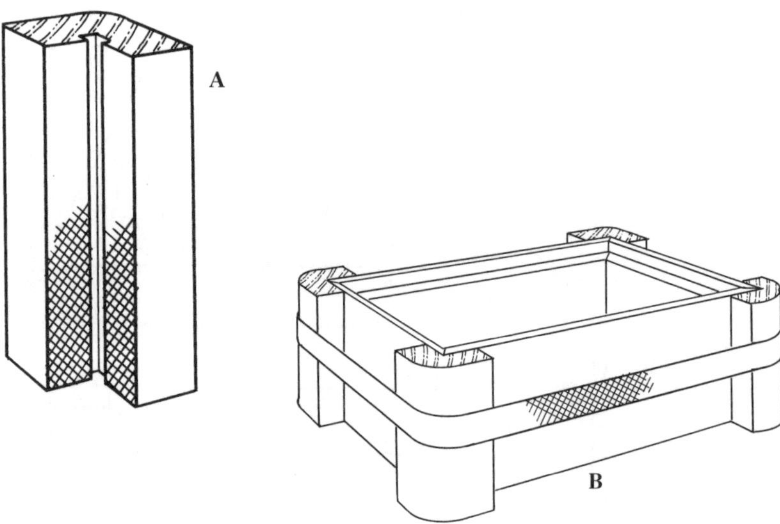

Anhang F

Vorrichtung für das Schneiden von Federnuten in Gehrungsverbindungen

Die Bauteile (A) und (B) werden zu einem Schlitten verleimt, der den Kasten aufnimmt. Vor dem Verleimen schneidet man zwei 6 mm breite Schlitze in (B).

Der Schlitten wird ausgeklinkt und dann an den beiden Kufen (C) befestigt und mit vier genau auf 45° zugeschnittenen Stützen (D) gehalten. Kontrollieren Sie, dass der Winkel zusammen 90° ergibt. Besorgen Sie ein Stück Metallschiene, das in die Nut des Arbeitstischs der Kreissäge passt. Bohren Sie Löcher mit 6 mm Durchmesser in die Schiene, und schneiden Sie Gewinde in die Löcher. Die Schiene wird mit zwei Schrauben mit Unterlegscheiben (G) an einer der beiden Kufen (C) befestigt. Diese Schrauben werden durch übergroße Löcher in der Kufe geführt und erlauben das präzise Einstellen des Schlittens, der sowohl zum Sägeblatt als auch zur Leiste (F) genau rechtwinklig stehen muss.

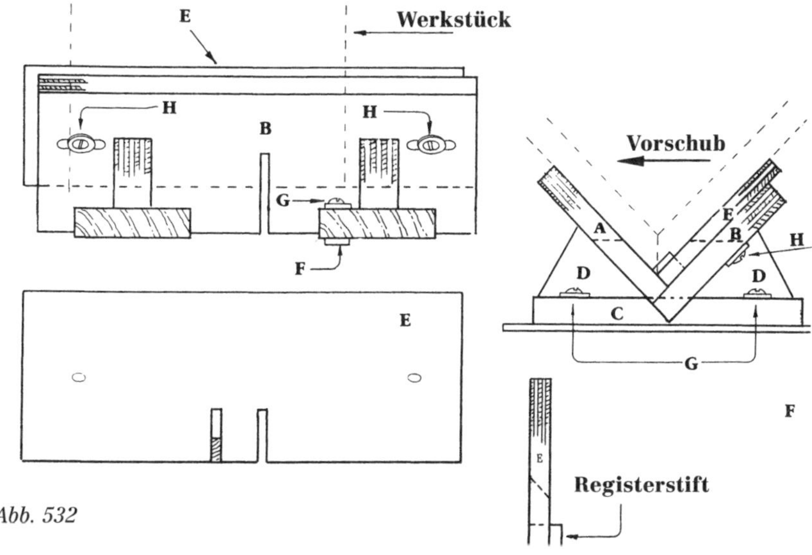

Abb. 532

Ein beweglicher Anschlag (E) wird im Schlitten entweder mit Rundkopfschrauben mit Unterlegscheiben (H) an (B) gehalten oder mit Maschinenschrauben, Unterlegschrauben und Flügelmuttern, die von unten durch die Schlitze geführt werden.

Stellen Sie die Tischkreissäge auf die gewünschte Schnitttiefe ein, und führen Sie die Vorrichtung über das Sägeblatt, um (A), (B) und (E) zu schneiden.

Nehmen Sie (E) ab, stellen Sie einen kleinen Registerstift her, und leimen Sie diesen in die Sägefuge. (E) wird dann neu positioniert, um den gewünschten Abstand zwischen den Federn einzustellen, dann wird ein weiterer Schnitt ausgeführt.

Die Vorrichtung wird verwendet, indem man den Kasten mit der Bezugskante am Registerstift in den Schlitten einlegt und an jeder Ecke des Kastens einen Schlitz einsägt. Der nächste Schnitt wird ausgeführt, indem man den ersten über den Registerstift schiebt. Wiederholen Sie den Vorgang.

Falls nach dem Einstellen der zweite Schlitz im Bauteil (E) zu groß geraten sein sollte, leimen Sie ein kleines Restholzstück ein und hobeln es bündig. Dadurch verhindert man das Ausreißen von Holzfasern am Ende des Sägeschnitts.

Die Abmessungen der Vorrichtung hängen von der vorhandenen Tischkreissäge, dem zur Verfügung stehenden Material und den geplanten Werkstücken ab.

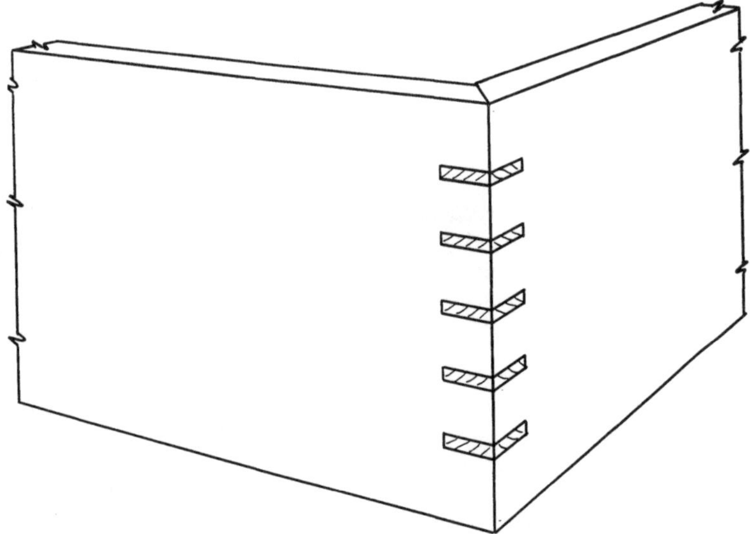

Anhang G

Vorrichtung zum Schneiden von Fingerzinken

Befestigen Sie den Hauptanschlag (A) entweder mit Schrauben am Ablängschlitten der Tischkreissäge, oder leimen Sie ihn an einem starken Klotz (X) fest, den sie wiederum an einer Schiene befestigen, die in die Nut im Arbeitstisch der Tischkreissäge passt. Schneiden Sie zwei Langlöcher für die Schrauben, mit denen (B) angebracht wird. Schrauben Sie diesen verstellbaren Anschlag (B) durch die Langlöcher an (A) fest. Rüsten Sie die Tischkreissäge mit einem (Nut-)Sägeblatt der gewünschten Stärke auf, und stellen Sie die erforderliche Schnitttiefe ein.

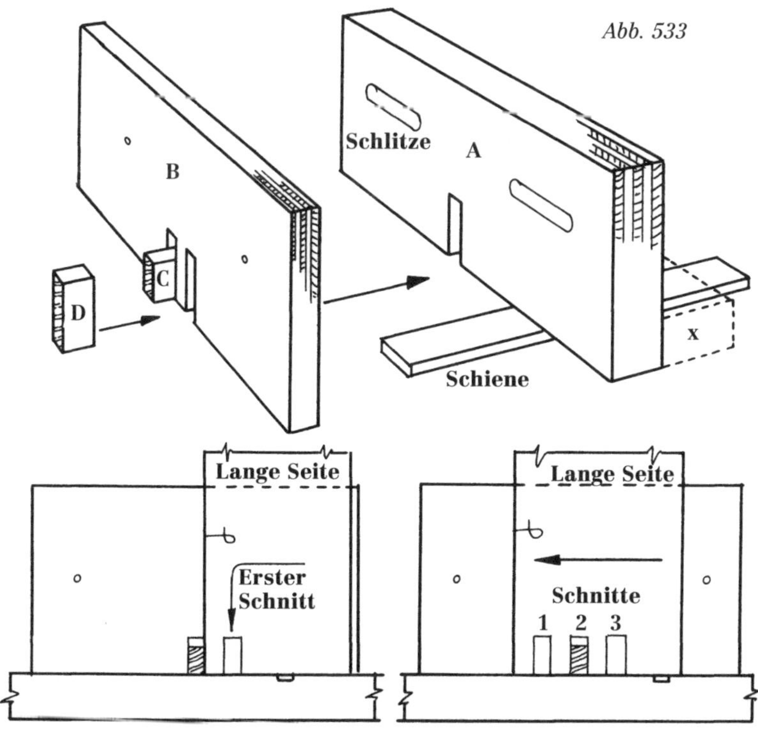

Abb. 533

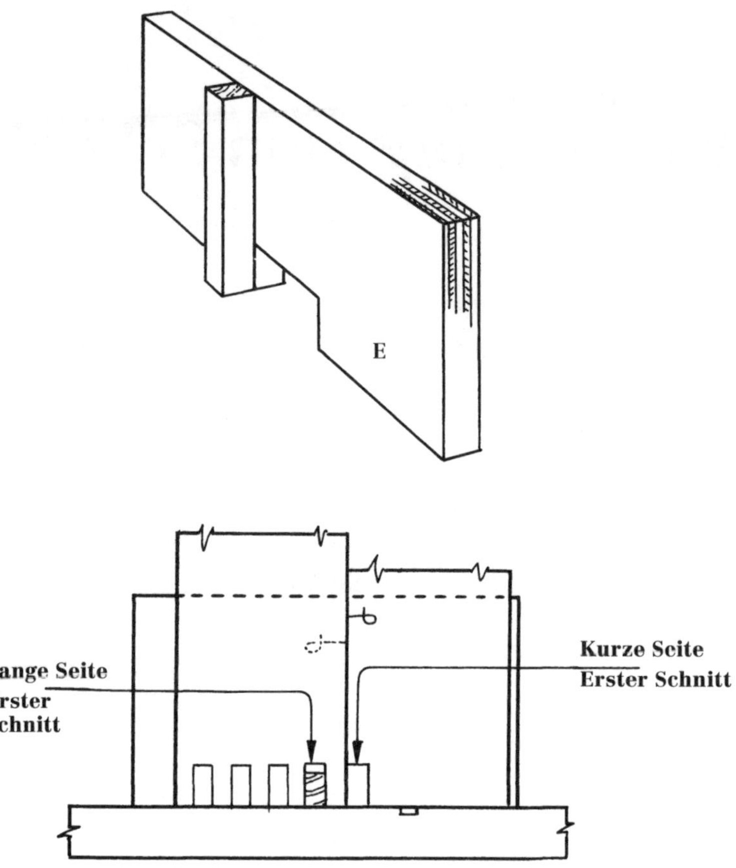

Schieben Sie die Vorrichtung über das Sägeblatt, um den ersten Schlitz zu erhalten. Nehmen Sie (B) ab, fertigen Sie einen kleinen Registerstift (C) an, und leimen Sie ihn in diesen Schlitz. Bringen Sie (B) wieder an, verschieben Sie ihn um die Breite des Schlitzes und befestigen Sie ihn provisorisch. Führen Sie eine Reihe von Probeschnitten an Restholzstücken aus, und verstellen Sie (B) bis sie über die gesamte Breite des Werkstücks eine gute Passung erhalten. Nach dieser Einstellarbeit wird ein Klotz (D) eingeleimt, der verhindert, dass die Säge die Ecken der Schlitze ausreißen lässt.

Fangen Sie mit den langen Seiten des Werkstücks an, legen Sie die Bezugskante am Registerstift an, und drücken Sie das Werkstück kräftig dagegen. Schneiden Sie beide Enden beider Längsseiten zu. Um die kurzen Seiten zu schneiden, wird der erste Schlitz einer Längsseite über den Registerstift gelegt, die kurze Seite kräftig dagegen gedrückt und der Schnitt für die offene Ausklinkung ausgeführt. Legen Sie dann die offene Ausklinkung am Registerstift an, und schneiden Sie wie beschrieben weiter.

Um eine Verbindung auf Gehrung anzuschneiden, spannt man zeitweilig einen zweiten Anschlag (E) an, der den Registerstift abdeckt. Falls die Gehrung nur an einer Kante angeschnitten werden soll, ist es am einfachsten, wenn man an der anderen Seiten mit dem Anschneiden der Fingerzinken beginnt und vor der Kante mit der Gehrung aufhört.

Anhang H

Zwingen im Eigenbau

Diese Zwingen lassen sich leicht aus beliebigen Reststücken eines dichten Laubholzes herstellen. Der untere (feste) Arm wird mit Gewinden versehen, um die Schrauben aufzunehmen. Verwenden Sie einen konischen Gewindeschneider, und schneiden Sie nur soweit ein, bis dessen Spitze knapp durchbricht, um sicherzustellen, dass das Gewindeloch leichtes Untermaß hat. Die Schraube wird mit zwei einander blockierenden Muttern eingedreht. Die Löcher im oberen (verstellbaren) Arm werden mit Übermaß gebohrt, sodass man eine lose Passung erhält. Ein Mutter und eine Flügelmutter mit zwei Unterlegscheiben vervollständigen die Zwinge. Verzichten Sie nicht auf die Unterlegscheiben, da die Löcher im Holz sonst schnell ausfasern.

Am besten ist ein M8-Gewinde geeignet. Wenn man die Zwinge verwendet, sollten die Arme möglichst parallel zueinander angesetzt werden.

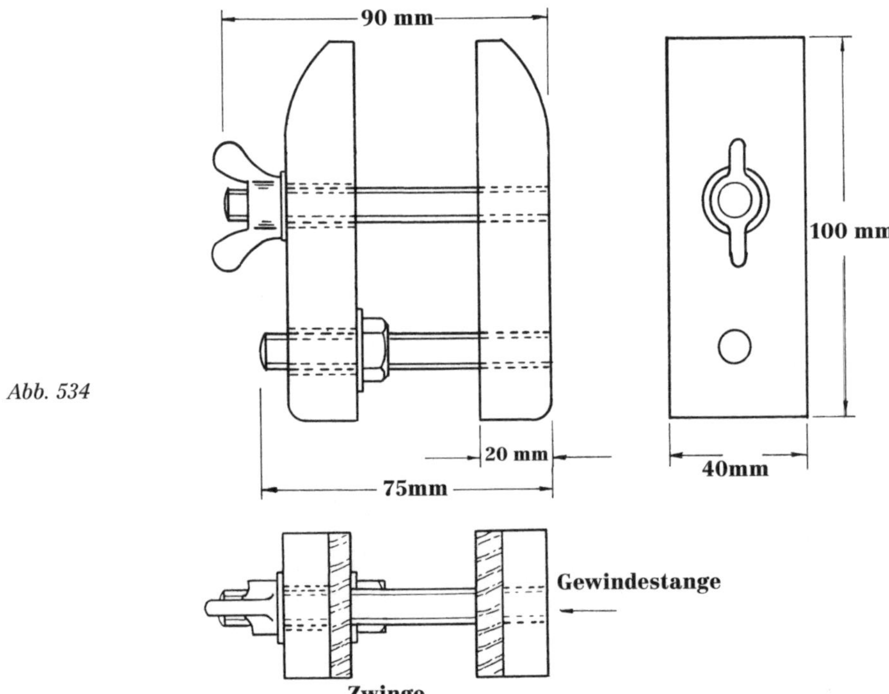

Abb. 534

Anhang I

Kleiner werdende Schwalbenschwänze

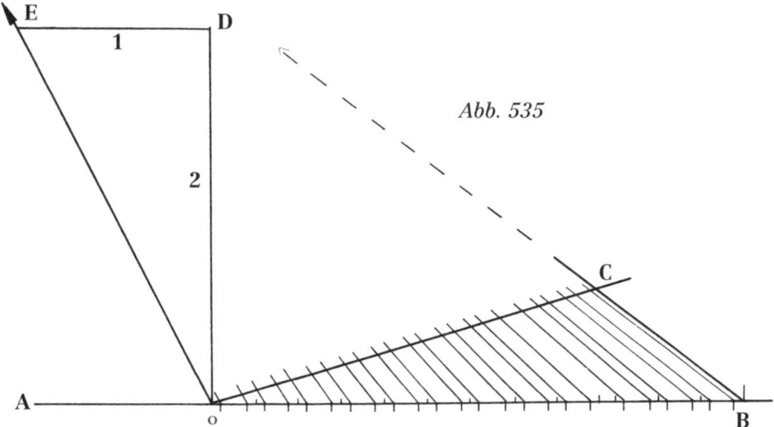

Abb. 535

Um an einer Linie eine vorgegebene Anzahl von Teilstrecken mit stetig abnehmenden Längen abzutragen: Zeichnen Sie die Grundlinie AB. Ziehen Sie vom Punkt O eine Linie OC mit der Länge 250. Tragen Sie auf O die Senkrechte OD ein.

Ziehen Sie von O die Linie OE. Das Verhältnis DE zu DO entspricht zum Beispiel 1:2. Verlängern Sie OD, und stecken Sie auf der Linie im Abstand von zum Beispiel 250 mm eine Nadel ein. Verbinden Sie die Nadel durch den Punkt C mit dem Punkt B. Unterteilen Sie die Strecke OB in die gewünschte Zahl gleichgroßer Teilstrecken (mit dem Stechzirkel, durch Abmessen oder durch geometrische Konstruktion). Legen Sie ein Lineal an der Nadel an, und verbinden Sie diese Teilstrecken, sodass sie die Strecke OC unterteilen. So erhalten Sie die gewünschten Teilstrecken mit abnehmenden Längen.

Je weiter nach außen, also nach links, die Nadel platziert wird, desto geringer ist das Maß, um das die Teilstrecken abnehmen. Je dichter an der Senkrechten, desto größer die Zunahme.

Anreißen der kleiner werdenden Schwalbenschwänze: Wiederholen Sie das grundlegende Diagramm.

Legen Sie OC als die Länge des Bauteils fest, und ziehen Sie von der Nadel eine Linie bis zum Punkt B: Unterteilen Sie die Strecke OB in die gewünschten Längen der Schwalbenschwänze. Berücksichtigen Sie dabei auf Gehrung geschnittene Ecken, abgesägte Deckel und Ähnliches mehr. Tragen Sie von der Nadel nach OB hin ab, sodass OC geschnitten wird, um die Abstände zu erhalten, die bei dem Werkstück angewendet werden müssen.

Register

Schon fertig?

Hier finden Sie mehr zum Thema und weitere

Asa Christiana

Bau was aus Holz!

Clevere Projekte mit einfachem Werkzeug

Asa Christiana bietet mit diesem Buch einen extrem einfachen Einstieg in die Arbeit mit Holz. Bewusst will er jeden dazu ermutigen, einfach anzufangen!

Er möchte kein Buch nach den traditionellen Regeln des Möbelbaus schreiben. Vielmehr sympathisiert er mit der DIY-Bewegung und möchte die Leute ermuntern, eigene Erfahrungen zu machen, bevor sie komplizierte Holzverbindungen lernen.

Nach einem kurzen Überblick über die benötigten Werkzeuge kann es schon losgehen. 13 Projekte für Wohnräume und Werkstatt, die richtig Spaß machen und an denen Sie viel lernen.

184 Seiten, 28 x 21 cm, durchgehend farbige Abbildungen, gebunden

Best.-Nr. 20697
ISBN 978-3-86630-689-9

E-Book ✔ Leseprobe ✔

Mehr zum Buch: 

John Bullar

Perfekte Verbindungen

34 stabile und formschöne Lösungen für den handwerklichen Möbelbau

Fachgerecht hergestellte Verbindungen sind die Grundlage jedes gelungenen Werkstücks aus Holz. Möbelbau-Profi John Bullar erklärt in diesem Buch die entscheidenden Faktoren einer guten Holzverbindung und zeigt, welches Werkzeug und welche Maschinen wofür geeignet sind.

34 Verbindungsarten werden mit bebilderten Anleitungen detailliert erklärt. Vom klassischen Zinken bis zu Spezial-Verbindungen sind alle relevanten Verbindungen vertreten.

174 Seiten, 27,6 x 21 cm, durchgehen farbige Abbildungen, gebunden

Best.-Nr. 9013
ISBN 978-3-87870-724-7

Mehr zum Buch: 

Terry Porter

Holz erkennen und benutzen

Das Nachschlagewerk für die Praxis

Dieses Lexikon stellt weit über 200 Arten auf jeweils einer Seite detailliert vor und gibt dazu ausführliche Informationen, die vor allem für Praktiker wichtig sind: Verarbeitungseigenschaften, Trocknungsverhalten, Wuchsformen, Gewichte, typische Verwendungen, gebräuchliche Namensvarianten, mögliche Gesundheitsrisiken.

Jedes dieser Hölzer ist farbig abgebildet, häufig ergänzt durch Verarbeitungsbeispiele oder botanische Detailzeichnungen. Weitere 200 Holzarten sind in Kurzform tabellarisch dargestellt.

288 Seiten, 27,5 x 21 cm, durchgehend farbige Abbildungen, gebunden

Best.-Nr. 9008
ISBN 978-3-86630-950-0

Leseprobe ✔

Mehr zum Buch:

Informationen – in Büchern von *HolzWerken*

Andy Rae

Schubladen und Türen

Entwerfen – Fertigen – Einbauen

Gut entworfene und sorgfältig gebaute Schubladen und (Möbel-)Türen machen aus einem guten Möbelstück ein sehr gutes. Und es gibt zahlreiche Wege, Schubladen oder Türen zu bauen, je nach Verwendungszweck. Viele davon werden in diesem Buch gezeigt. Dazu auch Spezielles wie Geheimschubladen, Tastaturablagen, Drehteller, etc.
Der Autor geht auch ausführlich auf die Auswahl und Montage der verschiedenen Beschläge ein, wie Schubladenführungen, Schlösser, Stops, Scharniere, Griffe etc.

192 Seiten, 23,1 x 27,2 cm, gebunden

Best.-Nr. 21820
ISBN 978-3-7486-0507-2

E-Book ✔

Mehr zum Buch: 

Melanie Kirchlechner

Oberflächen behandeln

Grundwissen, Materialien, Techniken

Welche Lacke, Lasuren, Öle und Wachse sind wofür am besten geeignet? Dieses Buch klärt auf!

Es bietet Orientierung bei irreführenden Namen und zeigt verständlich die Unterschiede der einzelnen Oberflächenmittel auf. Die Autorin veranschaulicht mit hohem Praxisbezug und Schritt für Schritt, wie edle Oberflächenbehandlung auch mit einfachen Mitteln gelingt.

204 Seiten, 23,1 x 27,2 cm, gebunden

Best.-Nr. 9180
ISBN 978-3-86630-709-4

E-Book ✔ Leseprobe ✔

Mehr zum Buch: 

Michael Pekovich

Wie wir Möbel bauen und warum

Dieses Buch liefert viele wichtige Informationen für Designer und Möbelbauer, die der Autor anschaulich mit vielen Illustrationen erklärt. Michael Pekovich deckt in Bezug auf Vollständigkeit, Klarheit, Präsentation alles ab: über Tipps, Holzauswahl, Designüberlegungen, Arbeitsweisen bis hin zur Endbearbeitung. Detaillierte Projekte runden das Buch ab.

218 Seiten, 21 x 28 cm, gebunden

Best.-Nr. 21037
ISBN 978-3-7486-0094-7

E-Book ✔ Leseprobe ✔

Mehr zum Buch: 

Bestellen Sie versandkostenfrei*
T +49 (0)6123 9238-253
www.holzwerken.net/shop
* innerhalb Deutschlands

HolzWerken
Wissen. Planen. Machen.